# Grundzüge der Fernmeldetechnik

Von

## Dipl.-Ing. Immo Kleemann

Mit 144 Bildern

München und Berlin 1941

Verlag von R. Oldenbourg

Druck von R. Spies & Co., Wien
Printed in Germany

# Inhaltsverzeichnis.

# I. Schalt- und Übertragungsgeräte.

## A. Schalter und Schaltvorgänge.

### 1. Grundbegriffe.

Eine elektromotorische Kraft (EMK) oder Urspannung verursacht eine Verschiebung oder Strömung einer Elektrizitätsmenge. Entsprechend der Richtung dieser elektromotorischen
Kraft wird ein höheres und ein niederes Potential unterschieden.
Als Nullpotential gilt die Erde, auf diesen Wert werden positive
und negative Potentiale bezogen. Eine Potentialdifferenz ist eine
Spannung. Eine Spannungsdifferenz bezieht sich auf den Betrags-
unterschied zweier Spannungen, die an getrennten Klemmenpaaren
liegen.

Als Maßeinheit für elektromotorische Kräfte, Potentiale und
Spannungen gilt das Volt ($U = 1$ V). Als Maßeinheit für die
Elektrizitätsmenge gilt das Coulomb ($Q = 1$ C).

Die in jeder Sekunde einen Leiterquerschnitt durchfließende
Elektrizitätsmenge heißt die Stromstärke. Die Einheit ergibt sich
aus dem Quotienten ein Coulomb durch eine Sekunde. Als Maßeinheit gilt das Ampere ($J = 1$ A).

$$J = Q/t \ [\text{A}]$$
$$Q = J \cdot t \ [\text{C}]$$

Als Stromarten werden unterschieden:

a) Gleichspannungen und -ströme besitzen unveränderliche
Richtung und Größe. (Stationärer Zustand.)

b) Wellengleichspannungen und -ströme ändern ihre Größe
periodisch, aber behalten ihre Richtungen. Im Grenzfall schwanken
die Zeitwerte zwischen einem Höchstwert und Null. Der Wellen-
anteil wird wegen seiner periodischen Änderungen auch Wechselstromanteil genannt, weil diese Änderungen Induktionswirkungen
hervorrufen.

c) Symmetrische Wechselspannungen und -ströme besitzen
periodische Änderungen der Richtungen und Beträge. (Quasi-

stationärer Zustand.) Der arithmetische oder elektrolytische Mittelwert einer Periodendauer ist gleich Null. Der geometrische oder quadratische Mittelwert heißt Effektivwert. Gleiche Effektivwerte von beliebigen Stromarten ergeben gleiche Wärmewirkungen. Jede Periode besteht aus zwei Halbwellen. Die Anzahl der Perioden in einer Sekunde heißt Frequenz. Als Maßeinheit gilt das Hertz ($f = 1$ Hz).

d) Unsymmetrische Wechselspannungen und -ströme besitzen periodische Änderungen der Richtungen und Beträge. Der arithmetische Mittelwert ist nicht gleich Null. Diese Stromart setzt sich aus einem Gleichstrom- und einem Wechselstromanteil zusammen.

## 2. Grundformen von Schaltern.

Die wesentlichen Merkmale eines Schalters sind: Antrieb, Stellglieder, Kontaktstellen und Schaltfolgen.

Der Antrieb kann durch Betätigung von Hand, durch mechanische Kräfte oder Elektromagnete erfolgen. Von Hand geschaltet werden Stöpsel, Taster, Kipp- und Hebelschalter, Drehschalter; mit Gewichts- oder Federantrieb arbeiten Kontaktgeber, Zeitschalter, Schritt- und Laufschalter; elektromagnetischen Antrieb besitzen Relais und Wähler.

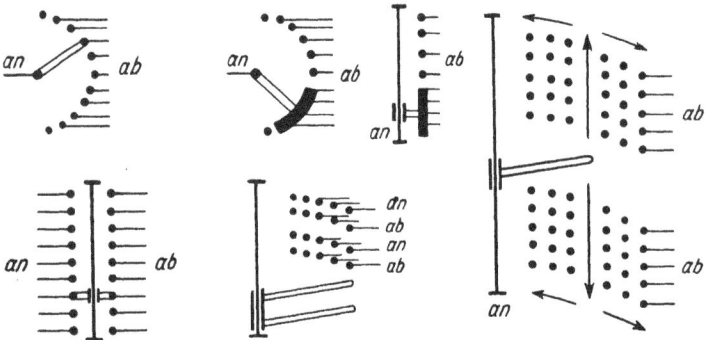

Bild 1. Grundformen von Stellgliedern.

Die Stellglieder bewegen sich geradlinig oder kreisförmig; geradlinige Verstellungen erfolgen mit Schiebern, Gleitern, kreisförmige mit Armen, Scheiben oder Walzen (Bild 1).

Die Kontaktgabe vollzieht sich durch Aufsetzen oder Aufgleiten, die Kontaktstelle wird dabei mechanisch und elektrisch beansprucht. Bei Schwachstromkontakten sind Drücke zwischen 5 und 100 g üblich. Die Berührungsflächen belaufen sich auf 0,25 bis 2 mm², die Pressung erreicht dabei Werte von 2 bis 40 kg/cm². Der Übergangswiderstand beträgt in gutem Zustande etwa 0,1 bis 0,01 Ohm. Durch Doppelkontakte wird die Berührungsfläche vergrößert und die Störanfälligkeit vermindert.

Feste Kontakte bestehen aus Metallen, selten aus Kohle. Beste Leistungen sind mit Edelmetallen, wie Gold, Silber, Platin, zu erzielen, weil deren Oxyde leitend sind. Meist verwendet werden Silberkontakte, die übrigen wegen der hohen Kosten nur für besonders schwere Beanspruchungen in Legierungen mit Iridium, Zer und Wolfram; letzteres ist besonders langdauernden periodischen Schaltungen gewachsen.

Sämtliche unedlen Metalle sind preiswert, neigen aber zu nichtleitender Oxydbildung, welche bei niederen Spannungen bis 24 V häufige Unterbrechungsstörungen verursacht. Als Abhebekontakte sind Messing, Tombak, Neusilber ungeeignet, falls die Kontaktgabe nicht durch Aufgleiten erfolgt, um die Oxydhaut zu zerstören. Aluminium und verwandte Legierungen scheiden wegen ihres besonders schnellen Oxydansatzes aus.

Flüssige Kontaktgabe ist mit Quecksilber in luftdichten Quarzröhren möglich. Die Zuleitungen sind in die Quarzröhren eingeschmolzen. Der luftdichte Abschluß verhütet Verdunsten und Verschlammen des Quecksilbers.

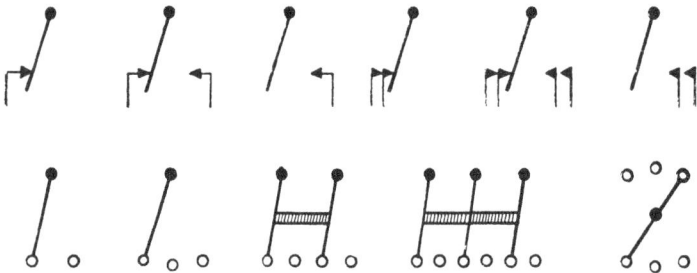

Bild 2. Einfache Schaltfolgen.

Die Schaltfolgen werden durch die Art der Bewegung, Ausbildung der Schaltglieder und Anordnung der Kontakte bestimmt.

Ein Schalter hat Stellungen, die gewechselt werden. Außer Betrieb nimmt der Schalter eine Grundstellung ein, die übrigen heißen Arbeitsstellungen.

Die Kontakte haben Arbeits- und Ruhelagen. Ein Ruhe-kontakt ist in der Ruhelage, ein Arbeitskontakt in der Arbeitslage geschlossen. Kontakte schließen, öffnen oder wechseln.

Die Zahl der Arme ergibt Bezeichnungen als ein-, zwei- oder mehrpolige Schalter. Gleichzeitig arbeitende Kontakte bilden einen Satz. Ein-, Aus-, Um-, Wechsel-, Kreuz- und Stufenschalter sind Bezeichnungen für einfachste Schaltfolgen (Bild 2).

### 3. Schaltvorgänge bei ohmischer Belastung.

Bei einer Kontaktgabe berühren und trennen sich zwei Metall-teile. Als wirksame Spannung ist der Betrag im offenen, als Strom-stärke der Betrag im geschlossenen Zustand einzusetzen. Das Produkt wird oft als Schaltleistung angegeben, obwohl diese nicht mehr eindeutig die wahren Betriebsverhältnisse kennzeichnet.

Wird ein Kontakt geöffnet, so entsteht eine Elektrizitäts-leitung in Luft, die durch mitgerissene feine Metallteilchen ver-unreinigt wird. Die Kontaktflächen lösen sich ab, der Strom drängt sich mit wachsender Dichte auf eine kleinste Fläche zu-sammen, der Übergangswiderstand wächst und die elektroma-gnetische Energie verwandelt sich in Wärmeenergie. Die Erwärmung lockert das Metall, die elektrische Spannung ist die Ursache einer Werkstoffwanderung.

Bis zu einer gewissen Grenze bildet sich beim Unterbrechen elektrischer Ströme nur eine unselbständige Leitung in Luft, die aber nicht von Belang ist, weil praktisch verwendbare Leistungen nicht erreicht werden. Oberhalb dieser Grenze entsteht durch Stoßionisation mit selbständiger Leitung entweder ein Glimm-licht (Funke) oder ein Lichtbogen.

Das Glimmlicht zeichnet sich durch einen hohen Spannungs-abfall an der Kathode aus, so daß auch bei kleinem Kontaktweg der Öffnungsfunke schnell erlischt und nur ein geringfügiger Ab-brand entsteht.

Der Lichtbogen ist die gefährliche Form, welche die Kontakte stark angreift und zu unterdrücken ist. An sich wäre durch schnelles Öffnen und langen Kontaktweg jeder Lichtbogen so rechtzeitig zu löschen, daß ein entsprechend gebauter Schalter mehrere tausend Schaltungen aushält.

In Schwachstromgeräten sind aber kleine Kontaktabstände (0,1 bis 1 mm) üblich. Die Schalthäufigkeit ist beträchtlich größer; ein Wechselkontakt, der mit 50 Hz arbeitet, vollzieht in 10 Stunden schon 1 800 000 Schließungen und Öffnungen auf beiden Seiten.

Die Öffnungszeit beträgt meistens weniger als 0,02 s, viel zu kurz, um das natürliche Erlöschen eines Lichtbogens ausnutzen zu können.

Diese kurzen Angaben kennzeichnen die Beanspruchung eines Schwachstromkontaktes.

Die Entstehung eines Lichtbogens hängt von der Erwärmung der Kontaktoberflächen ab. Wird an einer Stelle durch Wärmestauung die Erhitzung bis zur Rotglut getrieben, so bildet sich ein sogenannter Kathodenfleck, der Elektronen ausstrahlt und die Luftstrecke ionisiert. Damit ist die Zündung des Lichtbogens vollzogen und der Spannungsabfall an der Kathode, der bei Glimmlicht etwa 300 V beträgt, sinkt plötzlich auf etwa 10...15 V. Der Lichtbogenstrom wird hierdurch begünstigt.

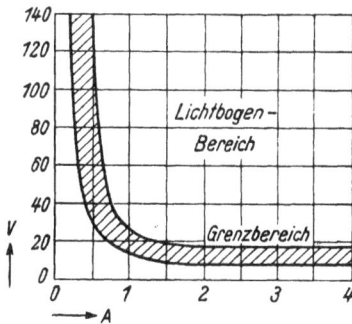

Bild 3. Glimmlicht- und Lichtbogenbereich bei Kontaktöffnung.

Die verschiedenen Kontaktwerkstoffe zeigen im allgemeinen zwei Grenzlinien für die Entstehung von Lichtbögen: eine Mindestspannung und einen Mindeststrom als Vorbedingung für Lichtbogengefahr (Bild 3). Unterhalb dieser Grenzen sind Mittel zur Funkenlöschung entbehrlich. Ist demnach die Spannung hoch, so können kleine Ströme mit einfachen Abhebekontakten unterbrochen werden, andrerseits sind bei niedrigen Spannungen große Ströme mit großflächigen Kontakten leicht zu schalten.

Ein gelegentliches Überschreiten dieser Grenzwerte ist möglich; es genügt aber, daß durch Wärmestauung sich eine Stelle überhitzt, um unerwartet einen Lichtbogen zu zünden.

Diese Grenzwerte gelten für Gleichstromkreise mit induktions- und kapazitätsfreier Widerstandsbelastung.

Auf Wechselströme bezogen ist ein Lichtbogen nicht zu erwarten, wenn die Höchstwerte einer Periode unter den Gleichstromgrenzwerten liegen. In der Regel sind die Effektivwerte mit $\sqrt{2}$ zu multiplizieren, entsprechend dem Verhältnis von Effektiv- zu Scheitelwert bei symmetrischen sinusförmigen Wechselströmen. Diese Bedingung gilt für periodisches Schalten mit Wirkwiderständen. Bei einzelnen Schaltungen mit genügenden Abkühlungspausen ist ein Überschreiten bis zum fünffachen Betrage der Stromstärke möglich. Der Nulldurchgang des Wechselstromes nach jeder Halbwelle erleichtert die Schaltarbeit; der Lichtbogen erlischt infolge Abkühlung der Kontakte, eine Wiederzündung durch Spannungsanstieg während der folgenden Halbwelle bleibt aus.

### 4. Ausgleichvorgänge in induktiven Gleichstromkreisen.

In weitaus den meisten Fällen sind elektromagnetische Geräte, Relais oder Wähler zu schalten, welche Widerstand und In-

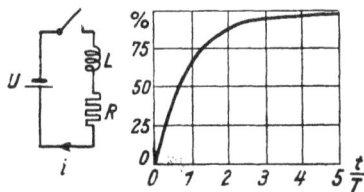

Bild 4. Einschalten eines induktiven Stromkreises.

duktivität besitzen (Bild 4). Die Induktivität der Wicklung erzeugt nach Schließung des Stromkreises eine Gegenspannung, welche anfänglich gleich der angelegten Gleichspannung ist, allmählich abnimmt und asymptotisch gegen Null konvergiert. Umgekehrt wächst der Strom vom Nullwert beginnend bis zu seinem durch Spannung und Widerstand bedingten Endwert.

Das Einschalten einer Induktivität verglichen mit Widerstandslast beansprucht einen Kontakt weniger.

Der Verlauf des Einschaltvorganges sei abgeleitet. Es bedeuten

$U$ die Spannung der Gleichstromquelle,

$i$ der Strom zur Zeit $t$,

$J$ der Endwert des Stromes,

$R$ der Wicklungswiderstand,

$L$ die Selbstinduktion der Wicklung.

Die Spannung der Quelle ist in jedem Augenblick gleich der Summe aus dem ohmischen Spannungsabfall und der induzierten EMK:

$$U = i\,R + L\,\frac{di}{dt}$$

$$\frac{di}{dt} + i\,\frac{R}{L} = \frac{U}{L}.$$

Die Ableitung des Änderungsgesetzes für den Einschaltvorgang ergibt

$$\frac{d^2 i}{dt^2} + \frac{di}{dt} \cdot \frac{R}{L} = 0.$$

Hierbei ist angenommen, daß die Selbstinduktion $L$ sich nicht während des Stromanstieges ändert, also die magnetische Sättigung des Eisenweges nicht erreicht wird.

Zur Lösung der Differentialgleichung sei eine Exponentialfunktion eingeführt

$$i = a \cdot e^{kt} + b$$

und die erste und zweite Ableitung gebildet

$$\frac{di}{dt} = a\,k\,e^{kt}$$

$$\frac{d^2 i}{dt^2} = a\,k^2\,e^{kt}.$$

Zur Bestimmung der unbekannten Konstanten $a$, $b$ und $k$ sind diese Differentialquotienten einzusetzen

$$a\,k^2\,e^{kt} + \frac{R}{L} \cdot a\,k\,e^{kt} = 0.$$

Zuerst ergibt sich aus dieser Gleichung

$$k = -\frac{R}{L}.$$

Zwei Lösungen sind bekannt: zur Zeit $t = 0$ ist $i = 0$.

$$0 = a + b \text{ oder } -a = b,$$

ferner erreicht für $t \to \infty$ der Strom seinen Höchstwert

$$J = \frac{U}{R} = 0 + b = b = -a.$$

Die Lösungsgleichung lautet nach Einsatz der Konstanten

$$i = - J\,e^{-\frac{R}{L}t} + J = J\,(1 - e^{-\frac{R}{L}t}).$$

Für den Stromanstieg ist der Exponent von $e$ maßgebend. Deshalb wird die Größe $T = L/R$ als Zeitkonstante bezeichnet. Die Lösung gewinnt dann die Form

$$i = J\,(1 - e^{-\frac{t}{T}}).$$

In kurzer Zeit (in Sekunden) steigt der Strom an, wenn $L \ll R$ ist. Vergleicht man zwei verschiedene Stromkreise, so sind nur die Zeitkonstanten zu ermitteln, um zu erkennen, in welchem Kreis der Strom schneller ansteigt.

B e i s p i e l: $U = 24$ V, $R = 600\,\Omega$, $L = 12$ H. Gesucht ist die Zeit für den Stromanstieg von 0 bis $30\%$ des Endwertes $J$.

Die Zeitkonstante $T = \dfrac{L}{R} = \dfrac{1}{50}$; und $J = \dfrac{U}{R} = 40$ mA.

$$12 = 40\,(1 - e^{-50\,t})$$

$$e^{50\,t} = 1{,}428$$

$$t = \frac{\log 1{,}428}{50 \log e} = 7{,}1\,\text{ms}.$$

Das Ausschalten eines induktiven Gleichstromkreises ist durch keine eindeutige Funktion zu erfassen, weil der Schaltfunke von der jeweiligen Beschaffenheit der Kontaktflächen abhängt; jeder Schaltvorgang greift die Oberflächen an, so daß nie der gleiche Verlauf sich wiederholen kann.

Ein magnetisches Feld entsteht während des Stromanstieges beim Einschalten und induziert

$$U \cdot t = L \cdot \Delta i \;\;[\text{Voltsek.}].$$

Der Stromanstieg $\Delta i$ begann mit dem Wert $i = 0$ und endete mit $J = U/R$; beim Ausschalten verschwindet das magnetische Feld und der Strom sinkt wieder auf $i = 0$. Im Mittel ist dieser Strom gleich $J/2$ und die Energie wird

$$A = \tfrac{1}{2} L\,J^2 \;\;[\text{Wattsek.}].$$

Bild 5. Überspannungsanzeige an Kontakten.

Durch wiederholte Schaltversuche ist ungefähr die beim Öffnen entstehende Induktionsspannung $U_i$ einzugrenzen, wenn in Reihe liegende Glimmlampen dem Kontakt parallelgeschaltet werden (Bild 5).

Die mittlere Zeit $t_ö$ des Öffnungsfunkens läßt sich dann berechnen:

$$t_ö = \frac{\frac{1}{2} L J^2}{\frac{1}{2}(U_i R + J^2 R)} \approx \frac{L J}{U_i} \, [\text{s}].$$

B e i s p i e l: $J = 40$ mA, $R = 600\,\Omega$, $L = 12$ H. Die induzierte Spannung beim Öffnen ist $U_i = 300$ V.

$$t_ö = \frac{12 \cdot 40 \cdot 10^{-3}}{300} = 1,6 \text{ ms}.$$

Bei genauer Rechnung wäre noch zu der Induktionsspannung der innere Spannungsabfall zu addieren, der im allgemeinen bei niedrigen Betriebsspannungen 12...60 V unwesentlich ist, weil der Meßfehler von $U_i$ etwa den gleichen Betrag erreicht.

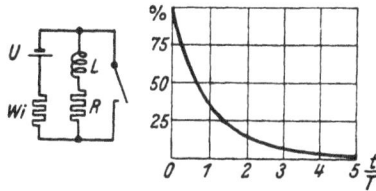

Bild 6. Kurzschließen eines induktiven Stromkreises.

Das Kurzschließen einer induktiven Belastung wird angewandt, wenn in Reihe mit dieser noch genügend Widerstand eingeschaltet bleibt, um ein schädliches Kurzschließen der Stromquelle zu vermeiden (Bild 6).

Hierfür ergibt sich wieder eine Exponentialfunktion. In der Ansatzgleichung, wie beim Einschalten, ist nur die Spannung der Quelle gleich Null zu setzen:

$$0 = i R + L \frac{di}{dt}.$$

Zur Lösung wird die gleiche Exponentialfunktion benutzt

$$i = a \cdot e^{kt} + b.$$

Zwei bekannte Lösungen sind: zur Zeit $t = 0$ ist $i = U/R$, wobei $U$ die Klemmenspannung vor dem Kurzschließen bedeutet; ferner wird für $t \to \infty$ der Strom $i = 0$. Die Zeitkonstante $T$ ist wieder bestimmt durch

$$k = -\frac{R}{L},$$

also wird

$$\frac{U}{R} = a + b$$

und

$$0 = b.$$

Die Lösungsgleichung lautet nach Einsatz der Konstanten

$$i = J\,e^{-\frac{R}{L}\,t}$$

oder

$$\underline{i = J\,e^{-\frac{t}{T}}.}$$

B e i s p i e l: $U = 60$ V, $R = 600$ $\Omega$, $L = 12$ H, Vorwiderstand $r_1 = 600$ $\Omega$. Ein Kontakt schließt einen Nebenwiderstand $r_2 = 200$ $\Omega$, der Strom im Elektromagneten sinkt. Wann erreicht der Magnetisierungsstrom 50% seines ursprünglichen Wertes?

Zunächst ist $J$ zu bestimmen, das sich aus der Differenz $J_1 - J_2$ ergibt, nämlich den Stromstärken im Elektromagneten ohne und mit dem Nebenschluß $r_2$

$$J_1 = \frac{U}{r_1 + R} = \frac{60}{1200} = 50 \text{ mA}$$

$$J_2 = U\,\frac{r_2}{r_1\,R + r_1\,r_2 + R\,r_2} = \frac{60 \cdot 200}{600\,000} = 20 \text{ mA}$$

$$J = J_1 - J_2 = 30 \text{ mA}.$$

Um diesen Betrag ändert sich der Magnetisierungsstrom bei völligem Ausgleich. Soll nun die gesamte Magnetisierung auf die Hälfte fallen, also von 50 auf 25 mA, so ist als zeitlicher Endwert einzusetzen:

$$i = 30 - 25 = 5 \text{ mA}.$$

Als Zeitkonstante ergibt sich, weil die magnetische Energie sich über den Innen- und Nebenwiderstand ausgleicht,

$$T = \frac{L}{r_2 + R} = \frac{12}{200 + 600} = 0{,}015 \text{ s}.$$

Die Zeit $t$ ist zu berechnen aus:

$$5 = 30\,e^{-66{,}7\,t}$$

$$t = 2{,}69 \text{ ms}.$$

Die Beanspruchung des Kontaktes ist 30 V, 30 mA. Bei
völligem Kurzschluß oder $r_2 = 0$ wäre die Rechnung einfacher
gewesen, weil die Zwischenrechnung für die Ermittlung des Aus-
gleichanteils entfällt.

## 5. Ausgleichvorgänge in kapazitiven Gleichstromkreisen.

Ein widerstandsloses Einschalten einer Kapazität wirkt anfänglich wie ein Kurzschluß; durch einen Widerstand wird der
Ladestrom begrenzt, sinkt mit zunehmender Ladespannung und
konvergiert asymptotisch gegen Null (Bild 7).

Das Einschalten beansprucht den Kontakt, verglichen mit
ohmischer Last, mehr.

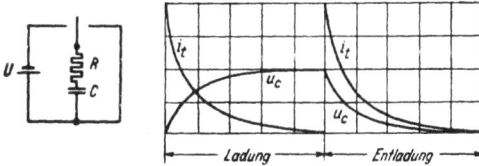

Bild. 7. Einschalten und Kurzschließen eines kapazitiven Stromkreises.

Der Verlauf des Einschaltvorganges sei abgeleitet: es
bedeuten

$U$  die Spannung der Gleichstromquelle,
$u$  die Spannung an der Kapazität zur Zeit $t$,
$i$  der Strom zur Zeit $t$,
$J$  der Anfangswert des Stromes,
$R$  der Vorwiderstand,
$C$  die Kapazität.

Die feste Spannung der Quelle ist in jedem Zeitpunkt gleich
der Summe der veränderlichen Spannungen am Widerstand und
an der Kapazität. Daraus ergibt sich als Ansatzgleichung:

$$U = u + i R$$

oder, wenn $q$ die jeweilige Elektrizitätsmenge ist,

$$U = \frac{q}{C} + \frac{dq}{dt} \cdot R.$$

Durch Differenzieren ist das Änderungsgesetz abzuleiten

$$\frac{d^2 q}{dt^2} + \frac{1}{CR} \cdot \frac{dq}{dt} = 0.$$

2*

Zur Lösung der Differentialgleichung sei eine Exponential-funktion eingeführt

$$q = a\, e^{kt} + b$$

und die erste und zweite Ableitung gebildet

$$\frac{d\,q}{dt} = a\, k\, e^{kt}$$

$$\frac{d^2\,q}{dt^2} = a\, k^2\, e^{kt}.$$

Zur Bestimmung der unbekannten Konstanten $a$, $b$ und $k$ sind diese Differentialquotienten einzusetzen

$$a\, k^2\, e^{kt} + \frac{1}{C\,R}\, a\, k\, e^{kt} = 0.$$

Zuerst ergibt sich aus dieser Gleichung

$$k = -\frac{1}{C\,R}.$$

Zwei bekannte Lösungen sind: zur Zeit $t = 0$ ist $q = 0$

$$0 = a + b,$$

ferner erreicht für $t \rightarrow \infty$ die Ladung ihren Höchstwert $Q = U\,C$

$$Q = 0 + b = b = -a.$$

Die Lösungsgleichung lautet nach Einsatz der Konstanten

$$q = -Q\, e^{-\frac{t}{C\,R}} + Q = Q\,(1 - e^{-\frac{t}{C\,R}}).$$

Für den Ladungsanstieg ist die Zeitkonstante $T = C\,R$ maßgebend. Die Lösung erhält, wenn $q = u \cdot C$ und $Q = U\,C$ eingesetzt wird, die Form

$$u = U\,(1 - e^{-\frac{t}{T}}).$$

B e i s p i e l: $C = 2\,\mu\mathrm{F}$, $R = 1000\,\Omega$. Gesucht ist die Spannung der Quelle, wenn die Ladespannung $u = 24\,\mathrm{V}$ nach 1 ms erreicht werden soll.

$$24 = U\,(1 - e^{-\frac{10^{-3}}{2\,.\,10^{-6}\,.\,1000}})$$

$$U = \frac{24}{1 - e^{-0,5}} = 61,1\,\mathrm{V}.$$

Das Ausschalten einer geladenen Kapazität ist mit jedem Trennkontakt möglich, weil bei fester Gleichspannung alle Ausgleichvorgänge fehlen.

Das Kurzschließen einer Kapazität beansprucht den Kontakt mit voller Ladespannung und mit einem sehr starken Strom, der nur durch den inneren Widerstand begrenzt ist. Der Kontakt wird durch Punktschweißung beschädigt.

Die Entladung über einen Widerstand ergibt eine ähnliche Exponentialfunktion, nur ist $U = 0$ zu setzen. Die Ansatzgleichung lautet:

$$0 = \frac{q}{C} + \frac{dq}{dt} \cdot \frac{1}{CR}.$$

Zur Lösung wird die Exponentialfunktion wie bei der Ladung benutzt. Aus den bekannten Lösungen $t = 0$ mit $i = \dfrac{dq}{dt} = \dfrac{U}{R}$ und $t \to \infty$ mit $q = 0$ sind die Konstanten $a$, $b$ und $k$ zu bestimmen. Als Zeitkonstante ist

$$T = CR,$$

im übrigen wird $a = Q$ und $b = 0$ und die Lösung erhalten:

$$q = Q\, e^{-\frac{t}{CR}}$$

oder mit Bezug auf die auftretenden Spannungen

$$u = U\, e^{-\frac{t}{T}}.$$

Beispiel: $C = 4\,\mu\mathrm{F}$, $R_a = 100\,\Omega$, $R_i = 200\,\mathrm{M}\Omega$, $U = 220\,\mathrm{V}$. Diese Kapazität wird nach Ladung mit $U$ während zehn Minuten sich selbst überlassen und dann über $R_a$ entladen. Gesucht ist die Beanspruchung des Entladekontaktes.

Die innere Entladung während der Wartezeit über $R_i$ ergibt die Spannung

$$u = 220\, e^{-\frac{600}{4 \cdot 10^{-6} \, 2 \cdot 10^8}} = 220\, e^{-0,75}$$

$$u = 220 \cdot 0,4724 = 104\,\mathrm{V}.$$

Die äußere Entladung beginnt mit einer Stromstärke

$$J = \frac{104}{100} = 1,04\,\mathrm{A}$$

und ist nahezu beendet, wenn $t/T = 5$ wird; die entsprechende Zeit ist

$$t = 5 \cdot C\, R_a = 5 \cdot 4 \cdot 10^{-6} \cdot 100 = 2\,\mathrm{ms}.$$

Diese sehr kurze Zeit zeigt, daß die langsamer verlaufende innere Entladung vernachlässigt werden darf.

### 6. Bedeutung der Zeitkonstanten.

Die Ausgleichvorgänge verlaufen entsprechend Exponentialfunktionen von der Form

$$f_1(e) = 1 - e^{-p}$$
$$f_2(e) = e^{-p}$$

wobei der Parameter $p = t/T$ zeitbestimmend ist. Der Verlauf dieser Kurven zeigt, daß alle Ausgleichvorgänge bis auf 0,7% Rest beendet sind, wenn $p = 5$ wird (Bild 8).

Ferner ist zu erkennen, daß die Summe beider Funktionen den Wert 1 bei gleichem Parameter $p$ annimmt und diese Kennlinien beide Spannungsanteile angeben, am Widerstand und an der Induktivität bzw. Kapazität.

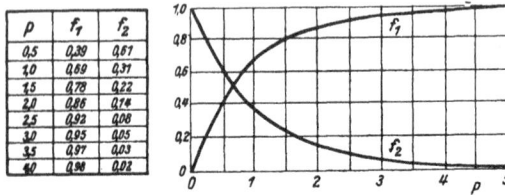

| $p$ | $f_1$ | $f_2$ |
|-----|-----|-----|
| 0,5 | 0,39 | 0,61 |
| 1,0 | 0,69 | 0,31 |
| 1,5 | 0,78 | 0,22 |
| 2,0 | 0,86 | 0,14 |
| 2,5 | 0,92 | 0,08 |
| 3,0 | 0,95 | 0,05 |
| 3,5 | 0,97 | 0,03 |
| 4,0 | 0,98 | 0,02 |

Bild 8. Ausgleichkennlinien, abhängig von dem Zeitparameter.

Für die Beanspruchung der Kontakte durch Spannungen und Ströme geben diese Kennlinien einen Hinweis dafür, wann das Unterbrechen eines Stromkreises leichtere und schwerere Schaltarbeit verursacht.

### 7. Ausgleichvorgänge in Wechselstromkreisen.

Im eingeschwungenen Zustand sind Spannung und Strom durch das erweiterte Ohmsche Gesetz für Wechselstrom bestimmt.

$$\mathfrak{U} = \mathfrak{J}\left(R + j\omega L - \frac{j}{\omega C}\right)$$

$$\mathfrak{J} = \mathfrak{U}\left(G + j\omega C - \frac{j}{\omega L}\right).$$

Dieser allgemeine Belastungsfall ergibt eine beliebige Phasenverschiebung von $U$ gegen $J$ zwischen $+90°$ und $-90°$. In Hintereinanderschaltung wird der Phasenwinkel des Stromes

$$\operatorname{tg} \varphi_H = j \, \frac{\omega L - \dfrac{1}{\omega C}}{R}.$$

In Nebeneinanderschaltung wird der Phasenwinkel der Spannung

$$\operatorname{tg} \varphi_N = j \, \frac{\omega C - \dfrac{1}{\omega L}}{G}.$$

Nicht immer werden alle drei Größen $R$ bzw. $G$, $L$ und $C$ vorliegen. So ergeben sich drei typische Sonderfälle: Ohmsche, induktive oder kapazitive Last. Bezogen auf die Spannung wird der Strom bei Induktivität nacheilen, bei Kapazität voreilen.

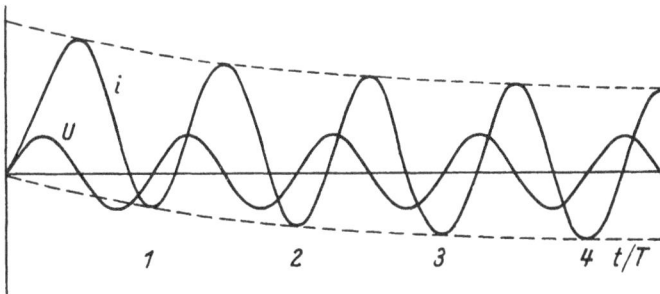

Bild 9. Einschaltvorgang in einem induktiv belasteten Stromkreise mit Wechselstrom.

Der Stromkreis wird aber durch den Kontakt in einem beliebigen Zeitpunkt geschlossen, ohne Rücksicht auf den Zeitwert der Spannung oder die Phasenlage des Stromes. Der Strom muß also nach dem Einschalten mit dem Nullwert einsetzen und sich erst auf den endgültigen stationären Zustand einschwingen. Ein Ausgleichvorgang ist unvermeidlich, wenn der Kontakt nicht einen Zeitpunkt trifft, der einem Nulldurchgang des Stromes im eingeschwungenen Zustand entspricht.

Bei ohmischer Last müßte das Einschalten dann erfolgen, wenn die Wechselspannung gleich Null ist. In induktiv oder kapazitiv belasteten Stromkreisen wäre das Einschalten entsprechend dem Phasenwinkel zu vollziehen, der im eingeschwungenen Zustand sich bilden muß. Bei rein induktiver oder kapazitiver Last wird der Kontakt also geschont, wenn beim Schließen die Spannung gerade ihren Höchstwert durchläuft (Bild 9).

Der Verlauf der Ausgleichvorgänge für einen willkürlichen Zeitpunkt ist zu klären. Zwei Vorgänge überlagern sich:

1. eine erzwungene Schwingung mit der Netzfrequenz der Quelle,

2. eine freie abklingende Schwingung verursacht durch den Einschaltstoß

$$J_t = J_e + J_f$$

$$J_t = J_{max} \sin (\omega t + \alpha - \varphi) - J_{max} \sin (\alpha - \varphi)\, e^{-\frac{t}{T}}.$$

$J_t$ Gesamtstrom während des Einschwingens,
$J_e$ erzwungener Wechselstromanteil,
$J_f$ freischwingender Gleichstromanteil,
$J_{max}$ Höchstwert des Stromes $(U_{max}/R_s)$,
$\omega$ Kreisfrequenz $(2\pi f)$,
$+\alpha$ Phasenwinkel der Spannung zur Zeit $t = 0$,
$+\varphi$ Phasenverschiebung eines nacheilenden Stromes $J_e$,
$T$ Zeitkonstante $(\operatorname{tg} \varphi/\omega)$.

Das Einschalten mit $J_{max}$ entspricht demnach einem Wert $\alpha - \varphi = 90^0$.

B e i s p i e l: Einschalten eines Umspanners 220/20 V, 60 VA, 50 Hz. Leerlaufstrom $J_0 = 100$ mA. Gesucht der größte Einschaltstromstoß.

Für den Zeitpunkt $t = 0$ wird, wenn $\alpha - \varphi = 90^0$ ist:

$$i = J_0 \sqrt{2} \cdot \sin 90^0 + J_0 \sqrt{2} \sin 90^0 \cdot e^0$$

und anfänglich der Stromstoß

$$i_{max} = 2 \cdot \sqrt{2} \cdot 100 \cdot 10^{-3} = 282{,}8 \text{ mA},$$

falls nicht die Sättigung des Eisenkernes erreicht wird. In der Regel tritt dieser Fall dann ein, wenn der Magnetisierungsstrom auf 150% des Nennwertes steigt. Der wirkliche Überstrom erreicht bei kleinen Umspannern den 10- bis 20fachen Betrag des Leerlaufstromes. Die Kontaktbeanspruchung ist erheblich größer als die obige Rechnung ergibt.

Die Dauer des Einschwingvorganges ist aus der Phasenverschiebung und der Kreisfrequenz zu bestimmen. Als Zeitkonstante ergibt sich

$$T = \frac{\operatorname{tg} \varphi}{\omega} = \frac{1}{\omega} \sqrt{\frac{1}{\cos^2 \varphi} - 1} \; [s].$$

Ist hierbei $\cos \varphi_0 = 0{,}2$ gemessen, so wird der Ausgleichstrom $i_e$ praktisch verklungen sein, wenn

$$t = 5\,T = \frac{5}{314}\,\sqrt{\frac{1}{0,04} - 1} = 0,078 = 78 \text{ ms}$$

ist, also nach etwa 3,9 Perioden bei der gegebenen Netzfrequenz 50 Hz.

### 8. Funkenlöschung an Kontakten.

Die Unterbrechung eines Stromes verursacht einen für den Kontakt schädlichen Funken. Ein funkenfreies Öffnen ist ausgeschlossen.

Naheliegend ist der Gedanke, eine Schaltarbeit auf mehrere Kontakte zu verteilen, die sich nacheinander öffnen. Jede einzelne Schaltstufe muß etwa 0,5 A abschalten, weil dies die lichtbogenfreie Grenze bei ohmischer Last ist. Ein Kurbelschalter mit mehreren Widerstandsstufen kann diese Bedingung erfüllen.

B e i s p i e l: Eine ohmische Last mit 60 V, 3 A ist abzuschalten. Gesucht ist die Anzahl und die Größe der Widerstandsstufen.

Diese Last entspricht einem Widerstand von 20 Ω. Die zusätzlichen Stufen sind so zu bemessen, daß der Gesamtwiderstand eine Verminderung der Stromstärke um je 0,5 A ergibt. Die Ergebnisse sind in nachstehender Reihe zusammengestellt:

| Stromstärke | A | 3,0 | 2,5 | 2,0 | 1,5 | 1,0 | 0,5 | 0 |
|---|---|---|---|---|---|---|---|---|
| Gesamtwiderstand | Ω | 20 | 24 | 30 | 40 | 60 | 120 | ∞ |
| Widerstandsstufe | Ω | — | 4 | 6 | 10 | 20 | 60 | ∞ |

Die stufenweise Abschaltung (sechs Stufen) erfordert mehr Zeit als die Trennung mit einem einzigen Kontakt. Deshalb begnügt man sich, besonders bei Abhebekontakten, mit zwei Stufen und einem Doppelarbeitskontakt, wenn das Schalten schnell erfolgen soll. Somit sind auch höchstens Ströme bis 1 A bei Spannungen unter 300 V zu bewältigen.

Eine Anordnung mit Parallelkontakten ist verfehlt. Die Annahme, daß der Gesamtstrom sich in gleiche Anteile zerlegt und jeder Kontakt nur einen Teilstrom abzuschalten braucht, ist unzutreffend. Jede Kontaktfläche verändert sich im Gebrauch, das Abheben erfolgt nacheinander und die gesamte Schaltarbeit belastet den jeweils zuletzt sich öffnenden Kontakt.

Bei induktiver Last mit Gleichstrommagneten erfolgt eine Entlastung des Kontaktes, wenn die magnetische Energie sich über einen galvanischen oder einen induktiven Nebenschluß ausgleichen kann. Der Magnet ist mit einem induktionsfreien Widerstand, einer zweiten in sich kurzgeschlossenen Wicklung oder einem zwischen Wicklung und Eisenkern liegenden Kupfermantel zu versehen. Die letztgenannte Anordnung ist am besten wirksam, weil der Mantel den geringsten Innenwiderstand hat und die induzierte Energie fast völlig aufnimmt (Bild 10).

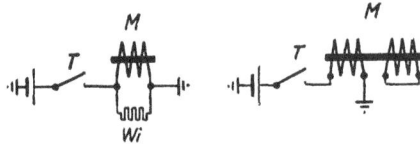

Bild 10. Galvanischer Nebenschluß und induktive Kopplung zur Löschung von Schaltfunken.

Im Zeitpunkt des Öffnens wird zwar der Kontakt mit voller Spannung und Stromstärke belastet. Jedoch entsteht sofort eine Induktion: die Entlastung des Kontaktes setzt schnell ein, die Dauer des schädlichen Funkens wird verkürzt.

Mit zwei folgezeitigen Kontakten ist die Abschaltung von Elektromagneten möglich, wenn zuerst die Wicklung kurzgeschlossen und dann der Erregerstrom unterbrochen wird. Der zusätzliche Verlust im Widerstand kann lästig sein (Bild 11).

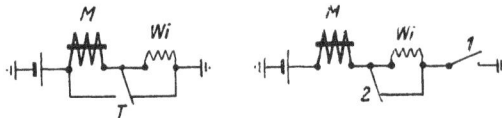

Bild 11. Abbau eines Magnetfeldes durch Schwächen und Kurzschließen des Erregungsstromes.

Am häufigsten werden für die Funkenlöschung Kapazitäten angewendet. Im Nebenschluß zum Kontakt liegt ein Kondensator. Wird der Kontakt geöffnet, so beginnt ein Induktionsstoß und versucht über die Funkenstrecke sich auszugleichen. Die parallel liegende Kapazität bildet mit der Induktivität ihrer Zuleitungen einen Schwingungskreis. Der freie Schwingstrom überlagert sich dem Gleichstromlichtbogen, der Summenstrom wird schließlich ein Wechselstrom, die Nulldurchgänge lassen Zeit zur Abkühlung und Löschung, der zunehmende Abstand der Kontakte verhütet eine Rückzündung. So verläuft eine Funkenlöschung mit verlustarmer Kapazität, wobei sich der Schwingstrom schnell und mit großem Scheitelwert entwickelt (Bild 12).

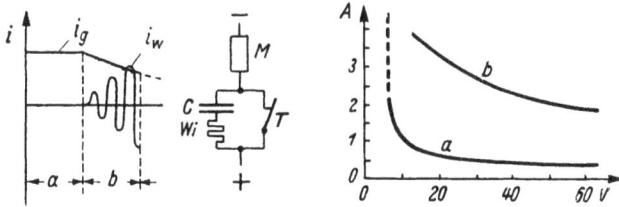

Bild 12.  Löschung des Schaltfunkens durch Kondensatoren; Schaltanordnung und Lichtbogenbereich (*a*) ohne und (*b*) mit Kondensator.

B e i s p i e l:  Ein Kraftmagnet ist mit Funkenlöschung auszurüsten. Batterie 24 V, $J = 0,5$ A, $R = 48\,\Omega$, $L = 1,5$ H. Gesucht eine passende Kapazität.

Durch Abschalten wird magnetische Energie frei und verwandelt sich in elektrostatische Energie:

$$\tfrac{1}{2}\,L\,J^2 = \tfrac{1}{2}\,C\,U^2.$$

Die Kondensatorspannung $U$, die auch an der Wicklung liegt, soll zweckmäßig die Glimmspannung 300 V in Luft nicht überschreiten.

$$C = L\,\frac{J^2}{U^2} = \frac{1,5 \cdot 0,25}{9 \cdot 10^4} = 4,2\,\mu\mathrm{F}.$$

In vielen Fällen liegen die Wicklungsverhältnisse nicht so günstig, daß man mit Kapazitäten von 0,25 bis 4 μF auskommen kann.

B e i s p i e l:  Ein Kraftmagnet wird mit einer Löschkapazität $C = 2\,\mu\mathrm{F}$ versehen. Batterie: 60 V, $J = 1,1$ A, $L = 0,5$ H. Gesucht ist die am Kondensator auftretende Höchstspannung.

$$U = J\,\sqrt{\frac{L}{C}} = 1,1\,\sqrt{\frac{0,5}{2 \cdot 10^{-6}}} = 550 \text{ V}.$$

Wird die Kapazität zu sparsam bemessen, so können hohe Überspannungen auftreten, die alle im Stromkreis liegenden Geräte gefährden.

Der Schließungsfunke entlädt schlagartig den Kondensator und schadet dem Kontakt, wenn nicht ein Vorwiderstand benutzt wird, der sowohl beim Schließen die Entladung wie beim Öffnen die Überspannung abschwächt.

Diesem Vorteil steht nachteilig die höhere Dämpfung des Löschkreises gegenüber. Im Grenzfall werden die Eigenschwingungen aperiodisch, wenn das Dämpfungsdekrement

$$\vartheta = \pi\, R\, \sqrt{\frac{C}{L}} > 2\,\pi$$

wird. Die Löschwirkung ist viel schwächer und beruht nur noch auf einer vorübergehenden Absaugung eines Teilstromes.

B e i s p i e l: Die Funkenlöschung versagt, wenn $C = 2\ \mu$F und $R > 10\ \Omega$ ist. Gesucht die Grenzfrequenz und z Induktivität des freien Schwingungskreises.

$$L = \frac{R^2\, C}{4} = \frac{100 \cdot 2 \cdot 10^{-6}}{4} = 50\,\mu\text{H}.$$

Die Grenzfrequenz ist $f = \dfrac{1}{2\,\pi\ \sqrt{L\,C}} = 15,9$ kHz.

Um die Überspannung am Kondensator nicht unnötig zu erhöhen, ist ein unifilarer Drahtwiderstand mit geringer Selbstinduktion zu verwenden, meist in der Größenordnung 5 ... 50 Ohm liegend.

In Wechselstromkreisen mit induktiver Last ist die Kapazität nicht zum Kontakt, sondern zur Induktivität parallel zu schalten. Es kommt darauf an, die Phasenverschiebung aufzuheben, welche den Lichtbogen zu erhalten sucht.

Hierfür sind zwei Schaltungen gebräuchlich: parallel zur primären oder zur sekundären Wicklung eines Übertragers oder Umspanners. Zweckmäßig ist der Kondensator mit derjenigen Wicklung zu verbinden, welche die höhere Spannung hat, weil dann eine kleinere Kapazität ausreicht. Die Kapazität berechnet sich aus der Beziehung $\omega^2\, L\, C = 1$, wobei $2\,\pi\, f$ die Kreisfrequenz der Stromquelle ist.

## B. Widerstand und Leitfähigkeit.

### 1. Grundbegriffe.

Sämtliche Stoffe werden in Leiter und Nichtleiter entsprechend ihrer Verwendbarkeit eingeteilt. Nach dieser Einteilung eignen sich Werkstoffe mit verhältnismäßig kleinen Widerständen zur Fortleitung von Strömen, solche mit großen Widerständen zur Isolation von Spannungen. Der Widerstand ist eine Stoffeigenschaft, welche die durch eine Spannung verursachte Strömung begrenzt. Als Maßeinheit gilt das Ohm ($R = 1\ \Omega$).

Die Umkehrung des Begriffes Widerstand ist die Leitfähigkeit. Die Leitfähigkeit ist klein, wenn der Widerstand groß ist. Als Maßeinheit gilt das Siemens ($G = 1$ S).

Das Ohmsche Gesetz ist daher in zweierlei Form gegeben:

$$U = JR \text{ [Volt] und } J = UG \text{ [Amp.]}.$$

Für Umrechnungen von Widerstands- und Leitwerten gilt die Beziehung: $R \cdot G = 1$.

Der Widerstand 1 Ohm entspricht dem Leitwert 1 Siemens. Unter anderem ist $10\,\Omega = 10^{-1}$ S und 1 Megohm = 1 Mikrosiemens.

Der Widerstand gestreckter Leiter ist: ($l$ Länge in m,

$F = \dfrac{\pi}{4}\, d^2$ Querschnitt in mm², $\rho$ Stoffwert in Ohm/mm² · m

bei 15° C. $d$ Durchmesser in mm).

$$R = \frac{\rho\, l}{F} = \frac{k}{d^2} \cdot l \ [\Omega].$$

Im Bereich zulässiger Erwärmung bis etwa 120° C gilt die Erfahrungsformel

$$R = R_{15}\,(1 + \alpha\, T) \ [\Omega],$$

wobei $\pm\, T$ die Über- oder Untertemperatur des Leiters, bezogen auf 15° C, und $\pm\, \alpha$ der Temperaturkoeffizient ist. Meistens ist $\alpha$ bei Metallen positiv, bei Nichtmetallen und Lösungen negativ. Der Isolationswiderstand wird in Megohm/cm³ (Würfelform) angegeben.

Gleichströme ohne Welligkeit oder Änderungen durchfluten einen Leiter gleichmäßig. Wellen- und Wechselströme verdrängen sich im Leiter mit steigender Frequenz von innen nach außen (Hauteffekt).

Gleichstromwiderstand ist ein Meßwert bei gleichmäßiger Durchflutung oder Stromdichte (Amp./mm²).

Wechselstromwiderstand ist der mit Wechselstrom von bestimmter Frequenz gemessene Wert einschließlich Stromverdrängung.

Wird eine geschlossene Leiterschleife mit Induktivität von einem Wechselstrom durchflossen, so entsteht durch das magnetische Feld eine Wechselspannung. Liegt an einer offenen Leiterschleife eine Wechselspannung, so entsteht durch das elektrische Feld ein Wechselstrom.

Sinngemäß wird dem Stromkreis im ersten Fall ein Blindwiderstand, im zweiten ein Blindleitwert zugeschrieben; die

Energieverluste durch elektrische oder magnetische Hysterese und Wirbelströme werden den Verlusten durch den ohmischen Widerstand oder seinem Kehrwert, der Ableitung, zugerechnet. So entsteht bei Wechselstrom der Begriff eines Wirkwiderstandes, bzw. eines Wirkleitwertes.

Wirkwiderstand ist der mit Wärmeverlusten verbundene Anteil eines Scheinwiderstandes.

Blindwiderstand ist der verlustfreie, mit magnetischen und elektrischen Feldern verbundene Anteil eines Scheinwiderstandes.

Scheinwiderstand ist die geometrische Summe von Wirk- und Blindwiderständen.

Sämtliche Widerstände sind frequenzabhängig. Sinngemäß bildet man die Begriffe Wirk-, Blind- und Scheinleitwert.

Der Wärmeverlust ist gleich dem Produkt aus Spannungs- abfall und Stromstärke

$$U \cdot J = N \; [\text{W}] \; \text{oder}$$

$$N_r = J^2 R = U^2 R^{-1} \; [\text{W}], \; \text{bzw.} \; N_g = U^2 G = J^2 G^{-1} \; [\text{W}].$$

Bei Wellengleich- und Wechselspannungen und -strömen sind die Effektivwerte, nicht die elektrolytischen Mittelwerte einzusetzen.

## 2. Belastbarkeit von Widerständen.

Für feste und einstellbare Widerstände werden als Werk- stoffe besondere Legierungen verwendet, deren Temperatur- koeffizient klein und nahezu unveränderlich ist.

Tafel 1.
### Werkstoffe für Widerstände.

| Werkstoff (Legierung) | Bezogener Widerstand $\rho$ [$\Omega$ mm²/m] | Temperatur- koeffizient (auf 15° C bezogen) |
|---|---|---|
| Kupfer mit 12,3% Mn . . . . | 0,43 | + 0,00 |
| ,,　　　,,　　2,5% ,,　. . . . | 0,810 | + 0,05 |
| ,,　　　,,　　30% ,,　. . . . | 1,07 | + 0,04 |
| Manganin | | |
| 　84 Cu + 12 Mn + 4 Ni . . | 0,41 . . . 0,6 | + 0,01 |
| Konstantan 53 Cu + 47 ,, . . | 0,47 . . . 0,50 | — 0,03 |
| Nickelin 67 Cu + 33 ,, . . | 0,41 . . . 0,43 | + 0,02 |
| Neusilber | | |
| 　65 Cu + 23 Zn + 12 Ni . . | 0,36 . . . 0,38 | + 0,07 |
| Chromnickel 80 Ni + 20 Cr . . | 1,09 . . . 1,10 | + 0,14 |
| Kruppin 70 Fe + 30 Ni . . | 0,84 . . . 0,86 | + 0,78 |

Die Belastbarkeit eines Widerstandes hängt von der Wärme-
ableitung ab. Als bezogenes Leitvermögen gilt

$$a = \frac{N}{\vartheta \cdot F} \left[ \frac{W}{{}^{\circ}C\,cm^2} \right] \qquad A = a \cdot F \left[ \frac{W}{{}^{\circ}C} \right].$$

Im Beharrungszustand wird dem Widerstand eine Leistung
$N = J^2 R$ zugeführt, welcher bei Dauerbelastung und gegebener
Kühlfläche $F$ allmählich eine Übertemperatur $\vartheta$ erreicht. Der
Wert $A$ ist keine Konstante, welche für alle Erwärmungen oder
Übertemperaturen verhältnisgleich gilt, sondern eine durch
Versuchsreihen gewonnene Erfahrungsfunktion, die mit wachsen-
der Übertemperatur abnimmt.

Die Wärmestauung in einem Widerstand entspricht seinem
Gewicht $G$ und der Temperatur $\vartheta$. Diese gespeicherte Energie,
bezogen auf die Masse von $V = 1\,cm^3$ und dem spezifischen
Gewicht $\gamma$ ergibt in Grammkalorien

$$b = m \cdot \vartheta = \gamma\, V \vartheta \; [\text{gcal}].$$

Für die Umrechnung der Wärme- in elektrische Energie gilt

$$1\;\text{gcal} = 4{,}184\;\text{Ws},$$

$$1\;\text{Joule} = 1\;\text{Ws} = 0{,}239\;\text{gcal}.$$

Damit wird die Wärmestauung mit dem Gewicht $G$ und der
Übertemperatur $\vartheta$

$$B = 4{,}184 \cdot G \cdot \vartheta \;[\text{Ws}].$$

Im Betriebszustand eines Widerstandes ist in jedem Zeitpunkt die Wärmeaufnahme gleich der Summe aus Wärmeabgabe
und Wärmestauung:

$$N\, dt = A\,\vartheta\, dt + B\, d\vartheta,$$

$$\frac{dt}{B} = \frac{d\vartheta}{N - A\vartheta}.$$

Die Integration führt auf die allgemeine Lösung:

$$t = -\frac{B}{A}\, l\,n\,(N - A\vartheta) + C.$$

Die Integrationskonstante $C$ wird, wenn für $t = 0$ auch
$\vartheta = 0$ ist

$$C = \frac{B}{A} \cdot l\,n\,N.$$

Für die Erwärmung eines Widerstandes durch eine Leistung $N$ bis zur Temperatur $\vartheta$ ergibt sich die Zeit:

$$t = + \frac{B}{A} \, ln \, \frac{N}{N - A\vartheta} \, [\text{sec}].$$

Durch Umformung der logarithmischen in eine Exponentialfunktion ist der Verlauf des Temperaturanstieges zu erkennen:

$$\vartheta_t = \frac{N}{A} \cdot (1 - e^{-t\frac{A}{B}}) \, [^\circ \text{C}]$$

oder

$$\vartheta_t = \vartheta_{\max} (1 - e^{-\frac{t}{T}}),$$

wobei als Zeitkonstante $T$ einzusetzen ist:

$$T = \frac{B}{A} = \frac{4{,}184 \cdot V \cdot \gamma}{F} \, [\text{sec}].$$

Für die Abkühlung gilt die Spiegelfunktion

$$\vartheta_t = \vartheta_{\max} \cdot e^{-\frac{t}{T}}.$$

Bei praktischen Auswertungen ist zu beachten, daß $A$ entsprechend der Temperatur sich zeitlich ändert. Da nach kurzer Zeit $t = T$ schon 63,2% des Endzustandes, aber nach $t = 5\,T$ erst 98% der Endtemperatur erreicht werden, ist es zweckmäßig, für Erwärmungen $A_{\min}$ und für Abkühlungen $A_{\max}$ einzusetzen, um diesen Fehler zu vermindern. Die Ergebnisse werden dabei etwas ungünstiger als in Wirklichkeit.

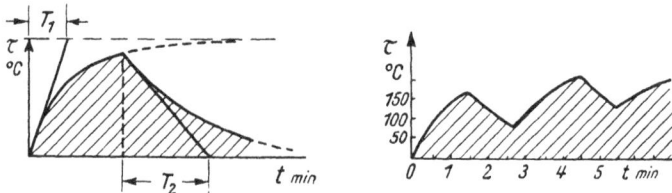

Bild 13. Temperaturänderungen eines Widerstandes (a) bei einmaliger, (b) bei absatzweiser Belastung.

Sehr häufig sind Fälle mit aussetzendem Betrieb. Auf kurzzeitige Erwärmungen folgen Abkühlungspausen. Liegen regelmäßige Arbeitsspiele vor, so ist es möglich, ein Sägendiagramm zu erhalten, mit dem die Überlastbarkeit eines Widerstandes bestimmt werden kann (Bild 13).

Für den Gebrauch mit Dauerlast werden als Nennwerte
für Widerstände die Ohmzahl und die zulässige Stromstärke angegeben. Zu beachten ist die quadratische Beziehung zwischen
Spannung, bzw. Stromstärke und Wärmeleistung. Eine Überlastung mit 10% erhöht die Leistung um 21%, bei 50% Überstrom
sogar um 125%, ist also im Dauerbetrieb unmöglich anzuwenden.

### 3. Nutzung des Temperaturkoeffizienten.

Der Temperaturkoeffizient ist nur in einem engen Bereich
kleiner Temperaturen hinreichend konstant. Mit wachsender
Temperatur ändert sich dieser Koeffizient und damit der Betrag
eines Widerstandes.

Bei Werkstoffen mit positivem Koeffizienten wird mit zunehmender Spannung die Stromstärke nicht in gleichem Maße
ansteigen. Der Beharrungszustand ist stabil.

Bei Werkstoffen mit negativem Temperaturkoeffizienten
wird mit zunehmender Spannung die Stromstärke stärker ansteigen, weil der Widerstand gleichzeitig abnimmt. Der Beharrungszustand ist labil, nach einem Kippen des Widerstands-
betrages und besonders starkem Stromanstieg wird der End-
zustand erreicht, der an der Rotglutgrenze liegt.

Eisenwasserstoffwiderstände nutzen den positiven Koeffizienten aus. Eisendrahtwendel sind unter Glas luftdicht abgeschlossen und der Innenraum der glühlampenähnlichen Anordnung mit Wasserstoffgas gefüllt. Das indifferente Gas verhütet die Oxydation der Eisendrähte und verteilt die Erwärmung.
Das Glas bestimmt durch Wandstärke und Art die Wärmestauung,
um die Erhitzung bis zur Rotglut zu treiben. Trotz steigender
Spannung bleibt die Stromstärke annähernd gleich. Der nutz-
bare Spannungsbereich erstreckt sich auf 30 . . . 100% des Höchstwertes, die Stromänderung beträgt etwa 10%. Die Selbst-
regelung ist träge. Eine Parallelschaltung ist zulässig, wenn alle
Widerstände für gleiche Spannungsbereiche gebaut sind. Eine
Reihenschaltung ist unmöglich, weil die geringen Unterschiede
der Kennlinien genügen, um die Leistungsanteile völlig ungleich
zu verteilen.

Silit-, Kohle- oder Ozelitstäbe nutzen den negativen Temperaturkoeffizienten. Nur bei geringen Belastungen bleibt die
Stromstärke nach Einregelung bestehen.

Mit steigender Belastung nimmt der Widerstand zunächst
langsam bis zur Kippgrenze ab, um dann schnell auf einen kleinen

Betrag abzusinken. Weitere Erhöhung der Last ergibt eine geringere Widerstandsabnahme. Die Kippgrenzen bei steigender und fallender Belastung liegen bei verschiedenen Stromstärken. Die Kennlinien beider Widerstandsarten zeigt Bild 14. Als Ausgleich werden Urdox- (Urandioxyd-) Widerstände in Reihen-

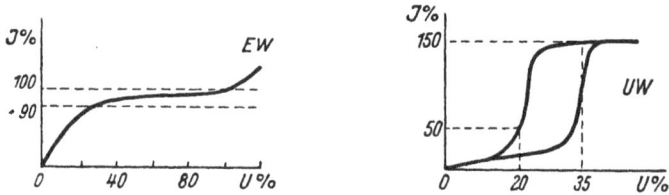

Bild 14. Spannungs- und Stromänderungen an (E) Eisenwasserstoff- und (U) Urdoxwiderständen.

schaltung mit Heizdrähten verwendet, um den anfänglichen Überstrom beim Einschalten zu vermeiden. Auch diese Widerstände sind glühlampenähnlich ausgeführt.

## 4. Nutzung der Wärmedehnung.

Durch Erwärmung ändern sich alle Körpermaße. Jeder Werkstoff besitzt einen linearen und einen kubischen Ausdehnungskoeffizienten. Werden zwei verschiedene Metallstreifen gleicher Länge an den Enden hart verlötet, so wird bei Erwärmung eine Krümmung der aufeinandergewalzten Bimetallstreifen erfolgen. Eine Heizwicklung umgibt eine Feder eines Kontakt-

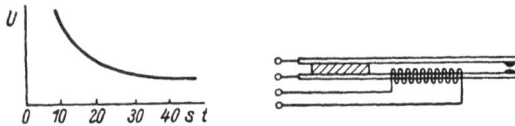

Bild 15. Thermokontakt (Heizfederschalter) mit Schaltung und Schaltzeiten.

paares, die andere auch aus Bimetall bestehende Feder bleibt unbeheizt (Bild 15). Die Schließungszeiten eines derartigen Heizfeder- oder Wärmekontaktes liegen zwischen 5 und 50 Sekunden, die Öffnung erfolgt nach etwa 0,5 Sekunden, die Rückstellung in die Ruhelage erfordert längere Zeit. Für einmalige Schaltungen mit angemessenen Zwischenpausen ist diese Anordnung anwendbar. Die Heizleistung liegt zwischen 1 bis 3 Watt.

Geeignete Metalle und ihre Längendehnungszahlen je ⁰ C sind:

| | |
|---|---|
| Aluminium | $0,024 \cdot 10^{-3}$ |
| Bronze | $0,018 \cdot 10^{-3}$ |
| Eisen, Stahl | $0,012 \cdot 10^{-3}$ |
| Kupfer | $0,016 \cdot 10^{-3}$ |
| Messing | $0,019 \cdot 10^{-3}$ |
| Nickel | $0,013 \cdot 10^{-3}$ |
| Platin | $0,009 \cdot 10^{-3}$ |

Die Abmessungen solcher Wärmekontakte entsprechen ungefähr den Längen gebräuchlicher Relaiskontaktfedern. Für größere Schaltleistungen sind längere und stärkere Bimetallfedern anzuwenden.

## C. Kapazität.

### 1. Grundbegriffe.

Das ruhende elektrische Feld ist ein Raum, beherrscht von elektrischen Potentialunterschieden oder Spannungen, deren Kraftlinien von einem Leiter ausgehen und an einem anderen Leiter enden. Die beide Leiter trennende nichtleitende Schicht (Dielektrikum) enthält Elektronen, welche nicht frei beweglich sind. Durch die angelegte Spannung entsteht ein Verschiebungsstrom, der nach der Elektrisierung aufhört. Diese Ladung mit einer Elektrizitätsmenge erhält sich nach Abschalten der äußeren Spannung, soweit nicht die Leitfähigkeit im Dielektrikum einen inneren Entladungsstrom verursacht. Die Eigenschaft dieser Anordnung (Leiter, Nichtleiter, Leiter), eine Elektrizitätsmenge zu speichern, heißt Kapazität. Als Maßeinheit gilt das Farad $(C = 1 \text{ F})$.

Das Dielektrikum und die geometrischen Formen bestimmen die Größe der Kapazität, die Ladungsmenge hängt außerdem von der Spannung ab:

$$Q = U \cdot C \text{ [Coulomb]}.$$

Die Begriffe des elektrischen Feldes sind einer Anordnung zu entnehmen, bestehend aus zwei ebenen Kreisplatten mit einem Luftabstand $d$ und den wirksamen Flächen $F_1 = F_2 = F$. Aus der Mitte sei ein würfelförmiges Stück mit $d = 1$ cm und $F = 1$ cm² ausgeschnitten, dessen Kapazität im leeren Raum ist:

$$C_0 = \varepsilon_0 \frac{F}{d} = \frac{1}{4 \pi c^2} = \frac{1}{4 \pi} \cdot \frac{10^{-11}}{9} = 0,8859 \cdot 10^{-13} \left[ \frac{\text{Farad}}{\text{cm}} \right].$$

Für andere Stoffe wird eine Dielektrizitätskonstante (Elektrisierung) $\varepsilon$ eingesetzt, die ein Vielfaches der Konstanten $\varepsilon = 1$ für Luft bei mittlerem Druck ist. In der gebräuchlichen Einheit Mikrofarad $= 10^{-6}$ Farad wird die Kapazität mit beliebigem Dielektrikum, Fläche und Abstand

$$C = \varepsilon_0 \, \varepsilon \, \frac{F}{d} \cdot 10^{-6} = 0,88543 \cdot \varepsilon \, \frac{F}{d} \cdot 10^{-7} \; [\mu \, F].$$

Dabei hat $\varepsilon_0$ die Dimension Farad/cm, dagegen ist $\varepsilon$ eine reine Zahl. Der berechnete Wert heißt die statische Kapazität, weil eine feste Gleichspannung angelegt ist.

Das elektrische Feld beansprucht das Dielektrikum mit einer elektrischen Feldstärke

$$\mathfrak{E} = \frac{U}{d} \left[ \frac{V}{cm} \right].$$

Auf den Belegungen speichert sich die Ladung mit einer elektrischen Dichte entsprechend der Feldstärke und Dielektrizitätskonstante

$$\mathfrak{D} = \varepsilon \cdot \mathfrak{E} \left[ \frac{As}{cm^2} \right].$$

Damit ist die Ladung (Amperesekunde gleich Coulomb) für 1 cm² wirksamer Fläche zu berechnen. Die gesamte Ladung einer Kapazität ist

$$Q = \mathfrak{D} \cdot F \; [As].$$

Die Feldstärke übt eine mechanische Kraft auf die Ladung, bzw. die Belegungen aus

$$P = 10,2 \cdot Q \cdot \mathfrak{E} \; [kg].$$

Das Laden einer Kapazität ist eine elektrische Arbeit

$$A = \tfrac{1}{2} \, (U_0 - U_1) \, Q = \tfrac{1}{2} \, U \cdot Q \; [Ws].$$

Im Dielektrikum ist eine Energie gespeichert

$$A = \tfrac{1}{2} \, C \, U^2 \; [Ws].$$

Bei Gleichspannung erfolgt eine einmalige Ladung, bei Wechselspannung eine periodische Energieaufnahme und -abgabe.

Der sinusförmige Wechselstrom einer verlustfreien Kapazität ist

$$J = \frac{dQ}{dt} = C \, \frac{dU}{dt} = U \, j \, \omega \, C \; [A].$$

Die Phasenverschiebung ergibt sich aus dem Ladungsgesetz: der Schwund der Spannung erzeugt einen positiven Entladestrom. Der Strom eilt gegen die Spannung um 90° vor. Völlig verlustfrei sind Kapazitäten im leeren Raum und praktisch verlustfrei mit Luft als Isolation.

In allen Isolierstoffen treten Verluste durch Ableitung und Hysterese auf. Die elektrische Hysterese ist eine Arbeit, welche bei jedem Polwechsel zur Verschiebung der Elektronen aufzuwenden ist. Beide Verluste werden von einem Verlustwiderstand $R$ erfaßt, den man sich in Reihe mit der Kapazität $C$ geschaltet denkt:

$$R_c = R - \frac{j}{\omega C} \ [\Omega].$$

Als Maß für die Verluste wird meistens der Verlustwinkel $\delta$ genannt ($\delta = 90^0 - \varphi$):

$$\mathrm{tg}\ \varphi = - \frac{j}{\omega C R}.$$

Die Verluste steigen mit wachsender Frequenz, der Verlustwiderstand ist frequenzabhängig.

## 2. Grundformen elektrischer Felder.

Verlangt werden klein bemessene Kondensatoren mit großer Kapazität. Neben großen wirksamen Oberflächen sind also kleine Abstände und eine Isolation mit großer Dielektrizitätskonstante notwendig. Der Gesamtaufwand sinkt mit der Verminderung der Abstände.

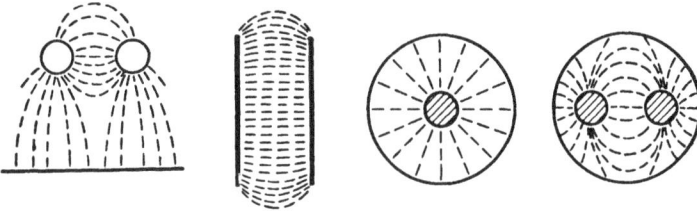

Bild 16. Grundformen elektrischer Felder.

Eine untere Grenze bildet bei gegebener Spannung die Durchschlagsfestigkeit. Gefährdet sind stets Stellen, welche der größten Feldstärke ausgesetzt sind. Maßgebend für den Bau von Kondensatoren ist eine günstige Feldverteilung, welche durch Formgebung zu erreichen ist.

Im gleichartigen Dielektrikum zwischen zwei abstandsgleichen Ebenen verlaufen die Kraftlinien geradlinig, wenn das Verhältnis von Höhe bzw. Breite zum Abstand der Flächen größer als 10 ist. An den Rändern entstehen gekrümmte Feldlinien mit abnehmender Dichte (Bild 16).

Zwischen ungleichen Flächen steigt die Feldstärke von der großen nach dem Rand der kleinen Fläche an. Einen Sonderfall bilden konzentrische Kabel oder abstandsgleiche Krümmungen. Die Feldstärke wird bei einem Halbmesser $r$ etwa $\mathfrak{E} \approx r^{-1} \cdot k$ und

$$- \frac{d\,U}{d\,r} = \frac{k}{r} = \mathfrak{E}.$$

Die Integration ergibt für $r_i$ Innenradius, $r_a$ Außenradius, $r$ beliebigen Radius zwischen $r_i$ und $r_a$

$$U = r \cdot ln\,(r_a/r_i)$$

$$\mathfrak{E} = \frac{U}{r\,ln\,(r_a/r_i)} \left[ \frac{V}{cm} \right].$$

Die gefährliche Feldstärke $\mathfrak{E}$ wächst, wenn $r_i$ verringert oder $r_a - r_i$ klein wird. Die günstigste Beanspruchung liegt bei $r_i = 0,368\,r_a$. Die zulässige Feldstärke beträgt bei sinusförmiger Wechselspannung für

| | | |
|---|---|---|
| Glimmer | 285 | $kV_{eff}/cm$ |
| Papier | 200 | ,, |
| Paraffin | 185 | ,, |
| Porzellan | 100 | ,, |
| Luft | 20 | ,, |

Bei Gleichspannung sind diese Effektivwerte um $\sqrt{2} = 1,414$ höher einzusetzen, weil der Durchschlag abhängig von den Höchstwerten erfolgt. Die Berechnung der Feldstärke ist abwärts bis zu 250...300 V anzuwenden, der durchschnittlichen Glimmspannung zwischen Metallen, die selbst dünnste Schichten nicht mehr durchschlägt.

B e i s p i e l : Kondensatorwickel, Papier-Paraffin isoliert, Folienabstand 0,02 mm, Krümmung $r_i = 0,5$ mm. Prüfspannung $U = 500$ V.

| | | |
|---|---|---|
| Zulässige Feldstärke | $\mathfrak{E}_{max} =$ | 260 kV/cm (Gleichspannung) |
| Berechnete Feldstärke $\mathfrak{E}$ | $=$ | $500/2 \cdot 10^{-3} = 250$ kV/cm |
| Innere Belegung $\mathfrak{E}$ | $=$ | $500/5 \cdot 10^{-2} = 10$ kV/cm |
| Äußere Belegung $\mathfrak{E}$ | $=$ | $500/5,2 \cdot 10^{-2} = 9,6$ kV/cm. |

Die Prüfspannung ist scharf angesetzt, um etwaige Lufteinschlüsse zwischen Folie und Papier aufzudecken.

In geschichteten Dielektriken mit verschiedenen Konstanten ε können die Kraftlinien senkrecht, schräg oder waagerecht zur Übergangsschicht verlaufen (Bild 17).

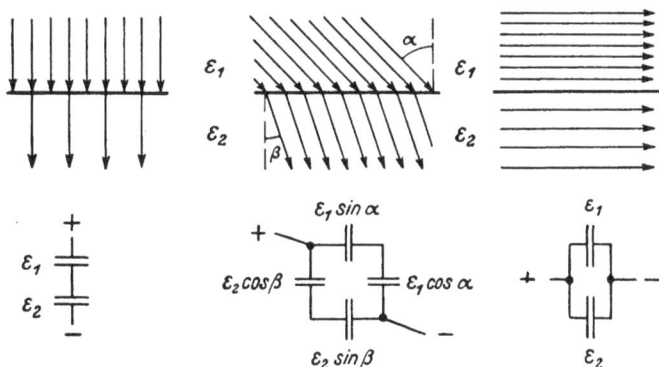

Bild 17. Feldlinien in geschichtetem Dielektrikum.

Zu beiden Seiten der Übergangsschicht gelten die Beziehungen

$$\mathfrak{D}_1 = \varepsilon_1 \mathfrak{F}_1 \ \text{und} \ \mathfrak{D}_2 = \varepsilon_2 \mathfrak{F}_2,$$

damit ergibt sich für die Kraftlinien, welche von der Plus- zur Minusbelegung laufen:

senkrecht $\mathfrak{D}_1 = \mathfrak{D}_2$ $\mathfrak{F}_1 : \mathfrak{F}_2 = \varepsilon_2 : \varepsilon_1$
schräg $\mathfrak{D}_1 : \mathfrak{D}_2 = \mathfrak{F}_2 : \mathfrak{F}_1$
waagerecht $\mathfrak{D}_1 : \mathfrak{D}_2 = \varepsilon_1 : \varepsilon_2$ $\mathfrak{F}_1 = \mathfrak{F}_2.$

Die Brechungswinkel der Kraftlinien entsprechen den Elektrisierungszahlen

$$\operatorname{tg} \alpha_1 : \operatorname{tg} \alpha_2 = \varepsilon_1 : \varepsilon_2.$$

Die zugeordneten Ersatzschaltungen veranschaulichen die Wirkungen. Bei Reihenschaltung verhalten sich die Teilspannungen umgekehrt wie die Kapazitäten

$$U_1 : U_2 = \frac{1}{C_1} : \frac{1}{C_2} = C_2 : C_1.$$

Bei Nebeneinanderschaltung liegen die Kapazitäten an gleicher Spannung, aber die Ladungen sind verschieden.

### 3. Papierwickel-Kondensatoren.

Luft als Dielektrikum wird bei Plattenkondensatoren verwendet. Die genaue Einhaltung der Flächen und Abstände ergibt Kapazitätswerte mit etwa 0,5...2% Fehler vom Sollwert, deshalb eignen sich Luftkondensatoren vorwiegend als Abstimmittel. Die erreichbaren Werte dieser Bauart liegen meist unter 1 nF ($10^{-9}$ F) und sind nur für Hochfrequenzzwecke wirtschaftlich.

B e i s p i e l: $2 \cdot 10$ Platten je 30 cm², Abstände 2 mm. Wirksame Oberfläche $F = 19 \cdot 30 = 570$ cm².

$$C = 0,8859 \frac{570}{0,2} 10^{-7} = 0,252 \text{ pF} = 0,252 \cdot 10^{-12} \text{ F}.$$

Block- oder Wickelkondensatoren haben Belegungen aus Aluminiumfolien (etwa 0,006 mm) mit zwei bis drei dünnen saugfähigen Papierzwischenlagen (0,01...0,03 mm), welche unter Hitze und Vakuum mit Paraffin getränkt werden. Die Anschlüsse bestehen aus schmalen Metallstreifen (Elektroden), welche in der Mitte der Folien eingelegt sind oder es stehen die Aluminiumfolien auf beiden Seiten über, so daß auf der einen Seite alle Plus-, auf der anderen alle Minusbelegungen sich berühren. Diese teuere Bauart wird für mittlere Frequenzen verwendet, um die Wärmeverluste in der Folie bei höheren Stromstärken klein zu halten.

B e i s p i e l: Wickel $1\mu$F. Aluminiumfolie: 6 m lang, 39 mm breit, 0,005 mm dick. Anschlüsse in der Mitte.

$$R = \frac{\rho \, l}{F} = \frac{0,029 \cdot 3}{39 \cdot 0,005} = 0,446 \ \Omega.$$

Die einzelnen Wickel ergeben Kapazitäten von 0,1...2 $\mu$F, größere Einheiten enthalten eine entsprechende Anzahl in Parallelschaltung. Die üblichen Prüfspannungen (500, 750, 1000, 1500, 2000 V) sind keine Betriebsspannungen; durchschnittlich ist mit Rücksicht auf Schaltvorgänge eine dreifache Sicherheit anzusetzen. Bei Funkenlöschung an Kontakten erreicht die durch Abschalten eines Magneten entstehende Überspannung überraschend hohe Werte.

B e i s p i e l: Kraftmagnet 55 $\Omega$, 0,5 H, 60 V. Funkenlöschung 2 $\mu$F, 1000 V Prüfspannung.

$$\tfrac{1}{2} L J^2 = \tfrac{1}{2} C U^2$$

$$0,5 \cdot 1,21 = 2 \cdot 10^{-6} \cdot U^2$$

$$U = \sqrt{\frac{0,5 \cdot 1,21}{2} \cdot 10^6} = 560 \text{ V}.$$

Die Prüfung von Kondensatoren erfordert einen Vorwiderstand, damit die bei Gruppeneinschaltung auftretenden Reflektionen (bis vierfache Spannung) nicht schon zu Durchschlägen führen.

Bei Wechselstrombetrieb ist der Höchstwert, nicht der Effektivwert der Spannung für den Durchschlag maßgebend. Die Stromwärme ist gefährlich, weil der mit Paraffin vergossene Kondensator keine wesentliche Abkühlung hat ($N_{max} = 0,01$ W/cm²).

B e i s p i e l: $C = 4\ \mu$F, 2000 V geprüft, mit 3 Wickeln je 1,4 $\mu$F parallel. Becher $35 \times 45 \times 50$ mm. Innerer Widerstand $Ri = 0,18\ \Omega$, $U = 220$ V, $f = 50$ bzw. 500 Hz.

$$J = U\,\omega\,C = 220 \cdot 314 \cdot 4 \cdot 10^{-6} = 0{,}276\ \text{A}$$

$$N = J_1^2\,R = 0{,}276^2 \cdot 0{,}18 = 0{,}014\ \text{W}\ (50\ \text{Hz})$$

$$N = J_2^2\,R = 2{,}76^2 \cdot 0{,}18 = 1{,}37\ \text{W}\ (500\ \text{Hz})$$

$$N_{max} = \frac{1{,}37}{111} = 0{,}0123\ \frac{\text{W}}{\text{cm}^2}\ \text{bei 500 Hz etwas zu viel.}$$

Bei Unterbrecherbetrieb — Gleich- und Wechselstrom — treten wegen oberwellenreicher Ausgleichvorgänge oft große Spannungen und Überströme auf, welche sich nicht vorausberechnen lassen und zu unerwarteten Durchschlägen führen.

Die Istwerte weichen bei Kondensatoren über 1 $\mu$F um 5%, darunter um 10% vom Sollwert ab. Unter 0,1 $\mu$F sind größere Toleranzen notwendig. Als Isolationswiderstand wird mindestens 200 Megohm bei 1 $\mu$F verlangt, neue Kondensatoren weisen erheblich bessere Werte auf ($10^9\ \Omega/\mu$F).

B e i s p i e l: $C = 4\ \mu$F, $R = 50$ Megohm (Isolation). Stille Entladung mit Spannungsrückgang um 50%.

$$\tfrac{1}{2}\,U = U \cdot e^{-\frac{t}{T}}\ (T = C\,R = 200\ \text{s})$$

$$0{,}5 = 1 \cdot e^{-\frac{t}{200}}$$

$$\log 2 = \frac{t}{200}\,\log e$$

$$t = \frac{0{,}30103}{0{,}4343} \cdot 200 = 138\ \text{s.}$$

Ölisolierte Kondensatoren eignen sich für Hochspannung und größere Kapazitäten, bei denen eine sichere Paraffinfüllung ohne Lufteinschlüsse nicht mehr zu gewährleisten oder die Stromwärme durch Ölumlauf abzuführen ist. Nur ausgekochtes Öl ist einwandfrei. Der Isolationswiderstand ist etwa $10^{10} \ldots 4 \cdot 10^{10} \, \Omega/\mu F$, der Verlustwinkel tg $\delta = 50 \cdot 10^{-4} \ldots 80 \cdot 10^{-4}$ bei 800 Hz.

### 4. Elektrolytkondensatoren.

Durch Elektrolyse bildet sich auf der Oberfläche von Aluminium, Tantal, Titan, Niobium und Zirkon eine Oxydhaut, welche den Strom in Richtung von der oxydierten Anode nach einer Gegenelektrode sperrt, aber in der Gegenrichtung durchläßt. Als Elektrolyte werden bei Aluminium verwendet: $Na_2B_2O_7$, $Na_2MoO_4$, $Na_2WO_4$, $KMnO_4$, $K_2CrO_4$, $K_2CO_3$, $KAlO_2$. Die Formierung einer sehr dünnen Gashaut ergibt eine große Kapazität $(10 \ldots 60 \, cm^2/\mu F)$ im Betrieb mit $10 \ldots 400$ V Gleichspannung. Der Reststrom, der die Formierung erhält, ist unter $0{,}01 \, mA/\mu F$. Nach längerer Lagerung oder falscher Polung ist die Oxydschicht nahezu aufgehoben, erneuert sich aber sehr schnell bei richtig gepolter Klemmenspannung, der Polarisationsstrom ist nicht kurzschlußähnlich.

Temperaturänderungen beeinflussen Kapazität und Reststrom. Unter $-40^\circ$ C nähert sich die Kapazität dem Nullwert, oberhalb $0^\circ$ C steigt die Kapazität fast geradlinig an. Der Reststrom steigt bis $70^\circ$ C mäßig, über $80^\circ$ C stärker an, umgekehrt fällt der Innenwiderstand (Oxydschicht—Kathode). Die Kapazitätswerte haben daher starke Streuung, die Toleranzen bei bestimmter Temperatur belaufen sich auf $\pm 20 \ldots 30\%$ des Sollwertes. Als Glättungsmittel für Wellengleichströme $10 \ldots 550$ V mit großen Kapazitäten $10 \ldots 500 \, \mu F$ ist der Elektrolytkondensator sehr geeignet.

## D. Magnetismus.

### 1. Grundbegriffe.

Das magnetische Feld ist ein Raum, beherrscht von elektrischen Strömen, welche in einem geschlossenen Kreis fließen. Die Strömung im Leiter erzeugt ein Wirbelfeld magnetischer Kräfte, welche den Leiter umkreisen und auch das Leiterinnere durchsetzen. Dieser Wirbel wandert mit dem Strom in gleicher Richtung weiter und dreht sich rechtsgängig. Das magnetische Feld entsteht und verschwindet mit seinem Strom und enthält eine kinetische Energie.

Eine Sonderstellung nehmen Eisen, Nickel und Kobalt ein. Die Atome dieser Stoffe besitzen Elektronenbahnen, die gleichläufig liegen und wie Elementarströme wirken. Im unmagnetischen Zustand liegen die Moleküle dieser Stoffe beliebig gerichtet, nach außen heben sich die Wirkungen nahezu auf. Durch ein magnetisches Feld oder umkreisende Ströme richten sich die Moleküle mit ihren Atomen und Elektronen aus, bis der Erregungsstrom und die Elementarströme gleichläufig liegen. Die Wirkungen des Wirbels werden verstärkt, die Magnetisierung wächst.

Dauermagnete bestehen aus Eisenlegierungen, deren Moleküle nach der Magnetisierung in einem Kristallgitter starr gelagert sind. Die Ausrichtung der Elektronenbahnen bleibt erhalten. Die Elementarströme sichern den Bestand des magnetischen Feldes.

Diese Deutung magnetischer Felder zeigt, daß Elektrizität und Magnetismus wesensgleich sind.

Die Begriffe des magnetischen Feldes stützen sich auf eine Anordnung, bestehend aus einer Wicklung mit der Windungszahl $w$, der Spulenlänge $l$ und der Stromstärke $J$. Der Kern kann aus Luft, beliebigem Stoff oder aus Eisen bestehen.

Diese Wicklung erzeugt eine magnetische Feldstärke:

$$\mathfrak{H} = \frac{J\,w}{l}\left[\frac{A\,W}{\mathrm{cm}}\right].$$

Die Windungszahl ist unbenannt, Amperewindungen wirken wie ein vervielfachter Strom in einer einzigen Windung.

Der leere Raum hat eine Magnetisierung (Permeabilität):

$$\mu_0 = 0,4\cdot\pi\cdot 10^{-8} = 1{,}256\,637\cdot 10^{-8}\left[\frac{Vs}{A\,\mathrm{cm}}\right].$$

Dieser Wert $\mu_0$ ist entsprechend dem von der Feldstärke durchsetzten Stoff mit einer dimensionslosen Zahl $\mu$ zu multiplizieren, um die Größe der Induktion $\mathfrak{B}$ zu erhalten:

$$\mathfrak{B} = \mu_0\mu\,\mathfrak{H} = 1{,}256\,\mu\,\mathfrak{H}\cdot 10^{-8}\left[\frac{Vs}{\mathrm{cm}^2}\right].$$

Diese Induktion bezieht sich auf 1 cm² des durchsetzten Querschnitts. Die (Permeabilität) Magnetisierung $\mu$ ist für Luft und die meisten Stoffe wenig von 1 verschieden. In ferromagnetischen Stoffen ist $\mu$ erheblich größer und abhängig von der Sättigung, Temperatur und Beschaffenheit. Dieser Faktor ist also kein gleichbleibender Wert.

Der gesamte von der magnetischen Induktion $\mathfrak{B}$ erfaßte Querschnitt $F$ ergibt einen magnetischen Gesamtfluß $\Phi$:

$$\Phi = \mathfrak{B}\cdot F = \mu\,\mathfrak{H}\cdot F\cdot 1{,}256\cdot 10^{-8}\,[Vs].$$

Im bisher üblichen Maßsystem sind für Feldstärke, Induktion und Fluß andere Einheiten vorgesehen, die noch sehr oft gebraucht werden:

$\mathfrak{H}$ Feldstärke in Oersted $= \dfrac{1}{0,4\,\pi}$ A/cm,

$\mathfrak{B}$ Induktion in Gauß $= 10^{-8}$ Vs/cm²,

$\Phi$ Fluß in Maxwell $= 10^{-8}$ Vs.

Das magnetische Feld entsteht durch eine elektrische Arbeit während des Stroman tieges nach dem Einschalten. Durch Selbstinduktion entsteht im eigenen Leiter eine Gegenspannung $U$, die bei gleichmäßigem Stromanstieg von $J_0$ bis $J_1$ während der Zeit $\Delta t$ ergibt:

$$U \cdot \Delta t = (J_0 - J_1) \cdot \mu\, \frac{\mathrm{W}}{l}\, F \;[\mathrm{Vs}].$$

Ist anfänglich $J_0 = 0$ und steigt bis $J_1 = J$, so wird die Spannung $U$:

$$U = -\frac{\Delta J}{\Delta t} \cdot \mu\, \frac{w}{l} \cdot F \;[\mathrm{V}].$$

In einer Wicklung mit $w$ Windungen entsteht als gesamte Spannung:

$$U = -\frac{\Delta J}{\Delta t} \cdot \mu\, \frac{w^2}{l}\, F = \mp\, \frac{\Delta J}{\Delta t} \cdot L \;[\mathrm{V}].$$

Die Größe $L$ heißt Selbstinduktion und gibt die Anzahl der Voltsekunden an, die bei einer zeitlichen Stromänderung in der eigenen Wicklung induziert werden. Als Maßeinheit für die Induktion einer Voltsekunde bei einer Stromänderung um ein Ampere gilt das Henry ($L = 1$ H).

$$L = \mu\, \frac{w^2}{l} \cdot F = U\, \frac{\Delta t}{\Delta J}\, \left[\frac{\mathrm{Vs}}{\mathrm{A}} = \mathrm{H}\right].$$

Die endliche Stromänderung ist mit $\Delta$ bezeichnet, das positive Vorzeichen gilt für fallende, das negative für steigende Stromstärken.

Der Aufbau eines magnetischen Feldes erfordert Arbeitszugabe, der Abbau erfolgt unter Arbeitsabgabe. Während der Stromänderung von $J_0$ nach $J_1$ werden $U \cdot t = L \cdot J$ Voltsekunden induziert, im Mittel während dieser Zeit beträgt der Strom $\frac{1}{2} J$ und das Produkt ergibt als Energie

$$A = \tfrac{1}{2}\, L\, J^2 = U \cdot J \cdot t \;[\mathrm{Ws}].$$

Unabhängig von dieser Energie entstehen laufend Wärme-verluste

$$N = J^2 R \, [\text{W}].$$

Das magnetische Feld übt Anziehungskräfte aus, welche aus der Beziehung Arbeit gleich Kraft mal Weg erhalten werden. Für die Umrechnung ist einzusetzen:

$$1 \text{ mkg} = 9{,}81 \text{ Ws} \quad \text{oder} \quad 1 \text{ Ws} = 10{,}2 \text{ cmkg}.$$

Die Zugkraft $P$ des magnetischen Feldes ist bei einem mittleren Eisenweg $l$ in cm und ringförmigem Eisenschluß ohne Luftspalt

$$P = \frac{L J^2}{2 l} \cdot 10200 \; [\text{g}] = \frac{L J^2}{2 l} \cdot 10{,}2 \; [\text{kg}].$$

## 2. Neutrale Relais.

Die Hauptbestandteile sind: Eisenkern, Wicklung, Joch und ein beweglicher Anker. Der Luftspalt, den der Anker überbrückt, besitzt im Vergleich zum Eisenweg eine geringe magnetische Leitfähigkeit. Die Kraftlinien streuen daher stark zwischen Kern und Joch bei offenem Spalt und abstehendem Anker. Bei an-gezogenem Anker ist die Streuung schwächer, aber nie beseitigt, weil immer ein Mindestluftspalt bleiben muß, um ein Kleben des Ankers durch Remanenz zu verhüten.

Die Größe der Remanenz (Restmagnetisierung) ist unbe-stimmt und hängt von der Dauer und Häufigkeit der Arbeits-spiele ab (1...10 AW). Verlangt werden aber bestimmte Werte der Magnetisierung für Anzug und Abfall des Ankers, deshalb darf die Remanenz nicht als Beitrag zur Zugkraft eingesetzt werden.

Die Grundformen magnetischer Kreise (Bild 18) zeigen mit einer Spule einen Einweg-, mit zwei Spulen einen Zweiweg-Kraftschluß. Beim Einwegschluß wird der Anker durch Feder-druck in der Ruhelage gehalten, beim Zweiwegschluß ergeben sich zwei Stellungen, die der Anker nach jedem Arbeitsspiel ein-nehmen kann.

Die Zugkraft eines geschlossenen Eisenkreises ist

$$P = \frac{L J^2}{2 l} \cdot 10{,}2 \cdot 10^3 = \frac{J^2 w^2 \mu F}{2 l^2} \, 10{,}2 \cdot 10^3 = \mathfrak{H}^2 \frac{\mu}{2} F \cdot 10{,}2 \cdot 10^3 =$$

$$= \frac{\mathfrak{B}^2}{2 \mu} \cdot F \cdot 10{,}2 \cdot 10^3 = \Phi^2 \frac{10{,}2 \cdot 10^3}{2 \mu F} \; [\text{g}].$$

Ist dagegen ein Eisenweg $l_1$ ($F_1$, $\mu_1$) und ein Luftspalt $l_0$ ($F_0 \, \mu.$) vorhanden, so wird bei gegebenem AW-Wert der Fluß

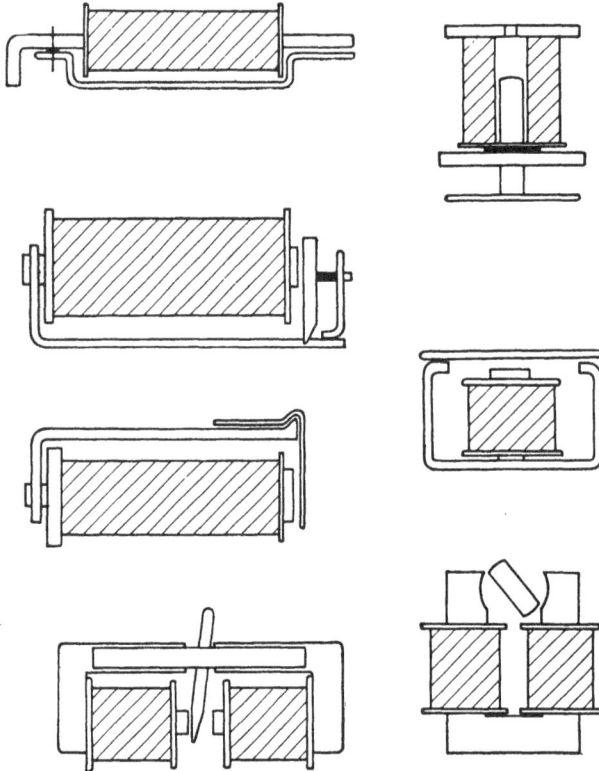

Bild 18. Grundformen elektromagnetischer Relais.

$$\Phi = \frac{0,4\,\pi\,J\,w}{\dfrac{l_1}{\mu_1\,F_1} + \dfrac{l_0}{\mu_0\,F_0}} \cdot 10^{-8}\ [\text{Vs}].$$

Bei gegebener Form des Eisenkörpers ist zunächst ein AW-Wert anzunehmen und daraus $\Phi$ und $P$ zu berechnen. Mit der Permeabilität $u_0 = 0,4\,\pi \cdot 10^{-8}$ wird nach Vereinigung der Konstanten

$$P = \frac{\Phi^2}{F_1} \cdot 4,08 \cdot 10^{11}\ [\text{g}].$$

Beispiel:

| | | | |
|---|---|---|---|
| Kern | $l_1 = 7$ | cm, $F_1 = 0,64$ cm² | 72 AW |
| Joch | $l_1 = 9$ | cm, $F_1 = 0,60$ cm² | (Annahme) |
| Anker | $l_1 = 2$ | cm, $F_1 = 0,26$ cm² | |
| Luftspalt | $l_0 = 0,1$ | cm, $F_0 = 2,00$ cm². | |

Die Permeabilität wird für $\mathfrak{H} = 72/18 = \text{AW/cm}$:

$$\mu_1 = 2000.$$

Als mittlerer Querschnitt des Eisens ist der Querschnitt $F_1$ des Kerns einzusetzen, um die überschlägliche Rechnung zu kürzen. Streng genommen müßten Kern, Joch und Anker anteilig berücksichtigt werden. Der Querschnitt des Luftspaltes ist zu schätzen.

$$\Phi = \frac{1{,}256 \cdot 70}{\dfrac{18}{0{,}64 \cdot 2000} + \dfrac{0{,}1}{2 \cdot 1{,}256}} \cdot 10^{-8} = 1600 \cdot 10^{-8} \ [\text{Vs}]$$

$$P = \frac{1600^2}{0{,}64} \cdot 10^{-16} \cdot 4{,}08 \cdot 10^{11} = 163 \ [\text{g}].$$

Soll die verlangte Zugkraft kleiner oder größer sein, so ist die Rechnung mit einem anderen AW-Wert zu wiederholen. Zu beachten ist, daß $P \sim \Phi^2 \sim J^2 w^2$ sich ändert.

Bleibt die erregende Feldstärke unter 4 AW/cm, so ist eine weitere Vereinfachung möglich, weil $\mu$ unterhalb der Sättigung annähernd gleichbleibt. Der Fluß wird unter Vereinigung der Konstanten

$$\Phi \sim 157 \sqrt{P F} \cdot 10^{-8} \ [\text{Vs}].$$

Mit einer festen Permeabilität einer bestimmten Eisenart ist unmittelbar die AW-Zahl für eine verlangte Zugkraft erhältlich (Tafel 2).

$$J w = \frac{157}{0{,}4 \pi} \cdot \sqrt{P F_1 \left( \frac{l_1}{F_1 \mu_1} + \frac{l_0}{F_0 \mu_0} \right)} =$$

$$= 125{,}6 \sqrt{P F_1 \left( \frac{l_1}{F_1 \mu_1} + 0{,}8 \cdot \frac{l_0}{F_0} \right)} \ [\text{AW}].$$

Tafel 2.
**Magnetische Eigenschaften des Eisens.**

| Eisen | | Koerzitiv-kraft Oersted... | $\mathfrak{B}$ für AW/cm | | | Sätti-gung |
|---|---|---|---|---|---|---|
| Bezeichnung | Legierung | | 10 | 25 | 50 | |
| Flußeisen . . | unlegiert | 1,5 …3 | 14 000 | 16 000 | 17 000 | 21 300 |
| Hyperm 0 . | Reineisen mit Schlacke | 0,8 …1,5 | 14 000 | 15 500 | 16 500 | 21 000 |
| Siliziumstahl | 3… 4% Si | 0,5 …0,8 | 13 500 | 15 000 | 16 000 | 20 000 |
| Hyperm 4 . | 3… 4% Si | 0,1 …0,4 | 14 100 | 14 500 | 15 500 | 20 000 |
| Nickelstahl . | 36…70% Si | 0,05…0,3 | 14 000 | 15 000 | 15 500 | 16 000 |

Beispiel:

| | | | |
|---|---|---|---|
| Kern | $l_1 = 7$ cm, | $F_1 = 0.64$ cm² | $P = 100$ g |
| Joch | $l_1 = 9$ cm, | $F_1 = 0.60$ cm² | |
| Anker | $l_1 = 2$ cm, | $F_1 = 0.25$ cm² | ($\mu = 2000$) |
| Spalt | $l_2 = 0.1$ cm, | $F = 2.00$ cm² | |

$$J w = 125.6 \cdot \sqrt{64} \left( \frac{18}{0.64 \cdot 2000} + 0.8 \frac{0.1}{2} \right) =$$

$$= 125.6 \cdot 8 \, (0.012 + 0.04) = 55 \text{ AW}.$$

Diese überschlägliche Rechnung genügt in den meisten Fällen, weil die Relaiswicklungen so bemessen werden, daß der Ankerhub unterhalb der magnetischen Sättigung einsetzt.

Der Luftspalt beträgt bei offenem Anker 0,5...2 mm, geschlossen noch 0,1...0,3 mm.

Der Federdruck liegt zwischen 5...50 g und beträgt im Mittel 25 g für die einzelne Feder. Ein Arbeits- oder Ruhekontakt belastet den Anker mit etwa 50...60 g. Das Übersetzungsverhältnis von Kraft- zu Lastarm ist in der Regel 1 : 1, doch sind Abweichungen zu beachten.

Die Zugkraft wächst mit dem Quadrat der Stromstärke bzw. der Amperewindungen. Durchschnittliche Werte sind:

| AW | Anziehen | Abfallen |
|---|---|---|
| Rundrelais . . . . | 200...250 | 150...180 |
| Flachrelais . . . . | 100...150 | 70...120 |
| Sonderrelais . . . | 25... 50 | 5... 10 |

Die AW-Zahlen enthalten eine statische Sicherheit von 200%, weil Spannung, Windungszahl und Widerstand vom Sollwert je 10% abweichen können und durch Erwärmung 20% Widerstandszunahme möglich ist. Sicheres Schalten mit schnellen Schrittfolgen erfordert eine dynamische Sicherheit von 300...500% (z. B. 500...600 AW).

Übliche Wicklungen haben etwa Drahtstärken 0,03...0,9 mm, Windungszahlen 100...40 000, Widerstände 0,1...6000 Ω und sind damit sehr anpassungsfähig. In der Regel werden 0,1... ...0,4 mm Kupferlackdrähte, auch ein- oder zweimal mit Seide besponnene für Spannungen unter 100 V verwendet, Baumwollisolation ist nicht bei Feindrahtwicklungen üblich, weil der Wickelraum dabei nur schlecht mit Kupfer gefüllt wird.

Bei Lackdrahtwicklungen liegt der Füllfaktor in den Grenzen 0,7...0,9, bei Seidenumspinnung etwa bei 0,5...0,8.

Die Dauerbelastung einer Spule soll 6 W nicht übersteigen (Länge etwa 50...60 mm, innen 8...9 mm, außen 20...25 mm). Hierin eingeschlossen sind sämtliche, auch die bifilaren (gegenläufigen) Widerstandswicklungen aus Manganin- oder Konstantandraht, welche auf der gleichen Spule liegen.

B e i s p i e l:

Relaiswicklungen:
I 60—3400—0,24 CuL
II 1000—4500—0,08 CuL

Einstellung: 120 AW anziehen, 80 AW abfallen. Berechnung der Mindestwerte für den Ankeranzug (Wicklungen einzeln):

$$U_I = \frac{120}{3400} = 60 = 2,1 \text{ V}.$$

$$J_I = \frac{120}{3400} = 35 \text{ mA}. \qquad N_I = 2,1 \cdot 35 \cdot 10^{-3} = 73,5 \text{ mW}.$$

$$U_{II} = \frac{120}{4500} \cdot 1000 = 27 \text{ V}.$$

$$J_{II} = \frac{120}{4500} = 27 \text{ mA}. \qquad N_{II} = 27 \cdot 27 \cdot 10^{-3} = 729 \text{ mW}.$$

Höchstspannung und Betriebsstrom (Wicklungen in Reihe):

$$N_{\max} = \frac{U^2}{R} = J^2 R = U J = 6 \text{ W}$$

$$U_{\max} = \sqrt{6 \cdot 1060} = 80 \text{ V}$$

$$J_{\max} = \sqrt{\frac{6}{1060}} = 75 \text{ mA}.$$

Haltestrom (Wicklungen einzeln):

$$J_I = \frac{80}{3400} = 24 \text{ mA}$$

$$J_{II} = \frac{80}{4500} = 18 \text{ mA}$$

Leistung (Betriebsspannung 4 bzw. 60 V):

$$\text{Wicklung} \quad \text{I:} \; N_I = \frac{16}{60} = 0,27 \text{ W}$$

$$\text{Wicklung} \quad \text{II:} \; N_{II} = \frac{3600}{1000} = 3,6 \text{ W.}$$

Die innere Wicklung I mit kleineren Windungslängen arbeitet erheblich günstiger.

### 3. Relaiswicklungen.

Auf einer Spule lassen sich eine oder mehrere Wicklungen unterbringen, welche meistens über-, seltener nebeneinander angeordnet sind. Innen liegen die Wicklungen mit größeren, außen mit kleineren Drahtstärken. Einen Sonderfall bilden Symmetriewicklungen mit gleichem Widerstand, gleicher Selbstinduktion, Windungszahl und Drahtstärke. Da die Windungslänge von Lage zu Lage wächst, ist bei gleicher Windungszahl und Drahtstärke der Widerstand einer innen liegenden Wicklung stets kleiner als bei äußeren Wicklungen. Deshalb werden drei Teilwicklungen (innen, Mitte, außen) angefertigt und die Wicklungen I und III hintereinander verbunden. Die mittlere Windungslänge von I und III ist dann der in der Mitte liegenden Teilwicklung II angeglichen.

Wicklungen sind in getrennten Stromkreisen zu verwenden oder lassen sich hinter-, neben- und gegeneinander schalten.

Diese Schaltungen ergeben sich durch entsprechende Verbindungen der „Anfänge" und „Enden":

Hintereinander: $A_1 - E_1$ mit $A_2 - E_2$.
Nebeneinander: $A_1$ mit $A_2$ und $E_1$ mit $E_2$.
Gegeneinander: $A_1 - E_1$ mit $E_2 - A_2$
oder $\qquad\qquad A_1$ mit $E_2$ und $A_2$ mit $E_1$.

Die Berechnung einer Wicklung setzt folgende Angaben voraus: Vom Wickelraum die Länge $l$, den Innen- und Außendurchmesser $Di$ und $Da$ in Millimeter, AW-Wert und Spannung $U$ in Volt oder Widerstand $R$ in Ohm.

In Ortsstromkreisen ist die Betriebsspannung (24, 36, 48, 60 V) gegeben; sind mehrere Relais in Reihe zu schalten, so verhalten sich die Teilspannungen wie die verlangten AW-Werte.

In Fernstromkreisen überwiegt der Leitungswiderstand und begrenzt die verfügbare Stromstärke. Hierbei ist der Relaiswiderstand dem Leitungswiderstand anzupassen oder, wenn

Leitungen mit verschiedener Länge gegeben sind, gleich dem größten vorkommenden Schleifenwiderstand zu setzen.

Allgemein wird der Widerstand für Kupferwicklungen mit $K = 2228\ \Omega/\text{km}$ bei $d = 1$ mm Drahtstärke

$$R = \frac{\pi}{2}\,(Da + Di)\ w \cdot \frac{K}{d^2}\,10^{-6}\ [\Omega].$$

Sind $AW$-Wert und Betriebsspannung gegeben, so wird

$$\frac{AW}{U} = \frac{w}{R} = \frac{d^2}{(Da + Di)\,35 \cdot 10^{-6}}$$

$$d^2 = \frac{AW}{U}\,(Da + Di)\,35 \cdot 10^{-6}\ [\text{mm}^2]$$

und die Windungszahl erhalten

$$w = \frac{Da + Di}{2\,d} \cdot \frac{l}{d} = \frac{U \cdot l}{AW \cdot 70} \cdot 10^6\ [\text{Wdg.}].$$

Zunächst ist $w$ bei gegebener Spulenlänge $l$ in mm zu bestimmen, Widerstand und Drahtstärke sind in gewissen Grenzen freigestellt. Soll der Wickelraum voll ausgenutzt werden, so erhält man die größtmögliche Drahtstärke

$$d = 5{,}9 \cdot 10^{-3}\,\sqrt{\frac{AW}{U}\,(Da + Di)}\ [\text{mm}]$$

und den Widerstand

$$R = \frac{W}{d^2}\,(Da + Di) \cdot 35 \cdot 10^{-6}\ [\Omega].$$

Sollen dagegen Kupfer gespart oder mehrere Wicklungen untergebracht werden, so sucht man die kleinstmögliche Drahtstärke. Die Beanspruchung darf bei Dauerlast $0{,}5$ A/mm betragen und bei kurzzeitigem (10 s) Betrieb bis 3 A/mm Drahtstärke ansteigen.

Demnach wird $J = AW/w \cdot 10^3\,[\text{mA}]$ und als Drahtstärke erhalten

$$d = \sqrt{\frac{J}{500}} = 0{,}045\,\sqrt{J}\ [\text{mm}].$$

Der Widerstand ist entsprechend dem Innen- und Außendurchmesser der einzelnen Wicklungen zu berechnen. Die doppelte Wicklungshöhe wird $Da - Di = \dfrac{2\,w\,d^2}{l}\ [\text{mm}].$

4*

Um diesen Betrag vergrößert sich der Innendurchmesser jeder weiteren Wicklung, bis der gesamte Spulendurchmesser ausgefüllt ist. Zu beachten ist, daß die berechnete Drahtstärke auf handelsübliche Größen nach unten abzurunden ist und dieser Wert der Widerstandsberechnung zugrunde liegt. Damit ist für Lackdrähte genügend genau der Füllfaktor berücksichtigt. Eine genauere Rechnung ist wertlos, weil durch gegebene Toleranzen der Feindrähte und infolge der Dehnung beim Aufwickeln bereits Widerstand und Windungszahl bis zu 10% vom Sollwert abweichen können.

Häufig liegen für gebräuchliche Relaistypen Tafeln mit praktisch ausgeführten Wicklungsangaben vor und sind Zwischenwerte zu bilden. Vergleicht man alte und neue Wicklung, so ist offenbar $AW_1 = AW_2$ und $J_1{}^2 R_1 = J_2{}^2 R_2$, wenn nach der Umwicklung ein gleichwertiges Relais vorliegen soll:

$$\frac{U_1}{U_2} = \frac{J_2}{J_1} = \frac{w_1}{w_2} = \sqrt{\frac{R_1}{R_2}} = \frac{d_2{}^2}{d_1{}^2}.$$

Mit dieser Kettenformel ergeben sich alle verlangten Werte, allerdings ohne Berücksichtigung des Füllfaktors. Brauchbare Umrechnungen sind bei Lackdrähten für Zwischenwerte im Bereich von $\pm 25\%$ zu erhalten.

#### 4. Verzögerungen.

Jeder Schaltvorgang erfordert Zeit. Nach dem Einschalten einer Erregung steigt der Strom allmählich an, bis der Kraftfluß die Federspannung überwindet und die Ankerbewegung beginnt. Stufenweise hebt sich der Ruhekontakt ab, schlägt die Kontaktfeder um, trifft auf den Arbeitskontakt und spannt dessen Feder. Als Schaltzeit gilt die Arbeitsdauer vom Einschalten bis zum Öffnen eines Ruhekontaktes oder Schließen eines Arbeitskontaktes. Nach dem Ausschalten des Erregungskreises wird umgekehrt zuerst der Arbeitskontakt geöffnet, dann der Ruhekontakt geschlossen. Diese Reihenfolgen sind für den Ablauf von Schaltvorgängen wesentlich, wenn auch die einzelnen Teilzeiten sehr kurz sind (Bild 19).

Die Einschaltzeit hängt von der aufgewendeten elektrischen Energie, die Abschaltzeit von der gespeicherten mechanischen Energie ab. Höhere Betriebsspannungen und größere Federspannungen verkürzen die Zeiten. Nach oben ist die Umschlaggeschwindigkeit durch auftretende Kontaktprellungen begrenzt, welche durch wiederholtes Schließen und Öffnen die Schaltzeit verlängern und außerdem die Kontaktstelle durch Schaltfunken beschädigen.

Die üblichen Schaltzeiten liegen im Bereich 5...15 ms. Durch besondere Anordnungen des elektrischen und magnetischen Kreises sind längere Zeiten oder Verzögerungen zu erzielen.

Anzugverzögerungen beruhen auf Anordnungen mit

a) elektrischen Ausgleichvorgängen,
b) magnetischen Flußverlagerungen.

Elektrische Ausgleichvorgänge setzen Induktivitäten oder Kapazitäten voraus.

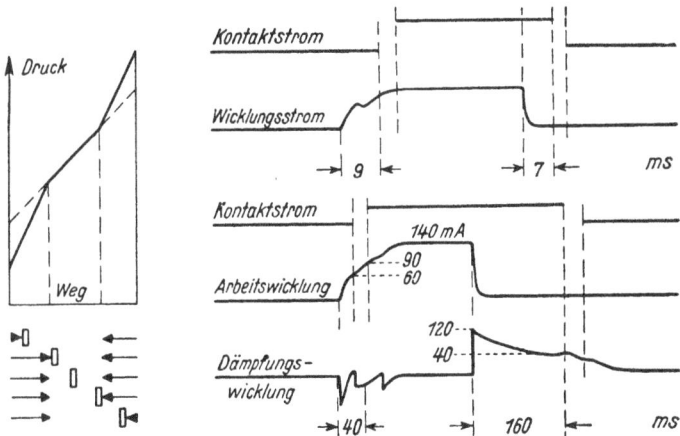

Bild 19. Schaltvorgänge an Relaiskontakten.

In einem induktiven Stromkreis erfolgt der Stromanstieg nach der Funktion $i = J\,(1 - e^{-\frac{t}{T}})$, wobei im Exponent $T = L/R$ zeitbestimmend ist. Induktiv beeinflußte Verzögerungen zeigt Bild 20.

Teil 1. Ein Relais wird abwechselnd mit niedriger oder hoher Spannung eingeschaltet. Die Anzuggrenze wird bei hoher Spannung in kurzer Zeit $t_1$ überschritten, bei niedriger Spannung verzögert sich der Ankeranzug um den Zeitunterschied $t_2 - t_1$. Nur geringe Verzögerungen (10...20 ms) sind nutzbar, weil mit diesem Verfahren eine Schwächung der Anzugsicherheit verbunden ist.

Teil 2. Zwei verschiedene Relais werden gleichzeitig eingeschaltet. $A$ mit kleiner Selbstinduktion kommt nach kurzer Zeit $t_1$, $B$ mit großer Selbstinduktion nach langer Zeit $t_2$. Bei gleicher Anzugsicherheit ergeben sich Zeitunterschiede bis zu 50 ms. Die durch die Ankerbewegung verursachte Kurven- biegung ist nicht eingezeichnet.

Teil 3. In Reihenschaltung liegen zwei Relais mit gleichem Verlauf des Stromanstieges. $A$ spricht früher als $B$ an, weil sein Anzugstrom kleiner ist. $B$ mit kleinerem Widerstand hat weniger Windungen und benötigt mehr Strom.

Teil 4. In Nebeneinanderschaltung spricht umgekehrt das niederohmige Relais $A$ zuerst an, weil der Stromanstieg in beiden Zweigen unabhängig verläuft. $B$ mit großem Widerstand, vielen

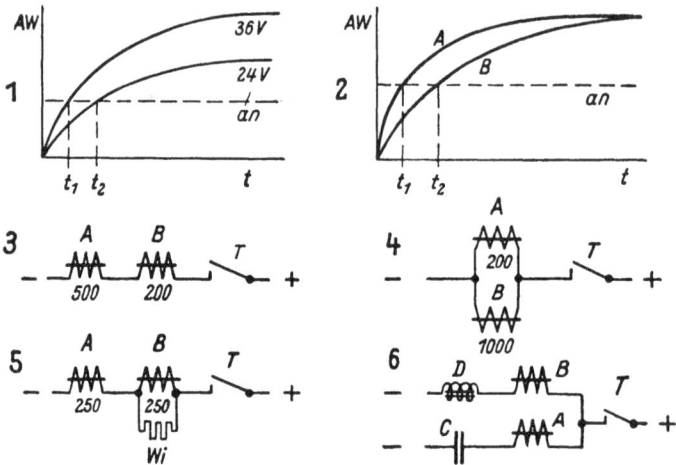

Bild 20. Durch Induktivität beeinflußte Anzugzeiten.

Windungen und hoher Induktivität ist verzögert. Die Windungs- zahl wächst stärker als die Ohmzahl $(w \sim \sqrt{R})$, also wächst auch die Selbstinduktion $L$ stärker als der Widerstand $R$ und damit auch die Zeitkonstante $T$.

Teil 5. Der Nebenschlußwiderstand $Wi$ ergibt eine Strom- verzweigung und verschiedenen Stromanstieg in $A$, $B$ und $Wi$. Ist $Wi \gg B$, so ziehen $A$ und $B$ fast gleichzeitig an, ist $Wi \ll B$, so wird $B$ verzögert. $Wi$ bestimmt die an $A$ und $B$ liegenden Teilspannungen. Für eine stichhaltige Rechnung müssen neben $U$ und $R$ auch bestimmte $L$- und $AW$-Werte bekannt sein.

Teil 6. In unabhängigen Zweigen liegen zwei gleiche Relais $A$ und $B$. Der Kondensator verkleinert $T_A$, die Drosselspule vergrößert den Exponent $T_B$. Gleichzeitig eingeschaltet spricht $A$

beschleunigt, $B$ verzögert an. Der Mehraufwand an Geräten ergibt größere Zeitunterschiede, bis zu 200 ms.

In einem kapazitiven Stromkreis beginnt der Ladungsstrom mit einem Höchstwert. Der Stromabstieg erfolgt nach der Funktion $i = J \cdot e^{-\frac{t}{T}}$, wobei der Exponent $T = C \cdot R$ zeitbestimmend ist. Kapazitiv beeinflußte Verzögerungen zeigt Bild 21.

Teil 1. Die zeitlichen Stromänderungen in einem $L/R$- und in einem $CR$-Stromkreis verlaufen spiegelbildlich.

Teil 2. Eine Stromverzweigung mit $R$ und $C$ vor einem Stromkreis mit $R$ und $L$ ergibt anfänglich einen Überstrom, bis

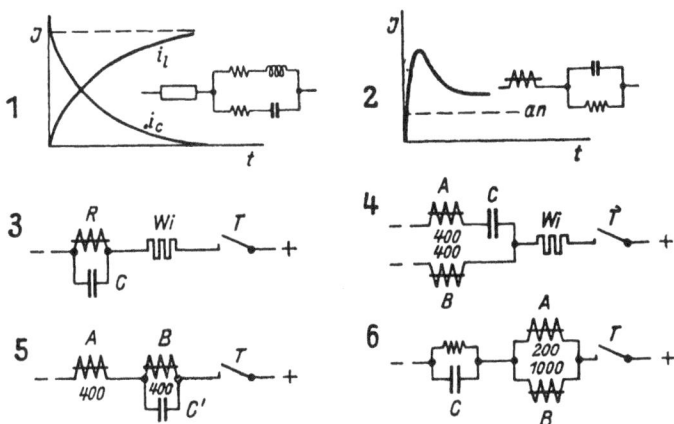

Bild 21. Durch Kapazität beeinflußte Anzugzeiten.

die Kondensatorladung beendet ist. Diese Schaltung wirkt beschleunigend.

Teil 3. Der Widerstand $Wi$ begrenzt den Gesamtstrom. Zuerst nimmt der Kondensator $C$ den Hauptanteil auf, während im Relais der Stromanstieg durch eine Induktionsspannung verzögert wird. Man vergleiche hierzu die Kurven in Teil 1.

Teil 4. In dieser Schaltung spricht beschleunigt Relais $A$ kurzzeitig an, nach seinem Abfall zieht Relais $B$ verzögert an.

Teil 5. In der Reihenschaltung wird $A$ durch den Ladungsstrom beschleunigt, dagegen $B$ verzögert, obwohl gleiche Relais verwendet sind.

Teil 6. Der beschleunigte Stromanstieg stärkt zuerst die Erregung von $A$, mit Verzögerung zieht das hochohmige Relais $B$ an, weil seine Selbstinduktion erheblich höher ist.

In einem magnetischen Kreis treten Streuflüsse auf, welche zum Ankeranzug nichts beitragen. Diese Streuung ist bei abliegendem Anker größer als bei anliegendem wegen des Luftspaltunterschiedes. Hierdurch wird der Hauptfluß geschwächt und die Anzugzeit verlängert. Wesentlich ist, daß nach Anliegen des Ankers der Hauptfluß größer und der Streufluß kleiner wird, also durch diese Flußverlagerung neben der Verzögerung eine gute Haltesicherheit des Ankers erreicht wird (Bild 22).

Teil 1. Ein Relais trägt zwei Wicklungen, welche die Spule hälftig teilen. Einzeln geschaltet hat Wicklung I mehr Streuung

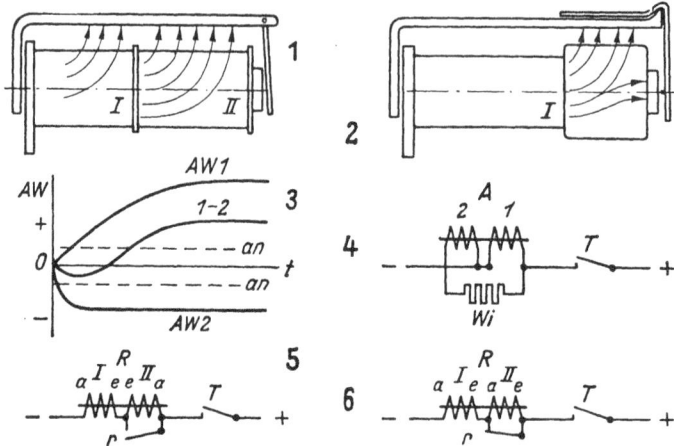

Bild 22. Durch Flußverlagerung beeinflußte Anzugzeiten.

als Wicklung II. Mit I zieht der Anker später an als mit II. In Nebeneinanderschaltung ist umgekehrt der Streufluß von II nach dem Joch größer. Die Selbstinduktion von I überwiegt (unter Annahme gleicher Wicklungen) gegen II, der Stromanstieg in I verläuft langsamer als in II (deshalb auch kein Symmetrierelais). Durch Reihenschaltung wird der Stromanstieg in I und II zwangläufig gleich. Durch Gegenaneinanderschaltung wird der Streufluß beträchtlich vergrößert. Diese Tatsachen sind schaltungsmäßig als Verzögerungen auszuwerten.

Teil 2. Das dem Anker zugekehrte Ende des Wickelraumes ist mit Eisen gefüllt. Die Magnetisierung bildet einen starken Streufluß zum Joch aus, der sich durch die Ankerbewegung verlagert. Nach dem Anliegen überwiegt der Hauptfluß. Dieses Verfahren eignet sich für Rundrelais; bei Flachrelais bleibt die

Verzögerung aus, weil das bewegliche Joch vom Nebenfluß mit erfaßt wird und daher schnell anzieht.

Teil 3. Ein Relais besitzt zwei gegenläufige, aber verschieden erregte Wicklungen. In der stark induktiven Wicklung steigt der $AW_1$-Wert langsam an. Die schwach induktive Wicklung entwickelt schnell Gegen-$AW_2$, die aber zum Ankeranzug allein nicht ausreichen. Die resultierende AW-Zahl wird anfänglich negativ, dann über Null nach positiven Werten ansteigen. Der Anker zieht verzögert an.

Teil 4. Die innere Wicklung I hat weniger Windungen als die äußere Wicklung II, der bifilare Vorwiderstand erniedrigt die Zeitkonstante $T_1$ und den AW-Wert. Beide Wicklungen überdecken die ganze Länge des Wickelraumes. Die Verzögerung erreicht bis 200 ms und eignet sich für Flach- und Rundrelais.

Teil 5. Die zwei ungleichen Wicklungen liegen nebeneinander, die schwächere dem Anker benachbart. Die Streuung wird besonders groß, wenn II gegenläufig zu I geschaltet ist. Nach dem verzögerten Anzug schließt der eigene Kontakt die Gegenwicklung kurz und erhöht die Haltesicherheit durch Stromanstieg und Flußverlagerung. Diese Anordnung besitzt auch eine Abfallverzögerung.

Teil 6. Am Jochende liegt Wicklung I, am Ankerende die Wicklung II. Nach dem Einschalten wird in der vom eigenen Kontakt kurzgeschlossenen Wicklung ein kräftiger Wirbelstrom induziert, der anfänglich den Flußanstieg schwächt. Verzögert zieht der Anker an, öffnet den Ruhekontakt und verstärkt durch Freigabe von II den Kraftfluß.

Abfallverzögerungen beruhen auf Anordnungen, welche durch freiwerdende magnetische oder elektrische Energie das magnetische Feld zu erhalten suchen (Bild 23).

Teil 1. Zwischen Eisenkern und Wicklung liegen ein Kupfermantel (0,5 ... 2 mm) oder einige Lagen blanker Kupferdraht mit verlöteten Enden. Nach dem Ausschalten überträgt sich durch Induktion ein Magnetisierungsstrom auf das Kupferrohr im gleichen Umlaufsinn, der entsprechend der Zeitkonstante $T = M/R$ nach einer Exponentialfunktion abnimmt.

Teil 2. Durch den Stromabstieg vermindert sich der AW-Wert bis zur Haltegrenze. Der Anker fällt verzögert ab (0,1 ... 0,5 s). Große Abfallzeiten setzen voraus

a) magnetische Sättigung des Eisens,
b) geringen Widerstand des Kupfermantels.

Die Anzugverzögerung durch Gegen-AW im Kupfermantel ist zu vernachlässigen (5 ... 10 ms), weil der Kraftfluß bei offenem Luftspalt klein bleibt.

Teil 3. Ein Kupferklotz am Jochende verursacht eine große Anzugverzögerung (50 . . . 100 ms), aber nur geringe Abfallverzögerung, weil dabei der Kraftfluß am Ankerende überwiegt.

Teil 4. Ein Kupferklotz am Ankerende bewirkt nur geringe Anzugverzögerung, weil die Streuung zwischen Wicklung und Joch bei offenem Luftspalt groß ist. Dagegen ist die Abfallverzögerung bedeutend (0,3 . . . 0,8 s).

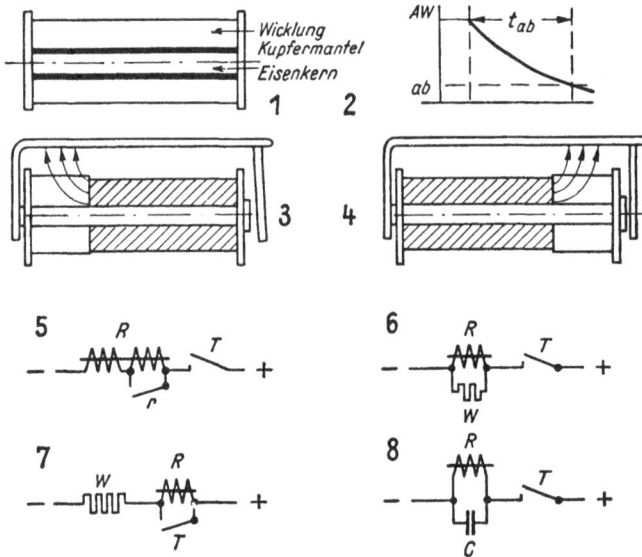

Bild 23. Anordnungen für Abfallverzögerungen.

Teil 5. Eine kurzgeschlossene Teilwicklung, die innen liegt, ergibt lange Abfallzeiten. Dabei kann der Kontakt $r$ zum eigenen Relais gehören oder fremd geschaltet werden. Nach Belieben ist die Verzögerung durch Öffnen des Kontaktes vor dem Abschalten aufzuheben.

Teil 6. Ein Nebenwiderstand (induktionsfrei) verzögert den Abfall, weil der Ausgleichstrom über den Nebenschluß zur eigenen Wicklung zurückkehrt. Die magnetische Energie verschwindet schneller wegen der Wärmeverluste im Widerstand. Die Abfallverzögerung beträgt immerhin 0,1 . . . 0,4 s.

Teil 7. Durch Kurzschließen eines Relais entsteht eine Abfallverzögerung, welche nur von dem Sättigungsgrad der Magnetisierung abhängt und lange Abfallzeiten ergibt.

Teil 8. Ein Parallelkondensator zur Wicklung verzögert den Abfall, weil die elektrische Ladung sich über die Wicklung ausgleicht. Kleine Betriebsspannungen (unter 60 V) erfordern aber große Kapazitäten (über 100 μF), wenn wesentliche Abfallzeiten (1 ... 60 s) erreicht werden sollen.

Durch mechanisches Beschweren des Ankers (5 ... 50 g) ergeben sich kleine Verzögerungen (5 ... 50 ms) beim Anzug wie beim Abfall des Ankers.

## 5. Dauermagnete.

Ältere Ausführungen bevorzugen Kreis-, Hufeisen- oder Stabformen, neuere Dauermagnete mit legierten Stählen erlauben beliebige Formgebung und örtliche Einprägung magnetischer Nord- und Südpole. Der Kraftfluß verläuft teils im Stahl, teils in Luft, um durch Induktion einen Anker anzuziehen. Durch Magnetisieren mit einer äußeren Feldstärke $\mathfrak{H}_a$ entsteht eine innere Induktion $\mathfrak{B}$ und eine molekulare Induktion $\mathfrak{J}$

$$\mathfrak{B}_m = \mathfrak{B} + \mathfrak{J} = \mu_0\, \mathfrak{H}_a^{\mathfrak{a}} + \mathfrak{J}$$

$$\mathfrak{J} = \mathfrak{B}_m - \mu_0\, \mathfrak{H}_a.$$

Die Magnetisierungskurve (Bild 24) zeigt die Abhängigkeit der Induktion von der Feldstärke mit und ohne Luftspalt. Zu

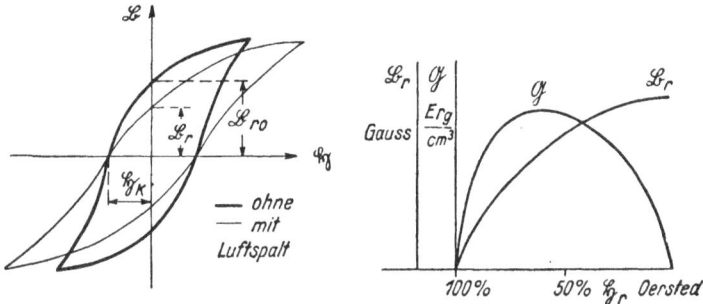

Bild 24. Hystereseschleife und Auswertung von Dauermagneten.

erkennen ist die Remanenz $\mathfrak{B}_r$ (die bei $\mathfrak{H}_a = 0$ verbleibende Induktion) und die Koerzitivkraft $- \mathfrak{H}_k$ (die gegen $\mathfrak{B}_r$ aufzuwendende Feldstärke).

Die Feldstärken im Dauermagnet und im Luftspalt sind gegenseitig abhängig:

$$\mathfrak{H}_m\, l_m = \mathfrak{H}\, l.$$

In Luft ist ferner der Zahlenwert $\mathfrak{B} = \mathfrak{H}$, also wächst die Luft-induktion mit schwindendem Luftspalt oder Annäherung des Ankers:

$$\mathfrak{B} = \frac{l_m}{l} \cdot \mathfrak{H}_m.$$

Je nach der Gestalt des Dauermagneten und des äußeren magnetischen Schlusses liegt eine Streuung $\sigma = 0{,}4 \ldots 0{,}8$ vor und ergibt für die Kraftflüsse $\Phi_m$ und $\Phi$ die Beziehung

$$\mathfrak{B}_m F_m \sigma = \mathfrak{B} F.$$

Die magnetische Energie im Luftspalt ist entweder rechnerisch

$$A = \frac{\mathfrak{B}^2 F l}{8 \pi} \; 10^{-3} \; [\text{Ws}]$$

oder auch durch Auswerten der Hystereseschleife zu erhalten. Die Fläche $f$ der Schleife sei in Quadratmillimeter ausgemessen, die Feldstärke in Oersted/mm und die Induktion in Kilogauß/mm aufgetragen. Dann erhält man

$$\Sigma \, (\mathfrak{B} \, \mathfrak{H}) = f \cdot 10^3 \; [\text{Gauß Oersted}] = f \cdot 0{,}796 \cdot 10^{-3} \left[ \frac{\text{Ws}}{\text{cm}^3} \right]$$

$$\Sigma \, (\mathfrak{B} \, \mathfrak{H}) = 0{,}796 \cdot 10^7 \left[ \frac{\text{Erg}}{\text{cm}^3} \right].$$

In der Regel wird eine bestimmte Zugkraft verlangt ($P$ in g) und ist die hierzu notwendige Induktion zu ermitteln

$$\mathfrak{B} = \sqrt{\frac{P \cdot 4 \pi \cdot 9{,}81}{F \cdot l}} \; [\text{Gauß}].$$

Daraus ergeben sich dann die Länge und der Querschnitt des Dauermagneten

$$l_m = l \, \frac{\mathfrak{B}}{\mathfrak{H}_m} \; [\text{cm}] \quad \text{und} \quad F_m = F \, \frac{\mathfrak{B}}{\sigma \, \mathfrak{B}_m} \; [\text{cm}^2].$$

Für Dauermagnete wird eine Güteziffer oder genauer eine Auswertung des Energiegehalts je Volumeneinheit angegeben. Diese Güte $\mathfrak{G}$ wird durch eine Kurve ($\mathfrak{B}_r \cdot \mathfrak{H}_k/8\pi$ in Erg/cm³) dargestellt; aus der Magnetisierungskurve und einer Bewertungs-graden ist dann der beste Arbeitspunkt zu finden. Mit der Güte-ziffer wird mit Berücksichtigung der Streuung die bestmögliche Luftspaltinduktion

$$\mathfrak{B} = \sqrt{\frac{\mathfrak{G}_{max} \cdot F_m \cdot l_m \cdot \sigma \cdot 8\pi}{F \cdot l}} \ [\text{Gauß}].$$

Nebenstehende Zahlentafel 3 gibt eine Auswahl einiger Mittelwerte neuerer Legierungen für Dauermagnete.

Tafel 3.

**Mittelwerte magnetischer Werkstoffe.**

| Werkstoff | Gewichtsteile % | $\mathfrak{B}_r$ Kilogauß | $\mathfrak{H}_k$ Oersted | $\mathfrak{G}_{max}$ Erg/cm³ . 10³ |
|---|---|---|---|---|
| Werkzeugstahl . | 1,1 C 0,1 V | 10,3 | 23 | 4,4 |
| Chromstahl . . . | 1,1 C 2...6 Cr | 10,4 | 64 | 14,0 |
| Wolframstahl . | 0,7 C 6 W | 10,5 | 75 | 14,0 |
| Molybdänstahl . | 1,0 C 3...4 Mo | 10,0 | 70 | 13,2 |
| Kobaltstahl . . | 36 Co 6 W 5 Cr | 8,7 | 260 | 38,0 |
| Oerstid 500 . . | 15 Al 24...28 Ni | 6,2 | 525 | 50,0 |
| Oerstid 900 . . | 18 Ni 17 Ti 23 Al | 6,3 | 875 | 72,0 |
| Platin-Kobalt . | 76,7 Pt 23,3 Co | 4,4 | 1650 | 140,0 |

## 6. Gepolte Relais.

Der magnetische Aufbau gepolter Relais setzt sich aus Elektromagneten und Dauermagneten zusammen. Eine sehr einfache Anordnung setzt Wicklungen und Weicheisenkerne als

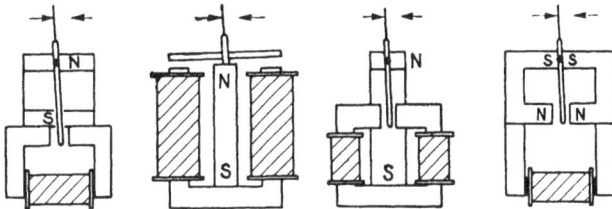

Bild 25. Grundformen gepolter Relais.

Polschuhe auf die Dauermagnete, um den Dauerfluß zu stärken oder zu schwächen. Der Ankerabfall wird durch Flußschwächung bewirkt. Anziehen und Abstoßen erfordern entgegengesetzte Stromrichtung. Andere übliche Anordnungen zeigt Bild 25. In beiden Stellungen hält sich der Anker durch einseitigen Dauerfluß. Durch Spaltung des Flusses entstehen zwei magnetische Haltungen, der bewegliche Anker ist Kontaktträger, wie die abgebildeten Grundformen zeigen. Die Empfindlichkeit gepolter Relais hängt von dem Unterschied der Dauerflüsse $\Phi_1$ und $\Phi_2$ ab:

$$(\Phi_1 + \Phi)^2 - (\Phi_2 - \Phi)^2 = (\Phi_1{}^2 - \Phi_2{}^2) + 2\,\Phi\,(\Phi_1 + \Phi_2).$$

Der elektromagnetische Fluß $\Phi$ steuert den Anker

$$\Phi > \frac{\Phi_1{}^2 - \Phi_2{}^2}{2\,(\Phi_1 + \Phi_2)} = \Phi_1 - \Phi_2.$$

Kräftige Dauerflüsse sichern guten Kontaktdruck, schwache Ströme sollen das Umschlagen des Ankers bewirken. Diese gegensätzlichen Forderungen sind zu erfüllen, wenn der Kontaktweg klein (0,05 ... 0,1 mm) und damit der Flußunterschied $\Phi_1 - \Phi_2$ durch kleine Erregungsströme (0,2 ... 3 mA) zu überwinden ist. Die Umschlagzeit beträgt etwa 1 ... 2 ms, auf Verzögerungen wird kein Wert gelegt.

Die Kontakte sind auf Richtungs- oder Wendestrombetrieb einzustellen. Bei Richtungseinstellung stehen die Kontakte unsymmetrisch zur magnetischen Mittellage, der Ankeranzug erfolgt entweder durch positiven oder negativen Strom, nach dem Ausschalten des Stromes fällt der Anker zurück. (Neutrale Einstellung.) Bei Wendestrom stehen die Kontakte symmetrisch zur labilen Mittellage, entsprechend der Stromrichtung schlägt der Anker nach links oder rechts um und verharrt nach jedem Stromschritt in der Endstellung. (Polarisierte Einstellung.)

Besonders bei schwacher Empfangsenergie ist das gepolte Relais dem neutralen Relais überlegen.

Auch neutrale Relais werden durch Hinter- oder Nebeneinanderschaltung mit Trockengleichrichtern richtungsabhängig, allerdings nur bei Spannungen von mindestens einigen Volt, weil die Sperrwirkung bei kleinsten Beträgen aussetzt.

### 7. Wechselstromrelais.

Neutrale Relais sprechen auch auf niederfrequenten Wechselstrom an. Nachteilig ist das Schnarren des Ankers, weil die Zugkraft mit der doppelten Frequenz sich ändert und dadurch der Kontaktdruck schwankt. Ferner treten im Eisenkern, Joch und Anker Wirbelstromverluste auf, welche die Zugkraft herabsetzen und zur Verwendung geblätterten Eisens zwingen. Der Scheinwiderstand wächst und die Stromaufnahme sinkt mit der Frequenz

$$J = \frac{U}{R + j\,w\,L}\,[A].$$

Die Zugkraft des Relais entspricht der zweiten Potenz des sinusförmigen Flusses

$$P \approx \frac{\Phi^2}{8\pi \cdot F \cdot 981} \ [g],$$

so daß bei kleinem Verlust- oder Wirkwiderstand gesetzt werden darf

$$\Phi_{max} = J_{eff} \ \overline{]2} \ \frac{w F \mu}{l} \ [\text{Maxwell}]$$

oder

$$P = J^2 \sin^2 \omega \, t \cdot w^2 \ \frac{F \mu^2}{8\pi \, 981 \, l^2} \ [g].$$

Die Zugkraft durchläuft eine Sinusquadratkurve im Beharrungszustand, nach dem Anlegen einer Spannung ergibt sich in den meisten Fällen ein Ausgleichvorgang, der bei den gegebenen Verlusten aperiodisch verläuft.

Da zwischen Stromquelle und Relais oft erhebliche Schleifenwiderstände liegen, so ist eine Verminderung der Windungszahl und Erhöhung des Erregungsstromes nicht angängig. Der Scheinwiderstand ist besser durch Vorschalten eines Kondensators herabzusetzen.

$$\Re = R + j \left( \omega \, L - \frac{1}{\omega \, C} \right) \approx R \, [\Omega].$$

Damit erhält man trotz hoher Induktivität einen kräftigen Erregungsstrom und ein auf eine Frequenz abgestimmtes Relais. Die Schnarrneigung wird bei Niederfrequenz (10 ... 50 Hz) durch Beschweren des Ankers wenig gedämpft. Bei Mittelfrequenz (200 ... 600 Hz) reicht die Masse des unbeschwerten Ankers aus, um durch Trägheit sicher anzuliegen, bei Hochfrequenz steigen die Eisenverluste so stark an, daß ein Betrieb unmöglich wird.

Für Nieder- und Mittelfrequenz sind ferner Gleichrichterschaltungen anwendbar (Bild 26). Etwaige Schnarrneigung bei Frequenzen unter 20 Hz sind durch einen Kupfermantel oder Nebenwiderstand zu dämpfen. Ohne Trockengleichrichter sprechen Kupfermantelrelais auf Wechselstrom bei mäßiger Erregung nicht an, weil die Wirbelströme entmagnetisierend wirken. Die Eisenteile des Relais sind auch bei Gleichrichterbetrieb zu blättern.

Damit sind zunächst Verfahren gezeigt, übliche Bauarten mit Wechselstrom zu betreiben. Die notwendigen Dämpfungsmittel verlängern die Anzug- und Abfallzeiten. Zum Empfang von Dauerzeichen (Rufstrom) eignen sich diese Anordnungen, aber nicht zur Übertragung von Stromschritten (Wählimpulsen).

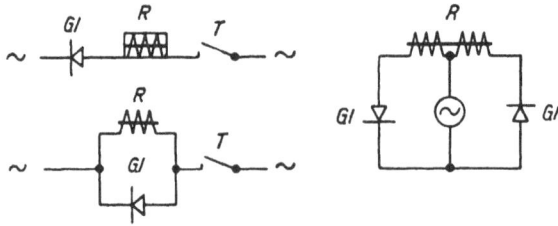

Bild 26. Anordnung von Relais mit Trockengleichrichtern für Wechselstrombetrieb.

Der Nulldurchgang der Kraftkurve wird vermieden durch Verwendung eines Zweiphasenwechselstromrelais mit zwei getrennten Kernen, Wicklungen und Jochen, aber nur einem Anker (Bild 27). Werden die Wicklungen mit phasenverschobenen Strömen betrieben, so wirken zwei zeitlich verschobene Kraft-

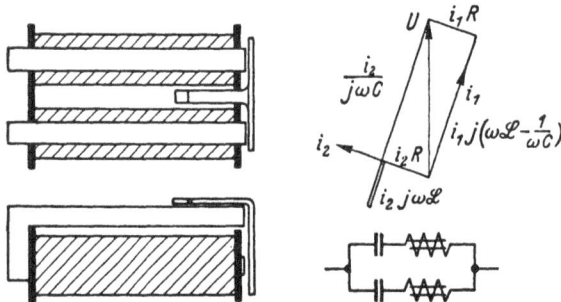

Bild 27. Magnetischer Kreis, Schaltung und Diagramm der Spannungen und Ströme eines Wechselstromphasenrelais.

flüsse auf den Anker. Die Überlagerung beider Wirkungen ergibt eine wellenförmige Zugkraft, welche aber nicht mehr unter den Federdruck der Kontakte sinkt und so einen ruhigen Kontaktschluß gewährleistet. Der Anker kann so leicht gebaut sein, wie es mit Rücksicht auf einen guten magnetischen Schluß möglich ist. Daher eignet sich dieses Relais für kurzzeitige und periodische Schaltungen.

Die Phasenverschiebung der Erregerströme wird durch Vorschalten von Kondensatoren vor eine oder beide Wicklungen erreicht. Bei Niederfrequenz 50 Hz liegt die Nacheilung bzw. die Voreilung der Teilströme gegen den Gesamtstrom um je 45° verschoben, so daß als Zugkraft erhalten wird

$$P = J_1{}^2 w_1{}^2 \sin^2(\omega t + \varphi_1) + J_2{}^2 w_2{}^2 \sin^2(\omega t - \varphi_2) =$$
$$= J^2 w^2 (\cos^2 \Psi' + \sin^2 \Psi') = J^2 w^2.$$

Bei höheren Frequenzen wird das Verhältnis des Blind- zum Wirkwiderstand

$$\operatorname{tg} \varphi = \frac{\omega L}{R}$$

günstiger, weil der gleiche Kraftfluß sich mit weniger Windungen und auch weniger Kupferwiderstand erreichen läßt.

$$U_{\text{eff}} = 4{,}44 \cdot f \cdot w \cdot \Phi_{\max} \cdot 10^{-8} \ [\text{V}].$$

Da bei gegebener Spannung $U_{\text{eff}}$ das Produkt $f \cdot w$ gleich bleiben muß, wird $R \ll \omega L$ und die Nacheilung in der einen Wicklung etwa 70°, für die andere Wicklung genügt daher ein kleinerer Kondensator, weil die Frequenz größer ist und nur eine Voreilung von etwa 20° notwendig wird.

Das Ansprechen des Ankers hängt von Ausgleichvorgängen ab, in deren Verlauf sich die Phasenverschiebung beider Teilströme erst bildet. Nach einigen Millisekunden ist der Aufbau der magnetischen Felder so weit, daß die Wechselströme in richtiger Phasenlage wirken. Mit dem Beginn der Ankerbewegung verbessert sich die Magnetisierung $\mu$, ändern sich Strom $J$, Selbstinduktion $L$, Phasenwinkel $\varphi$ und es steigen Fluß $\Phi$ und Zugkraft $P$.

Die vorgeschalteten Übertragungsleitungen dämpfen die Energie oft so erheblich, daß sich der Gesamtstrom wenig, aber die Phasenlage der Teilströme mehr ändert. Diese Änderungen sind klein zu halten, wenn der Luftspalt oder der Ankerabstand groß gegen den Ankerhub eingestellt wird.

Nach dieser Regel verfährt man bei Wechselstromrelais ebenso wie bei Gleichstromrelais, um den Unterschied zwischen Anzug- und Abfallstromstärke zu verringern (1,5 : 1). Die Schaltzeiten der Phasenrelais liegen bei 5 ... 15 ms, die erforderliche Erregung beträgt 50 ... 100 AW.

## 8. Wähler.

Die Hauptbestandteile eines Wählers sind: der elektrische Antrieb, die Einstellglieder und Kontaktbänke.

Der Antrieb benutzt vorwiegend Kraftmagnete, deren Hübe über eine Stoßklinke und Zahnrad in Drehschritte umgesetzt oder unmittelbar als Hebschritte benutzt werden. Der Anzug erfolgt elektromagnetisch, der Abfall durch Federkraft.

Die Einstellglieder können beim Anzug oder Abfall des Ankers vorrücken. Diese Glieder sind meistens leitende Kontaktarme, welche die einzelnen Lamellen der Kontaktbank bestreichen. Sonderbauarten verwenden Nockenscheiben oder Nockenwellen, von denen Federsätze mit Abhebekontakten nacheinander geschaltet werden.

D r e h w ä h l e r. Nach der Anzahl der Ausgänge oder Schritte bezeichnet man diese Wähler als 10-, 12-, 18-, 25-, 50teilig. 100teilige Drehwähler sind selten. Der Kontaktkranz umfaßt ein Drittel oder die Hälfte des Kreisumfanges. Die Anzahl der Arme hängt von den Erfordernissen der Schaltung

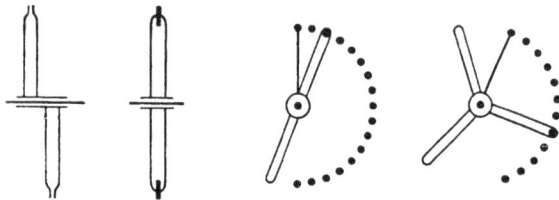

Bild 28. Schaltarmformen von Drehwählern.

ab und schwankt zwischen 1 und 10, gebräuchlich sind drei- bis vierarmige Drehwähler. Ein Arm hat bei Drittelteilung Y-Form, bei Halbteilung des Kontaktkranzes I-Form. In einem Halbkreis 50 Schritte unterzubringen ist schwieriger als 25 Schritte mit breiteren Lamellen, welche geringere Einstellgenauigkeit erfordern und kürzere Arme ermöglichen. Mit versetzten Armen können während einer vollen Umdrehung nacheinander zwei Kontaktbänke mit je 25 oder 50 Lamellen bestrichen werden (Bild 28).

Der Antrieb erfordert bei 60 V und kleinerem Wähler etwa 1 A, bei schweren mit mehr Armen 1,5 — 2 A; bei 24 V nur wenig mehr Strom, etwa 1,5 — 3 A.

| Volt | Amp. | Ohm | Windungen | AW | Watt |
|---|---|---|---|---|---|
| 24 | 1,4 | 17 | 1400 | 1960 | 34 |
| 36 | 1,1 | 33 | 1800 | 2000 | 40 |
| 60 | 1,1 | 55 | 2500 | 2750 | 65 |

Für die Wicklung eines Kraftmagneten ist es wesentlich, mit einer kleinen Zeitkonstante $T = L/R$ zu arbeiten, um durch schnellen Stromanstieg zu hohen Schrittzahlen (30 bis 40 je Sek.) zu gelangen. An sich zieht der Anker etwa mit 40% des vollen Stromes schon an, auch die errechnete Wärmeleistung tritt nur auf, wenn der Wähler in Störungsfällen hängen bleibt, aber dieser Energieüberschuß ist notwendig, um mit guter dynamischer Sicherheit zu arbeiten. Die Betriebszeiten eines Wählers sind kurz (0,5 bis 1 Sek.) und ergeben nur ge-ringe Erwärmungen, die Abkühlungspausen erstrecken sich auf Minuten und Stunden. Jeder Kraftmagnet wird daher mit einer Einzelsicherung versehen, deren Nennstrom nur etwa 0,3 bis 0,5 A ist und nach kurz-zeitiger Überlastung anspricht.

Ein Drehwähler wird nach Bedarf mit besonderen Kontakten ausgerüstet:

$w_0$, $w_{11}$ Wellenkontakte, welche in der Grundstellung (0) oder bei Erreichen be-stimmter Schritte (11) schalten,

$d$ Drehkontakt, schaltet bei jedem Hub des Kraftmagneten wie ein Relaiskontakt,

$\delta$ Selbstunterbrecher, schaltet den Kraftmagneten nach jedem Anzug aus und nach dem Abfall wieder ein.

Als Blankkontakt wird die Vereini-gung mehrerer Lamellen zu einer Kontakt-bahn bezeichnet.

H e b d r e h w ä h l e r. In der Regel sind 100 Ausgänge durch 10 Höhen- und 10 Drehschritte zu erreichen und drei Kontaktarme für je eine $a$-, $b$- und $c$-Ader

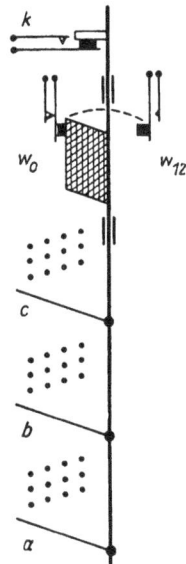

Bild 29. Grundform der Schalteinrichtung eines Hebdrehwählers.

vorhanden. Das Vorrücken erfolgt nur beim Anzug des Hub-oder Drehmagneten. Nach der Art der Auslösung werden zwei Bauarten unterschieden (Bild 29).

Der Strowgerwähler besitzt einen Auslösemagneten, der eine Klinke löst; die Welle dreht sich durch Federkraft zurück und fällt durch Eigengewicht in die Grundstellung.

Sonderausführungen besitzen eine elfte Kontaktbahn, welche unterhalb der zehn Höhenschritte liegt. Diese Lamellen werden durch Eindrehen ohne vorhergehende Höhenschritte erreicht, die Rückstellung vollzieht sich durch den Auslösemagneten.

5*

Der Viereckwähler benutzt zur Auslösung seinen Drehmagnet. Die Arme drehen weiter bis über den letzten Kontakt hinaus, die Welle fällt durch Federkraft und Eigengewicht und schnellt nach Ausschalten des Kraftmagneten in die Grundstellung zurück, wobei die Arme im Viereck um den Kontaktsatz geführt werden.

Durch Doppelkontakte ist es möglich, den Kontaktsatz auf 200 Anschlüsse zu erweitern. Die Kontaktarme, welche auch bei einfachen Kontakten die Ober- und Unterseite bestreichen, sind mit einer Zwischenisolation versehen, so daß $2 \times 3$ Arme und $2 \times 100$ Oben- und Untenlamellen mit isolierender Zwischenlage vorhanden sind.

Der Energiebedarf ist ähnlich dem Drehwähler, nur der Auslösemagnet, welcher langsamer arbeiten darf, besitzt eine Wicklung mit doppelt so hohem Widerstand und ist für geringere Stromstärke (0,5 A) bemessen.

Nach Bedarf sind die Hebdrehwähler mit folgenden Sonderkontakten versehen:

$k$   Kopfkontakt, schaltet einmalig beim Verlassen und Erreichen des untersten Höhenschrittes;

$h$   Hubkontakt, schaltet bei jedem Höhenschritt wie ein Relaiskontakt;

$w_0$ $w_{12}$ Wellenkontakt, schaltet einmalig beim ersten (0) oder beliebigen (12) Drehschritt.

$d$   Drehkontakt, arbeitet bei jedem Drehschritt wie ein Relaiskontakt;

$\delta$   Selbstunterbrecher, wie bei Drehwählern beschrieben.

$m$   Auslösekontakt, schaltet beim Anzug des Auslösemagneten.

Jeder der Sonderkontakte (ausgenommen der Selbstunterbrecher) kann ein einzelner Arbeits-, Ruhe- oder Umschaltekontakt sein oder einen beliebig zusammengesetzten Kontaktsatz bilden.

W ä h l e r r e l a i s. Ein Nachteil aller großen Wähler ist der hohe Strombedarf, der eine Verwendung nur in Ortsstromkreisen zuläßt, dagegen eine Fernsteuerung über Leitungen ausschließt, weil dabei mit Schleifenwiderständen bis zu 500 $\Omega$ und mehr zu rechnen ist. Erwünscht sind für diese Zwecke leichte Wähler, die mit wenigen Milliampere betriebssicher arbeiten, wobei unter Umständen auch höhere Spannungen als 60 V zuzulassen sind.

Ein Wählerrelais ist eine leichte Bauart, dessen Kraftmagnet dem Rundrelais ähnlich ist und einen kurzen Kontaktarm antreibt, der sich auf $1 \times 36$ oder $2 \times 18$ Ausgänge einstellt oder mit Sickenscheiben ausgerüstet ist, durch deren Drehung in bestimmten Stellungen Abhebekontakte geschaltet werden.

## E. Induktivität.

### 1. Grundbegriffe.

Das elektromagnetische Feld ist ein Raum, beherrscht von elektrischen und magnetischen Feldstärken, deren Energien gegenseitig verknüpft sind. Das elektrische Feld beruht auf den auftretenden Spannungen, das magnetische Feld auf den erzeugten Strömen.

Bei Gleichstrom entspricht die elektrische Feldstärke dem Spannungsabfall in einem Leiter und die magnetische Feldstärke seiner Stromstärke. Bei weitem überwiegt die magnetische Feldstärke.

Bei Änderungen der Erregung treten Ausgleichvorgänge auf. Durch Einschalten einer Spannung entsteht ein elektrisches Feld, dessen statische Energie sich in dynamische Energie verwandelt. Die Strömung beginnt unter Induktion einer gleich großen Gegenspannung, welche mit wachsender Stromstärke abnimmt. Nähert sich der Strom seinem durch Spannung und Widerstand bestimmten Grenzwert, so verschwindet die Gegenspannung. Das magnetische Feld bleibt erhalten, so lange der Strom unverändert fließt.

Verschwindet sprunghaft die angelegte Spannung, so sucht die Strömung vermöge ihrer magnetischen Energie zu beharren. Eine Induktionsspannung in gleicher Richtung entsteht. Mit abnehmender Stromstärke sinkt die induzierte Spannung und verschwindet mit dem Strom. Das magnetische Feld ist abgebaut, seine Energie setzt sich in Wärme um, weil der Strom einen Leitungswiderstand überwinden muß.

Bei Wechselstrom erfolgen im eingeschwungenen Zustand periodische Änderungen des elektromagnetischen Feldes. Der periodische Induktionsvorgang ist mit zwei Sätzen beschrieben (Bild 30):

1. Ein elektrisches Wechselfeld verursacht einen Wechselstrom in einem Leiter, der von einem Wirbel magnetischer Feldlinien umgeben ist.

2. Ein magnetisches Wechselfeld erzeugt eine Wechselspannung in einem Leiter, der von einem Wirbel elektrischer Feldlinien umgeben ist.

Gedacht ist dabei an eine Anordnung aus zwei abstandsgleichen Leiterschleifen. Am ersten Leiter liegt die Spannung $U_1$
(elektrisches Feld), es fließt der Strom $J_0$ (magnetisches Feld)
und erzeugt eine EMK im ersten und im zweiten Leiter (elektrisches Feld).

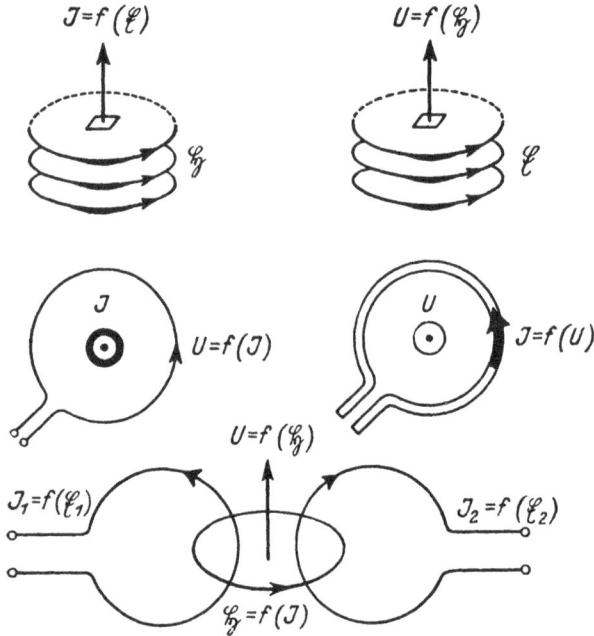

Bild 30. Elektromagnetische Wechselfelder.

Sind beide Leiter verlustfrei, so gilt für je eine Windung:

$$- J_0 = \frac{d\,Q}{dt} = F \cdot \frac{d\,\mathfrak{D}}{dt} = \varepsilon\,F \cdot \frac{d\,\mathfrak{E}}{dt} = \frac{\varepsilon\,F}{l} \cdot \frac{d\,U_1}{dt}$$

$$- U_0 = \frac{d\,\Phi}{dt} = F \cdot \frac{d\,\mathfrak{B}}{dt} = \mu\,F \cdot \frac{d\,\mathfrak{H}}{dt} = \frac{\mu\,F}{l} \cdot \frac{d\,J_0}{dt}.$$

Die induzierten EMK sind bei beliebigen Windungszahlen $w_1$
und $w_2$:

$$- E_{01} = w_1 \cdot \frac{d\,\Phi}{dt}\,10^{-8} = L_1 \cdot \frac{d\,J}{dt} = J_0 \cdot j\,\omega\,L_1\,[\mathrm{V}]$$

$$- E_{02} = w_2 \cdot \frac{d\,\Phi}{dt}\,10^{-8} = M_{12}\,\frac{d\,J}{dt} = J_0 \cdot j\,\omega\,M_{12}\,[\mathrm{V}].$$

Die Phasenverschiebung ergibt sich aus dem Induktionsgesetz: der Schwund des Stromes erzeugt eine positive Spannung. Gegen $U_1$ eilt $J_0$ um 90° nach; gegen $J_0$ eilt $U_{01}$ bzw. $U_{02}$ um 90° nach: also sind $U_1$ und $U_{01}$ bzw. $U_{02}$ bei verlustfreier Übertragung um 180° phasenverschoben oder liegen entgegengesetzt.

Als Maßeinheit für die gegenseitige Induktion $M$ gilt wie für die Selbstinduktion $L$ das Henry ($M = 1$ H).

## 2. Drosselspulen.

Ein geschlossener Eisenkern trägt eine Wicklung (Bild 31), welche an einer Wechselspannung mit bestimmter Frequenz liegt. Das magnetische Wechselfeld induziert durch Selbstinduktion in der eigenen Wicklung und durch gegenseitige Induktion im Eisenkern eine Spannung.

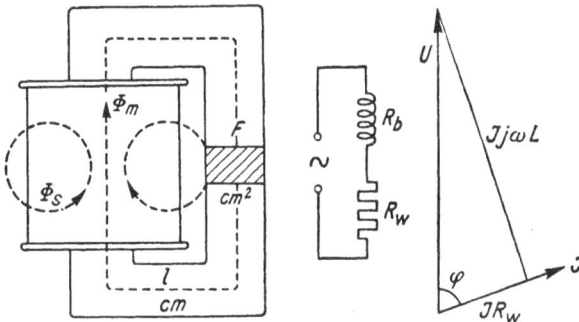

Bild 31. Drosselspulen: (1) Ersatzschaltung, (2) Diagramm der Spannungen und des Stromes.

Im Kern entstehen Wärmeverluste durch Ummagnetisierung (Hysterese) und Wirbelströme. Die Hystereseverluste wachsen mit der Induktion $\mathfrak{B}$ und der Frequenz $f$. Die Wirbelstromverluste wachsen mit der 2. Potenz der Induktion $\mathfrak{B}$. Durch legiertes Eisen und geblätterte Kerne werden der innere Widerstand erhöht und der Wirbelstrom sehr klein. Bei mittleren Frequenzen über 500 Hz überwiegen die Hystereseverluste. Die Eisenverluste und der Wirkwiderstand steigen dann nur mit der 1. Potenz der Frequenz.

In der Kupfer- oder Aluminiumwicklung entstehen durch ohmischen Widerstand Wärmeverluste. Sämtliche Verluste werden vom Wirkwiderstand der Spule erfaßt:

$$R_w = R_{ei} + R_{ku} \, [\Omega].$$

Durch den Verlustwiderstand entsteht ein Spannungsabfall und durch Selbstinduktion eine Gegenspannung:

$$U = J \cdot R_w + J \cdot j\,w\,L \,[\mathrm{V}].$$

Die Gesamtspannung ist in eine Wirk- und Blindspannung, entsprechend der Ersatzschaltung, zerlegt (Bild 31). Der Wirkanteil ist in der Regel klein gegen den Blindanteil. Beide Anteile des Scheinwiderstandes sind frequenzabhängig. Die Drosselung steigt mit der Frequenz.

Die Selbstinduktion $L$ hängt von Windungszahl, Länge und Querschnitt des magnetischen Kreises und seiner Sättigung ab:

Mit wachsender Sättigung sinkt die Zunahme der Magnetisierung, die Selbstinduktion und der Blindwiderstand der Drosselspule nehmen ab.

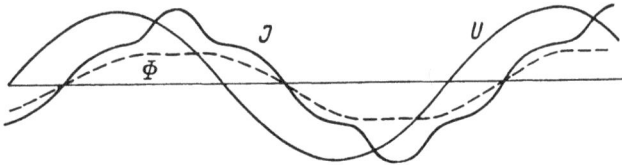

Bild 32. Einfluß der Eisensättigung auf den magnetischen Fluß.

Die veränderliche Magnetisierung $\mu$ ergibt ähnliche Änderungen der Induktivität $L$ und des magnetischen Flusses $\Phi$. Im Laufe einer Periode entsteht trotz Anlegen einer sinusförmigen Spannung ein verzerrter Magnetisierungsstrom und eine Induktionsspannung, deren noch anders gestaltete Kurvenform sich aus den verzerrten Änderungen des Flusses ableitet (Bild 32).

In eigenem Belieben steht es, Eisenkern und Wicklung zu bemessen. Bei hoher Sättigung bilden sich starke Oberwellen aus, durch niedrige Sättigung mit annähernd gleichbleibender Magnetisierung sind sie zu vermeiden. Das eine bildet die Grundlage zur Frequenzvervielfachung, das andere ist notwendig, wenn Sprech- oder Signalströme unverzerrt bleiben sollen. Die Grenze beider Bereiche liegt beim Knie der Magnetisierungskurven, richtet sich also nach der verwendeten Eisenart.

Bei schwacher Sättigung oder geringer Nutzung des Eisen- und Kupfergewichts sinken die Verluste erheblich. In guter Annäherung gilt dann für sinusförmige Spannungen

$$U_{\mathrm{eff}} = J_{\mathrm{eff}} \cdot 2\pi f\, \frac{w^2 F \mu}{l} \cdot 10^{-8} = 4,44 \cdot f \cdot w \cdot \Phi_{\mathrm{max}} \cdot 10^{-8}\,[\mathrm{V}]$$

$$U = J\, j\omega\, L\,[\mathrm{V}].$$

### 3. Übertrager.

Ein geschlossener Eisenkern trägt ein oder mehr Wicklungs-paare, welche zwischen zwei Stromkreisen als induktive Kopplung liegen. Die Übertragungsrichtung ist beliebig: eine erste (primäre)

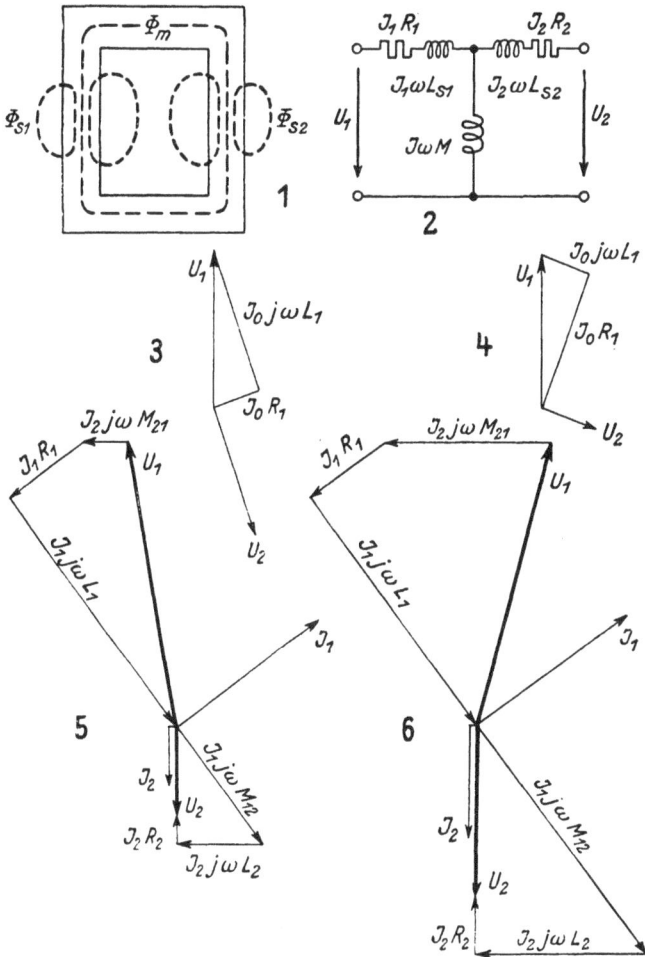

Bild 33. Übertrager: (1) Flußverteilung im Eisenkern, (2) Ersatzschaltung, (3) Leerlaufdiagramm bei kleinen Verlusten, (4) Leerlaufdiagramm bei großen Verlusten, (5) belasteter Übertrager mit großer und (6) mit kleiner Streuung.

Wicklung nimmt Energie auf, eine zweite (sekundäre) gibt Energie ab. Zu übertragen ist ein Frequenzband von Wechselströmen oder Wellenströmen, zu sperren ist Gleichstrom (Bild 33). Folgende Bezeichnungen für die erste und zweite Seite sind einzuführen:

$U_1$ Klemmenspannung $U_2$
$J_1$ Wicklungsstrom $J_2$
$R_1$ Wirkwiderstand $R_2$
$L_1$ Selbstinduktivität $L_2$
$L_{1s}$ Streuinduktivität $L_{2s}$
$M_{12}$ Gegeninduktivität $M_{21}$
$\Phi_1$ Erzeugter Fluß $\Phi_2$
$\Phi_{1s}$ Streufluß $\Phi_{2s}$
$\Phi_m$ Kopplungsfluß $\Phi_m$.

Allgemein sind die Beziehungen zwischen den Größen Spannung, Strom, Phasenverschiebung und Leistung der ersten und zweiten Seite gesucht.

Der unbelastete Übertrager (Leerlauf, Zweitwicklung offen) nimmt einen Leerlaufstrom auf, der von der Klemmenspannung, dem Wirk- und Blindwiderstand abhängt.

$$\mathfrak{U}_{10} = \mathfrak{J}_{10}\,(R_1 + j\,\omega\,L_1)\,[\mathrm{V}]$$

Dieser Strom deckt mit seinem Wirkanteil die Eisen- und Kupferverluste, sein Blindanteil erzeugt einen Fluß $\Phi_1$ mit einem Streuanteil $\Phi_{1s}$, der dieZweitwicklung verfehlt, und mit einem Kopplungsanteil $\Phi_m$, der beide Wicklungen durchflutet:

$$\Phi_1 = \Phi_{1s} + \Phi_m.$$

Sinngemäß setzen sich die zu den Windungen gehörenden Induktivitäten zusammen aus

$$L_1 = L_{1s} + M_{12}$$
$$L_2 = L_{2s} + M_{21}.$$

Die entsprechenden Induktivitäten der Übertragerwicklungen sind

$$L_1 = \mu\,\frac{w_1^{\,2}}{l}\,F_1 \qquad\qquad L_2 = \mu\,\frac{w_2^{\,2}}{l}\,F_2$$

$$M_{12} = \mu\,\frac{w_1\,w_2}{l}\cdot F_1 \qquad\qquad M_{21} = \mu\,\frac{w_1\,w_2}{l}\,F_2$$

ohne Berücksichtigung der Streuung wird $F_1 = F_2 = F$ und

$$M = \sqrt{L_1 \cdot L_2}$$

mit Berücksichtigung der Streuung wird die Gegeninduktivität

$$M = \sqrt{(L_1 - L_{1s})(L_2 - L_{2s})} = k \sqrt{L_1 \cdot L_2} < \sqrt{L_1 L_2}.$$

Der Streufaktor $k$ liegt zwischen den Werten $0 \ldots 1$. Hierbei ist es zulässig

$$M = M_{12} = M_{21}$$

zu setzen, wenn beide Wicklungen gleichartig auf dem Eisenkern verteilt liegen und dadurch beide Streuinduktivitäten gleich groß werden. Zu beachten ist, daß Innen- und Außenwicklung, Röhren- und Scheibenwicklung Unterschiede der Streu- und Gegeninduktivitäten aufweisen, welche besonders bei offenem oder fehlendem Eisenkern beträchtlich sind.

Durch gegenseitige Induktion erzeugt der erste Strom bei Leerlauf in der zweiten Wicklung eine EMK. Die Klemmenspannung ist

$$\mathfrak{U}_{20} = \mathfrak{J}_{10} \, j\, \omega \, M_{12} \approx \mathfrak{J}_{10} \, j\, \omega \, M \, [\mathrm{V}].$$

Die Phasenlage der Spannung $\mathfrak{U}_{20}$ und $\mathfrak{U}_1$ hängt bei Leerlauf nur von den Anteilen $R$ und $\omega L$ der Erstwicklung ab. Nach dem Induktionsgesetz induziert ein Magnetisierungsstrom eine um $90^0$ nacheilende Spannung. Seine Phasenverschiebung gegen die eigene Klemmenspannung liegt bei Eisenübertragern ($\omega L \gg R$) bei $90^0$, bei eisenlosen Kopplungsspulen ($\omega L \ll R$) bei $0^0$. Die Summe beider Phasenverschiebungen von $\mathfrak{U}_{10}$ gegen $\mathfrak{U}_{20}$ schwankt je nach Bauart des Übertragers mit fehlendem, offenem oder geschlossenem Eisenkreis zwischen 90 und $180^0$. Bei gegebener Bauart hängt andrerseits die Phasenlage und Größe der zweiten Spannung von der Frequenz ab, je nachdem der Wirkwiderstand der Erstwicklung größer, gleich oder kleiner als der Blindwiderstand ist.

Der belastete Übertrager nimmt die Spannung $U_1$ und den Strom $J_1$ auf und gibt die Spannung $U_2$ und den Strom $J_2$ ab. Die Belastung der Zweitwicklung übt eine Rückwirkung auf die Erstwicklung aus. Der zweite Strom schwächt den Kopplungsfluß, welcher durch Anwachsen des ersten Stromes ergänzt wird:

$$\mathfrak{U}_1 = (R_1 + j\omega L_1) \; \mathfrak{J}_1 - j\omega \, M_{21} \cdot \mathfrak{J}_2$$
$$- \mathfrak{U}_2 = (R_2 + j\omega L_2) \; \mathfrak{J}_2 - j\omega \, M_{12} \cdot \mathfrak{J}_1.$$

Das negative Vorzeichen der zweiten Spannung entspricht dem Brauch, gegensinnige Wicklungen vorauszusetzen und die Klemmen oder Lötösen der Übertrager mit «Anfang» und «Ende» (AP—EP, ES—AS) sinngemäß zu bezeichnen.

Das Verhältnis der Windungszahlen ist $w_1 : w_2$; die Übersetzung der Spannungen und Ströme deckt sich hiermit nicht.
Im Leerlauffall ($\mathfrak{J}_2 = 0$) wird die Spannungsübersetzung

$$\left| \frac{\mathfrak{U}_1}{\mathfrak{U}_2} \right| = \frac{R_1 + j\,\omega\,L_1}{j\,\omega\,M_{12}}, \quad \left| \frac{\mathfrak{U}_2}{\mathfrak{U}_1} \right| = \frac{R_2 + j\,\omega\,L_2}{j\,\omega\,M_{21}}.$$

Im Kurzschlußfall ($\mathfrak{U}_2 = 0$) wird die Stromübersetzung

$$\left| \frac{\mathfrak{J}_1}{\mathfrak{J}_2} \right| = \frac{R_2 + j\,\omega\,L_2}{j\,\omega\,M_{12}}, \quad \left| \frac{\mathfrak{J}_2}{\mathfrak{J}_1} \right| = \frac{R_1 + j\,\omega\,L_1}{j\,\omega\,M_{21}}.$$

Zwischen diesen beiden Grenzen liegen alle Betriebsfälle. Ohne
Verluste und Streuung ($R = 0$, $L_s = 0$, $M_{12} = M_{21} = M$) zu
berücksichtigen, ergeben sich die Näherungsformeln

$$\left| \frac{\mathfrak{U}_1}{\mathfrak{U}_2} \right| = \frac{L_1}{M} = \frac{M}{L_2} = \frac{w_1{}^2}{w_1\,w_2} = \frac{w_1\,w_2}{w_2{}^2} = \frac{w_1}{w_2}$$

$$\left| \frac{\mathfrak{J}_1}{\mathfrak{J}_2} \right| = \frac{L_2}{M} = \frac{M}{L_1} = \frac{w_2{}^2}{w_1\,w_2} = \frac{w_1\,w_2}{w_1{}^2} = \frac{w_2}{w_1}.$$

Die Spannungen entsprechen den Windungszahlen, die
Ströme verhalten sich umgekehrt. Gute Eisenübertrager erreichen
einen Wirkungsgrad $\eta = 90\dots95\%$ und $0{,}5\dots2\%$ Streuung. Die
Anwendung der Näherungsformeln für eine mittlere Belastung
ist unter diesen Voraussetzungen zulässig.

Beispiel: Ein Ringübertrager mit $w_1 = w_2$ ist mit $\mathfrak{R} = R_2 + j\,\omega\,L_2$ belastet. Die Übersetzung der Spannungen und
Ströme ist gesucht.

$$L = L_1 = L_2, \ M_{12} = M_{21} = M, \ \text{und} \ R_1 = R_2 = R$$

Für die zweite Seite gilt

$$0 = 2\,(R + j\,\omega\,L)\,\mathfrak{J}_1 - j\,\omega\,M\,\mathfrak{J}_1,$$

also wird

$$\frac{\mathfrak{J}_1}{\mathfrak{J}_2} = \frac{2\,(R + j\,\omega\,L)}{j\,\omega\,M} \approx 2\left( \frac{R}{j\,\omega\,L} + 1 \right)$$

und

$$\frac{\mathfrak{U}_1}{\mathfrak{U}_2} = \frac{R + j\,\omega\,L + \dfrac{\omega^2\,L^2}{2\,(R + j\,\omega\,L)}}{\tfrac{1}{2}\,j\,\omega\,M} \approx \tfrac{1}{2}\left( \frac{R}{j\,\omega\,L} + 1 \right) - \frac{j\,\omega\,L}{R + j\,\omega\,L}$$

Für Fernsprechübertrager sind bei höheren Frequenzen
(über 1000 Hz) die Eisenverluste und die Wicklungskapazitäten

zu berücksichtigen; letztere betragen bis 50 nF bei älterer und nur 1 nF bei neuerer Ausführung. Die Ersatzschaltung zeigt als Querglieder einen Widerstand $R$ und eine Kapazität $C$.

## 4. Verzerrungen.

Die Übertragung eines Frequenzbandes soll im gesamten Bereich mit verhältnisgleichen Spannungen, Strömen und Phasenverschiebungen erfolgen. Durch entsprechende Maßnahmen lassen sich Verzerrungen von Signal- und Sprechströmen vermeiden, wenn die Verzerrungsursachen klarliegen.

Die Magnetisierung (Permeabilität) $\mu$ verläuft bei kleinen Feldstärken fast linear, bei Sättigung des Eisens fallen nach Überschreiten eines Höchstwertes wieder $\mu$ und $L$. Diese nichtlineare Abhängigkeit der Induktion verzerrt die Übertragung, weil weder der Magnetisierungsstrom noch die übertragene Spannung der angelegten Spannung ähnlich werden. Geringe Feldstärken werden bevorzugt. Damit fallen besonders die Wirbelstromverluste, es bleiben die Hystereseverluste, welche linear mit der Frequenz zunehmen. Der Wirkwiderstand und der Wirkspannungsabfall werden nur noch schwach frequenzabhängig.

Eine Stromverdrängung ist bereits im Tonfrequenzbereich vorhanden und steigt beträchtlich bei Übertragung höherer Trägerfrequenzen. Hierdurch nimmt der Wirkwiderstand etwa mit der zweiten Wurzel aus der Frequenz zu. Dünne Feindrahtwicklungen vermindern den infolge Stromverdrängung entstehenden und von der Frequenz abhängigen Widerstandszuwachs.

Die Remanenz bewirkt im allgemeinen eine Scherung der Hystereseschleife, welche aber bei geringen Feldstärkenänderungen verschwindet. In diesem geradlinigen Bereich entfallen Verzerrungen durch unterschiedlichen Verlauf des auf- und absteigenden Astes der Magnetisierung.

Der Nulldurchgang ist mit einem Richtungswechsel der Magnetisierung verbunden. Diese magnetische Umpolung vollzieht sich mit einem Hysteresesprung, der kurzzeitig kleine elektromotorische Kräfte induziert. Die Umlagerung der Moleküle erfolgt in unregelmäßigen Gruppen, so daß nacheinander eine Reihe von Einzelinduktionen auftritt. Kleinste Spannungen und Ströme, wie sie im Sprechverkehr gelegentlich zu übertragen sind, werden hierdurch gestört. Die zu übertragende Energie muß erheblich größer als die Remanenzenergie sein, um Verzerrungen durch Hysteresesprung zu vermeiden.

Die Streuung eines Übertragers bewirkt einen induktiven Spannungsabfall bei Belastung. Der Blindwiderstand und die Streuspannung sind frequenzabhängig. Tiefe Frequenzen erleiden kleinere, hohe größere Blindspannungsabfälle. Die Phasenlage der Erstspannung zur Zweitspannung wird ebenfalls frequenzabhängig. In einem Frequenzgemisch kann also eine Phasenverzerrung auftreten und Klang oder Sprache verzerren. Dieser Nachteil ist durch guten Eisenschluß oder durch Ringform zu beheben, wodurch die Streuung sehr vermindert wird. Durch Überwiegen des Wirkwiderstandes gegen den Blindwiderstand wird ferner der Frequenzeinfluß verkleinert. Aus demselben Grunde sind Eisensättigungen, welche die Streuneigung fördern, bei Übertragern zu vermeiden.

Durch Gleichstromvorerregung wird die Magnetisierung einseitig ins Sättigungsgebiet verschoben. Die Induktionsänderungen werden kleiner, als es der Feldstärkenänderung entspricht, der gekrümmte Teil der Magnetisierungskurve verzerrt die Übertragung. Soweit es schaltungsmäßig möglich ist, sind solche Übertrager durch Reihenschaltung von Kondensatoren gegen Gleichströme zu sperren. Die dadurch entstandene kapazitive Frequenzabhängigkeit ist oft das kleinere Übel.

Die Wicklungen besitzen eine geringe Windungskapazität, welche wie eine frequenzabhängige Belastung wirkt. Im Tonfrequenzbereich ist der Einfluß noch gering. Bei höheren Frequenzlagen gleichen sich Induktivität und Kapazität aus, es ergeben sich unerwünschte Resonanzstellen, welche eine lineare Übertragung unmöglich machen. Vergußmassen mit kleiner Elektrisierungszahl sind beschränkt anwendbar, weil dadurch die Durchschlagsfestigkeit und der Isolationswiderstand sinken. Eine Anordnung mit Scheibenwicklungen verringert die Eigenkapazität, die gegenseitige Kapazität wird ebenfalls dabei kleiner. Wesentlich sind letztens die Beträge der Erdkapazitäten, welche durch Erdung des Gehäuses eindeutig festzulegen sind.

### 5. Kleinumspanner.

Ein Umspanner (Transformator) soll zwei Wechselstromnetze mit verschiedenen Betriebsspannungen, aber nur einer bestimmten Frequenz koppeln, die elektrische Energie mit geringen Verlusten übertragen und mit kleinstem Aufwand an Eisen und Kupfer hergestellt sein.

Die üblichen Starkstromnetze werden mit Wechselstrom oder Drehstrom 110...130 V oder 200...240 V, 50 Hz betrieben. In

Fernmeldenetzen liegen die Spannungen unter 100 V, als gefahr-
lose Spannung gegen Berührung ist 24 V zulässig, für Signalanlagen sind 3, 5, 8 V oder 8, 12, 20 V gebräuchlich.

Kleinumspanner mit Leistungen bis 1 kVA werden durchweg
einphasig ausgeführt, weil die dreiphasige Bauart unwirtschaftlich ist. Die Eisensättigung wird hochgehalten, um die Werkstoffe gut zu nutzen; da auf Verzerrungen keine Rücksicht genommen wird, ist die obere Grenze der Sättigung nur durch das
Anwachsen der Verluste gezogen.

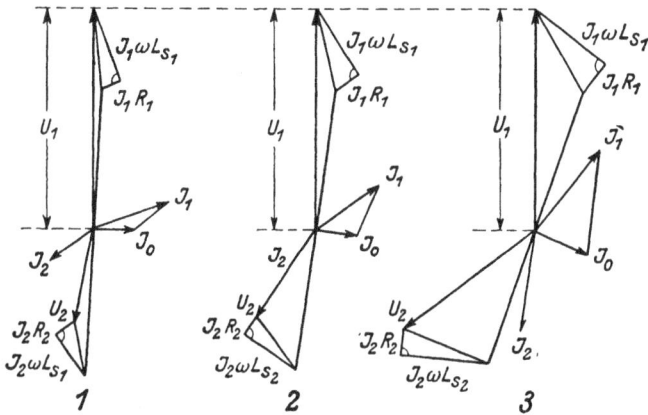

Bild 34. Diagramm der Spannungen und Ströme eines Umspanners (1) mit
induktiver, (2) mit ohmischer, (3) mit kapazitiver Belastung bei gleicher Netzspannung.

Der Wirkungsgrad erreicht bei Vollast 90% bei 10 VA bis
95% bei 1000 VA Leistung. Die Eisenverluste sind dabei kleiner
als die Kupferverluste, weil die Leerlaufzeiten bei Fernmelde-
umspannern überwiegen.

Für Kleinbeleuchtung — Signal- oder Handlampen — ist eine
gleichbleibende Spannung erwünscht; Lichtumspanner werden mit
5...10% Spannungsabfall ausgeführt. Beide Seiten sind zu sichern.

Für Signalanlagen — Läute- oder Blockwerke — ist Strom-
sicherheit zu fordern, weil Kurzschlüsse im Netz oft schwer auf-
findbar sind. Bis 50 VA Leistung werden diese Signalumspanner
mit 30...40% Streuung durch Einfügen eines Luftspaltes versehen. Der überwiegend induktive Spannungsabfall begrenzt
den Kurzschlußstrom auf etwa 3...4fachen Nennwert. Die
Übertemperatur erreicht wie zulässig etwa 70⁰ C bei Dauer-
kurzschluß.

Signalumspanner mit großer Streuung zeigen ein eigentümliches, von der Belastungsart abhängiges Verhalten. Großer Spannungsabfall bei induktiver, kleinerer bei ohmischer Last und Spannungsanstieg bei kapazitiver Last.

Das Diagramm des Eisenumspanners (Bild 34) erlaubt eine Vereinfachung, weil die Gegeninduktivitäten $M_{12} = M_{21} = M$ sind und dabei die Annahme zu machen ist, daß die induzierte Spannung auf der ersten und zweiten Seite entgegengesetzt und gleich groß sind.

Vorausgesetzt ist im Bild 34 ein Übersetzungsverhältnis 1 : 1 der Windungszahlen und dargestellt induktive, ohmische und kapazitive Last mit gleicher Stromstärke. Die Phasenlage und das Verhältnis der Spannungen zeigt sich, wie vorstehend erwähnt, sehr unterschiedlich.

## F. Signalströme.

### 1. Grundbegriffe.

In Fernmeldeanlagen werden Signalströme benötigt, welche der Ankündigung, Vorbereitung und Erhaltung von Betriebszuständen dienen.

Durch Meldeströme werden folgende Zeichen empfangen:

1. Rufzeichen,
2. Amtszeichen,
3. Freizeichen,
4. Besetztzeichen,
5. Schlußzeichen.

Durch Steuerströme wird eine verlangte Verbindung vorbereitet, hergestellt und wieder getrennt:

1. Wählstrom,
2. Prüfstrom,
3. Auslösungsstrom.

Durch Betriebsströme werden Anlagen gespeist, in Bereitschaft gehalten und die Nachrichtenübertragung unterstützt:

1. Speisungsstrom,
2. Belegungsstrom,
3. Trägerstrom,
4. Verstärkerstrom.

Als Stromquellen stehen bei Fremdbezug zur Verfügung:

1. Unmittelbarer Bezug aus einem Starkstromnetz mit 110, 220 oder 440 V Gleichstrom, 127/220 oder 220/380 V Drehstrom,

50 Hz oder in kleinen Anlagen ein einphasiger Anschluß an ein Drehstromnetz.

2. Mittelbarer Bezug über Umformer oder Gleichrichter und Akkumulatoren mit 24, 36, 48, 60 V oder auch 110, 220 V Gleichstrom.

Als Stromquellen für die Eigenerzeugung sind zu nennen:

1. Galvanische Elemente für Arbeits- und Ruhestrombetrieb in kleinen Anlagen mit Einzelversorgung von Betriebsstellen.

2. Kurbelinduktoren für Erzeugung niederfrequenter Wechselströme geringer Leistung.

3. Dieseldynamo als Notstromerzeugung bei Ausfall eines Starkstromnetzes und bei nicht ausreichendem oder fehlendem Energierückhalt durch Akkumulatoren.

Von diesen Stromquellen ausgehend sind die benötigten Signalströme entweder unmittelbar zu entnehmen oder durch Umformer, Wechsel- oder Gleichrichter mittelbar zu erzeugen. Für angestrengten Dauerbetrieb und größere Leistungen eignen sich elektrische Maschinen wie Umspanner, Motorgeneratoren, Einankerumformer oder Quecksilberdampf-, Röhren- und Trockengleichrichter.

Bei aussetzendem Betrieb und kleineren Leistungen sind vorteilhaft Geräte wie Summer, Gleich- und Wechselrichter oder ähnliche Sondereinrichtungen zu gebrauchen.

In der Regel müssen einzelne Adern oder Schleifen die Übertragung verschiedener Signale übernehmen. Deshalb ist es erforderlich, für Melde-, Steuer- und Betriebsströme unterscheidende Merkmale anzuwenden, damit auswahlweise bestimmte Ankündigungen oder Schaltungen vollzogen werden können.

Der wahlweise Empfang ist mit Hilfe folgender Schaltkennzeichen (Schaltkriterien) möglich:

1. Gleichstrom: durch verschiedene Stromrichtung,
    durch Spannung- und Stromstufen.

2. Wechselstrom: durch verschiedene Frequenz,
    durch Phasenverschiebungen.

3. Beliebige Stromart: durch Zeiten und Schrittfolgen.

Die Anwendung von Signalströmen geschieht zeitlich teils außerhalb, teils innerhalb der Nachrichtenübertragung. Im letzten Fall sind Signale zu benutzen, welche Verwechslungen oder Fehlschaltungen ausschließen.

## 2. Gleichrichter.

Ein Wechselstrom wird gleichgerichtet, wenn dabei

1. beide Halbwellen die gleiche Stromrichtung annehmen;
2. nur eine Halbwelle durchgelassen, die andere gesperrt wird;
3. beide Halbwellen mit ungleichen Anteilen durchgelassen werden.

Immer entsteht auf der Gleichstromseite ein Wellenstrom, bei dem letztgenannten Verfahren sogar eine unvollkommene Gleichrichtung mit einem verbleibenden Wechselstromanteil. Die Gleichrichtung einphasiger Ströme ergibt größere, mehrphasiger Wechselströme kleinere Welligkeit. Unter Welligkeit wird das Verhältnis des Effektivwertes des Wellenanteiles zum arithmetischen Mittelwert der Spannung oder des Stromes verstanden.

Alle Gleichrichter arbeiten mit richtungsabhängigen Widerständen, klein in der Durchlaß-, groß in der Sperrichtung. Eine völlige Sperrung ist nicht immer vorhanden. Gebräuchlich sind:

Q u e c k s i l b e r d a m p f - G l e i c h r i c h t e r. Durchlaßrichtung von der Anode zur Quecksilberkathode. Sperrwirkung vollkommen. Zünd-, Brenn- und Löschspannung liegen zwischen 15 und 20 V. Der innere Spannungsabfall ist fast gleichbleibend bei allen Belastungen. Mindeststrom 10% der Nennstromstärke. Für höhere Spannungen wirtschaftlich. Der Wirkungsgrad des Glaskolbens ohne Umspanner und Regel- oder Glättungseinrichtungen richtet sich nach der gleichgerichteten Spannung:

| Gleichspannung V | 6 | 24 | 60 | 110 | 220 | 440 |
|---|---|---|---|---|---|---|
| Wirkungsgrad % | 25 | 57 | 77 | 85 | 93 | 96 |

R ö h r e n g l e i c h r i c h t e r. Durchlaß von der Anode zur Heizdrahtkathode. Sperrwirkung vollkommen. Innerer Spannungsabfall entsteht durch einen konstanten Kathodenfall (etwa 15 V) und einen veränderlichen der Stromstärke entsprechenden Anteil (insgesamt bis 25 V). Für Ströme von 10 mA bis 20 A und mittlere und höhere Spannungen wirtschaftlich. Wirkungsgrad ähnlich dem Quecksilberdampfgleichrichter, jedoch wegen der notwendigen Heizung der Glühkathode etwas geringer.

T r o c k e n g l e i c h r i c h t e r. Die Berührungsfläche zweier Metallscheiben bildet nach Vorbehandlung eine Sperrschicht. Die Durchlaßrichtung der gebräuchlichen Bauarten ist:

Selengleichrichter: Eisenanode — Selenschicht — Gegenelektrode. Kupferoxydgleichrichter: Gegenelektrode — Kupferoxydul — Kupferkathode.

Die Sperrwirkung ist unvollkommen und von der Betriebsspannung abhängig. Je Element werden etwa 4 ... 16 V gesperrt, mindestens sind 0,2 V erforderlich oder 5 ... 40 mA/cm² wirksamer Fläche. Das Verhältnis der Ströme von Sperr- zu Durchlaßbereich beträgt 1 : 5000. Der Wirkungsgrad bei Spannungen unter 60 V ist den vorerwähnten Gleichrichtern überlegen (etwa 40 ... 60%) (Bild 35).

Elektrolytgleichrichter. In eine wässerige Lösung von Alaun oder Natronbikarbonat tauchen eine Kohle-, Eisen- oder Bleiplatte als Anode und eine Aluminiumkathode. Eine angelegte Wechselspannung überzieht in kurzer Zeit das Aluminiumblech mit einer dünnen Oxydschicht, welche bei Alaunlösung bis 20 V, bei Natronlösung bis 100 V sperrt. Die Scheitel-

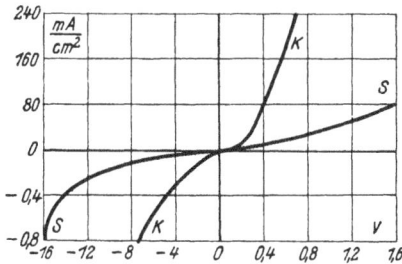

Bild 35. Kennlinien von Trockengleichrichtern.

werte höherer Spannungen schlagen durch, die Oxydschicht erneuert sich schnell nach Spannungsrückgang. Die Sperrwirkung ähnelt dem Trockengleichrichter. Der Wirkungsgrad erreicht infolge der mäßigen Lösungsleitfähigkeit etwa 30 ... 50% bei Vollast. Für kleine Leistungen ausreichend.

Pendelgleichrichter. Eine Schwingfeder mit Kontakten ist auf die Netzfrequenz abgestimmt. Das freie Ende schwingt zwischen den Polen eines Dauermagneten, wenn die Feder durch eine Wechselspule erregt wird. Die Magnetfelder sind vertauschbar. Die Kontakte schließen und öffnen im Takt der Netzfrequenz. Der Erregerstrom erhält durch eine vorgeschaltete Drosselspule oder einen Kondensator eine Phasenverschiebung von fast 90° gegen die Netzspannung, damit die Kontaktfeder phasengerecht bei Richtungswechsel, bzw. Nulldurchgang umschlägt. Die Sperrung ist vollkommen. Ein lichtbogenfreies Arbeiten hängt von denselben Voraussetzungen ab, die auch für Schalten von Abhebekontakten gelten. Der Wirkungsgrad erreicht 80 ... 95%. Die Einstellung der Kontakte ist je

nach der Art der Belastung verschieden, insbesondere müssen bei
Ladebetrieb die Kontakte oberhalb der Batteriespannung ein-
und ausschalten, um Ziehen von Lichtbögen zu vermeiden.

### 3. Wechselrichter.

Wechselrichter. Ein Gleichstrom wird in Wechselstrom umgeformt, wenn dabei

1. periodische Änderungen mit induktiver Übertragung oder
2. periodische Umschaltungen mit Richtungswechsel erfolgen.

Diese Geräte sind als Summer (Tonfrequenz) und Polwechsler
(Niederfrequenz) bekannt, neuerdings in ähnlicher Ausführung
als Zerhacker und Wechselrichter bezeichnet anzutreffen.

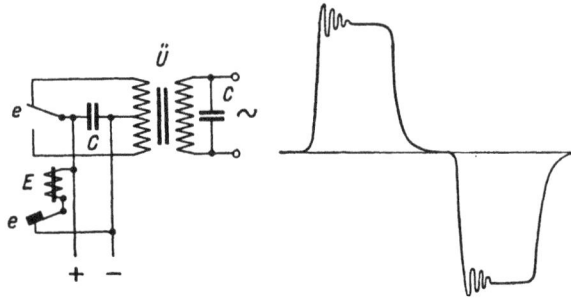

Bild 36. Schaltung und Wechselspannung eines Wechselrichters.

Periodische Unterbrechungen ergeben Ausgleichvorgänge,
welche sich induktiv durch Umspanner übertragen lassen (unsymmetrische Kurvenform).

Periodische Umschaltungen in Verbindung mit Umspannern
erzeugen zwei spiegelbildliche Halbwellen (symmetrische Kurvenform).

Von der idealen Sinusform weichen diese Wechselströme
stark ab und genügen daher nur, wenn keine besonderen Ansprüche
an Oberwellenfreiheit gestellt werden oder kleine Leistungen
(10 ... 200 W) zu erzeugen sind (Bild 36).

Gebräuchlich sind meist mechanische Wechselrichter mit
abgestimmten Schwingfedern, deren Antrieb durch Erreger-
spule und Selbstunterbrecher (ähnlich dem Klöppel von Gleich-
stromweckern) erfolgt.

Die Schaltung mit wechselnden Gleichstromstößen überträgt eine fast rechteckige Wechselspannung. Für die Be-

rechnung des Übersetzungsverhältnisses ist das Verhältnis $U_{eff} : U_{max}$ und der Spannungsabfall bei Vollast zu berücksichtigen.

| $\delta^0$ | 0 | 5 | 10 | 15 | 20 | 25 | 30 |
|---|---|---|---|---|---|---|---|
| $U_{eff}$ | 1,00 | 0,97 | 0,94 | 0,91 | 0,88 | 0,85 | 0,82 |

Während des periodischen Umschlagens des Pendels ergibt sich eine zeitweise Unterbrechung, so daß von jeder vollen Viertelwelle (mit 90° eingesetzt) ein Teil unausgenutzt bleibt. Der Effektivwert sinkt daher je nach Kontaktabstand unter den idealen Höchstwert $U_{max} = U_{eff}$. Durchschnittlich sind für $U_{eff}$ Werte zwischen $\delta = 15°\ldots25°$ liegend einzusetzen. Der Spannungsabfall im Umspanner beträgt etwa 10 bis 20%. Demnach wird im Mittel $U_w = U_g \cdot 0,88 \cdot 0,85 = 0,75\,U_g$ für ein Übersetzungsverhältnis $2:1$ der Erst- zur Zweitwicklung erhalten.

### 4. Tonräder.

Vor den Polschuhen eines Gleichstromelektromagneten dreht sich ein eisernes Zahnrad (Bild 37). Der magnetische Fluß schwankt periodisch ohne Richtungsumkehr. In einer zweiten,

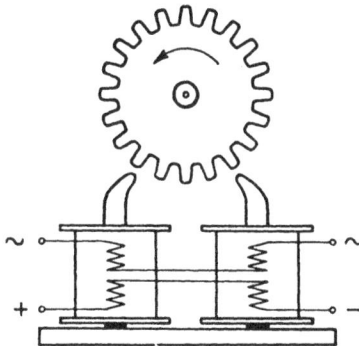

Bild 37. Anordnung und Schaltung eines Tonrades.

auf den gleichen Spulen aufgebrachten Wicklung entsteht durch Induktion eine Wechselspannung. Die Frequenz (100 bis 4000 Hz) ergibt sich aus der minutlichen Drehzahl $n$ und der Zähnezahl $z$

$$f = \frac{z\,n}{60}\ [\text{Hz}].$$

Die Wechselspannung ist bei Leerlauf

$$U_0 = 2,22 \cdot f \cdot w \, (\Phi_1 - \Phi_2) \, 10^{-8} \ [\mathrm{V}],$$

wobei der Fluß sich zwischen $\Phi_1$ und $\Phi_2$ ändert und die Zweit-wicklung $w$ Windungen hat. Mit derartigen Tonrädern erhält man etwa $U_0 = 30 \ldots 45$ V und im Kurzschluß $J_k = 0,4 \ldots 0,6$ A. Die mittlere Leistung üblicher Bauart beträgt etwa 5 VA. Für größere Leistungen empfehlen sich Einankerumformer. Bei Antrieb der Tonräder durch Induktionsmotoren (Kurzschluß-läufer) entfallen alle Schleifringe oder Kollektoren; Wartung und Abnutzung sinken auf ein Mindestmaß, wie es für Dauerbetrieb erwünscht ist.

### 5. Wellenströme.

Ein Wellenstrom ist durch periodischen Verlauf gekenn-zeichnet. Die Symmetrie der Halbwellen, bezogen auf eine Null-

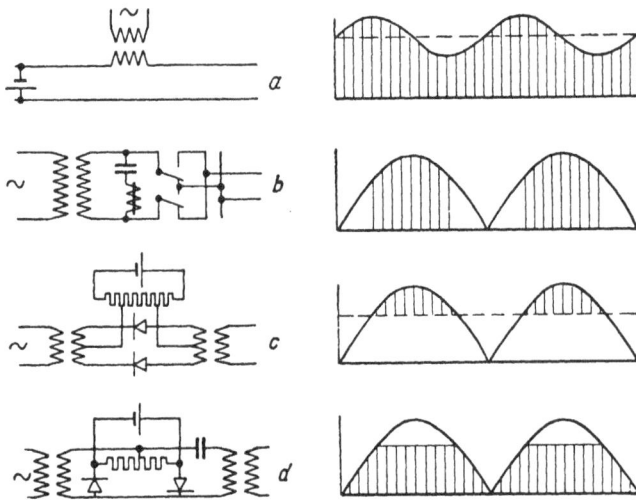

Bild 38. Wellengleichstrom: Verschiedene Kurvenformen (*a, b, c, d*) und ihre Erzeugung.

linie, fehlt. Die üblichen Beziehungen zwischen Höchstwert und arithmetischem und geometrischem Mittelwert sind zu be-stimmen. Häufige Wellenformen sind (Bild 38):

*a*: Überlagerung eines Gleich- und Wechselstromes,
*b*: Gleichrichtung mit Teilzeitgrenzen,
*c*: Gleichrichtung mit Mindestwertgrenzen,
*d*: Gleichrichtung mit Höchstwertgrenzen.

Die Form $a$ entsteht durch mehrphasige Gleichrichtung, durch Induktion oder Influenz einer Wechselspannung aus einem Starkstrom- auf ein Fernmeldenetz oder durch periodische Aussteuerung eines Gleichstromes. Unter Annahme eines sinusförmigen Wellenanteiles ist der Gesamtstrom

$$J = J_1 \cdot \sin \omega t + J_2.$$

Der arithmetische Mittelwert wird $J_m = J_2$, weil die Halbwellen symmetrisch verlaufen. Der geometrische Mittelwert oder Effektivwert wird

$$J_{\text{eff}} = \sqrt{\frac{\Sigma_{0 \ldots n}(J_1 \sin \omega t + J_2)}{n}}.$$

Die Quadratur in der ersten und der zweiten Halbwelle ergibt zwei Reihen mit Einzelgliedern von der Form:

$$1. \quad J_1{}^2 \sin^2 \omega t + 2 J_1 J_2 \sin \omega t + J_2{}^2,$$

$$2. \quad J_1{}^2 \sin^2 \omega t - 2 J_1 J_2 \sin \omega t + J_2{}^2.$$

Die mittleren Glieder beider Reihen heben sich aus Symmetriegründen auf und der Effektivwert wird

$$J_{\text{eff}} = \sqrt{\frac{\Sigma J_1{}^2 \sin^2 \omega t}{n} + \frac{\Sigma J_2{}^2}{n}} = \sqrt{J_1{}^2{}_{\text{eff}} + J_2{}^2}.$$

Der Höchstwert bzw. der Mindestwert ist

$$J_{\max} = J_1 \sqrt{2} + J_2 \; [\text{A}].$$

Der Scheitelfaktor ($J_{\text{eff}} \cdot p = J_{\max}$) hängt von den Gleichstrom- und Wechselstromanteilen ab

$$p = \frac{J_{\max}}{J_{\text{eff}}} = \frac{J_{1\,\text{eff}} \cdot \sqrt{2} + J_2}{\sqrt{J_1{}^2{}_{\text{eff}} + J_2{}^2}}.$$

| $J_1 : J_2$ | $\infty$ | 10 | $\sqrt{2}$ | 1 | 0,1 | 0 |
|---|---|---|---|---|---|---|
| $p$ | 1,414 | 1,507 | 1,732 | 1,707 | 1,136 | 1 |

Die Form $b$ entsteht durch einphasige Gleichrichtung in der Zweiweg- und der G r a e t z schen Schaltung. Beide Halbwellen werden ausgenutzt und sind mit einem ohmischen Widerstand belastet. Am Anfang und Ende jeder Halbwelle ergeben sich ungenutzte Teilzeiten, welche durch die Umschlagzeit des Pendelkontaktes oder durch die Zünd- und Löschspannung einer

Röhre bedingt sind. Entsprechend diesen Teilzeitgrenzen ändert sich das Verhältnis $J_m : J_{eff} : J_{max}$.

Die Form $c$ entsteht, wenn die gleichgerichtete Spannung auf eine Gegenspannung arbeitet (Batterie oder Motor). Diese Gegenspannung bildet eine Mindestwertgrenze, nur der Überschuß bis zum Höchstwert speist die Belastung.

Die Form $d$ entsteht durch Belastung mit einem Höchstwert-(Amplituden-) Begrenzer, Knallschutzgerät, einer Glimmröhre oder Gleichrichterschaltung, weil nur bis zu einer bestimmten Höchstwertgrenze die gleichgerichteten Halbwellen durchgelassen werden.

Für elektrolytische Wirkungen (Amperestunden) ist der Mittelwert, für Erwärmungen (Wicklungen, Widerstände) der Effektivwert und für die Beurteilung von schädlichen Überspannungen oder Überströmen der Höchstwert maßgebend.

Tafel 4.

**Faktoren zur Berechnung von Mittel- oder Effektivwerten aus den Höchstwerten besonderer Kurvenformen.**

| $\zeta^0$ | Form b | | Form c | | Form d | |
|---|---|---|---|---|---|---|
| | $J_m$ | $J_{eff}$ | $J_m$ | $J_{eff}$ | $J_m$ | $J_{eff}$ |
| 0 | 0,636 | 0,707 | 0,636 | 0,707 | 1,000 | 1,000 |
| 5 | 0,634 | 0,707 | 0,604 | 0,690 | 0,972 | 0,984 |
| 10 | 0,626 | 0,706 | 0,571 | 0,672 | 0,945 | 0,964 |
| 15 | 0,614 | 0,704 | 0,538 | 0,641 | 0,917 | 0,944 |
| 20 | 0,598 | 0,701 | 0,496 | 0,630 | 0,890 | 0,925 |
| 25 | 0,577 | 0,695 | 0,470 | 0,611 | 0,861 | 0,905 |
| 30 | 0,551 | 0,686 | 0,436 | 0,588 | 0,837 | 0,885 |
| 35 | 0,521 | 0,674 | 0,400 | 0,564 | 0,812 | 0,865 |
| 40 | 0,487 | 0,659 | 0,364 | 0,531 | 0,787 | 0,846 |
| 45 | 0,450 | 0,639 | 0,322 | 0,513 | 0,763 | 0,825 |
| 50 | 0,409 | 0,615 | 0,293 | 0,494 | 0,741 | 0,807 |
| 55 | 0,337 | 0,586 | 0,256 | 0,453 | 0,720 | 0,789 |
| 60 | 0,290 | 0,512 | 0,198 | 0,423 | 0,704 | 0,771 |
| 65 | 0,241 | 0,510 | 0,182 | 0,380 | 0,683 | 0,755 |
| 70 | 0,190 | 0,462 | 0,162 | 0,343 | 0,668 | 0,739 |
| 75 | 0,137 | 0,403 | 0,109 | 0,299 | 0,655 | 0,727 |
| 80 | 0,083 | 0,331 | 0,060 | 0,243 | 0,645 | 0,717 |
| 85 | 0,028 | 0,235 | 0,001 | 0,021 | 0,639 | 0,710 |
| 90 | 0,000 | 0,000 | 0,000 | 0,000 | 0,636 | 0,707 |

Die einschlägigen Werte zeigt die Tafel 4. In den meisten Betriebsfällen weichen die Werte von dem üblichen Verhältnis $J_m : J_{eff} : J_{max} = 0,636 : 0,707 : 1$ erheblich ab, weil keine volle Ausnutzung der gleichgerichteten Sinushalbwellen möglich ist.

## 6. Kurvenformen.

In der Regel treten bei allen Wechselströmen neben der Grundwelle noch Oberwellen auf, deren Frequenz ein ganzzahliges Vielfaches der Grundfrequenz ist. Hierdurch erklären sich die oft beobachteten nicht sinusförmigen Kurven. Der Zeitwert eines Stromes mit einer zweiten und dritten Oberwelle ist

$$i = J_1 \sin \omega\, t + J_2 \sin (2\,\omega\, t + \varphi_2) + J_3 \sin (3\,\omega\, t + \varphi_3).$$

Die Phasenlage der Wellen höherer Ordnung ist beliebig zu denken, es brauchen also die Nullwerte der Oberwellen nicht mit den Nullwerten der Grundwelle zusammenfallen. In Bild 39 sind zwei typische Kurvenformen mit einer ungeradzahligen Oberwelle gezeigt.

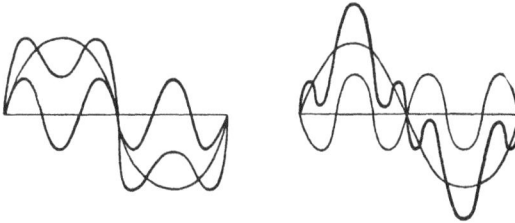

Bild 39. Kurvenformen einer Grundwelle und verschiedene Phasenlage der dritten Oberwelle.

Geradzahlige Oberwellen werden in umlaufenden Maschinen (Induktor, Dynamo, Umformer) nicht erzeugt, dagegen entstehen sie in Stromkreisen mit vormagnetisierten Elektromagneten oder mit Einweggleichrichtern.

Zu beachten ist, daß Spannung und Strom im gleichen Stromkreis verschiedene Kurvenform besitzen können. Eine schwach gesättigte Drosselspule setzt der $n$ten Oberwelle einen $n$fachen Blindwiderstand entgegen. Der Strom wird sinusähnlich trotz verzerrter Spannung. Ein Kondensator dagegen bildet für die $n$te Oberwelle einen $n$fachen Leitwert. Der Oberwellengehalt des Stromes wird größer als bei der Spannung.

Eine Gleichrichterbelastung mit oder ohne Gegenspannung auf der Lastseite entnimmt dem Wechselstromnetz immer einen von der Spannungsform abweichenden Strom.

In allen diesen Fällen ist die Leistung kleiner als aus dem Produkt aus Spannung mal Strom zu errechnen ist

$$N = k \cdot U \cdot J\; [W].$$

Der Leistungsfaktor $k$ liegt unter dem Wert Eins. Unabhängig davon kann durch einen vorgeschalteten Umspanner eine Phasenverschiebung $\varphi$ entstanden sein, so daß die Leistung wird

$$N = k \cdot \cos\varphi \cdot U \cdot J \ [W].$$

Ein Leistungsfaktor $k$ ist immer vorhanden, wenn Spannung und Strom verschiedene Kurvenform haben.

## 7. Frequenzvervielfachung.

In Fernmeldeanlagen werden Signalströme mit verschiedenen Periodenzahlen gebraucht; die benötigten Leistungen sind oft so gering, daß eine gesonderte Erzeugung der verschiedenen Frequenzen sich nicht lohnt, besonders wenn die verlangten Frequenzen in einem ganzzahligen Verhältnis stehen.

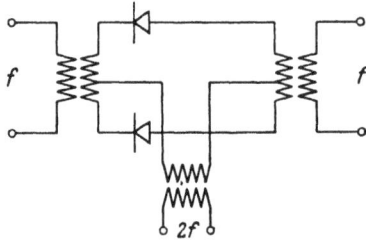

Bild 40. Gleichrichterschaltung zur Frequenzverdopplung.

Unter diesen Umständen ist es zweckmäßig, aus einer Grundfrequenz durch Vervielfachung höherfrequente Signalströme zu gewinnen.

Eine Frequenzverdopplung entsteht durch eine Gleichrichtung beider Halbwellen eines Wechselstromes und Umspannung des erhaltenen Wellengleichstromes (Bild 40). Eine Gleichstromdrosselspule verrundet die Halbwellen doppelter Frequenz, ein Kondensator auf der 2 f Seite ist auf die Gegeninduktivität $M$ des Ausgangsübertragers abzustimmen ($\omega^2 MC = 1$). Wird die doppelte Frequenz einer weiteren Gleichrichterstufe zugeleitet, so entsteht die vierfache Grundfrequenz. Werden $n$ Stufen zusammengeschaltet, so erhält man als Frequenz

$$F_n = 2^n \cdot f \ [\mathrm{Hz}]$$

und als Wirkungsgrad, der für alle $n$-Stufen gleich groß sei

$$H = \eta^n.$$

Nach wenigen Stufen ist ein Zwischenverstärker nicht mehr zu umgehen, weil der Wirkungsgrad mit der $n$ten Potenz schwindet.

Eine dreifache Frequenz entsteht durch Dreiphasen-, eine sechsfache durch Sechsphasengleichrichtung und Umspannung des Wellengleichstromes. Da die Welligkeit mit Zunahme der

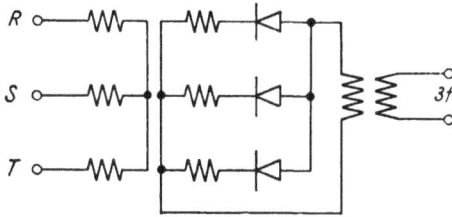

Bild 41. Gleichrichterschaltung zur Erzeugung der dreifachen Frequenz aus Drehstrom.

Phasenzahl aber abnimmt, ist eine höhere Vervielfachung wenig wirtschaftlich, falls es nicht möglich ist, in Reihe mit dem Frequenzübertrager eine Batterie zu laden (Bild 41).

Die dreifachen (3., 9., 15. usw.) Oberwellen eines Drehstromes liegen gleichphasig. Stärker ausgeprägt und nutzbar ist nur die dritte Oberwelle, welche über eine Umspannerschaltung (primär geschlossenes, sekundär offenes Dreieck) abzunehmen

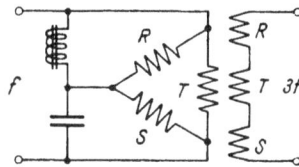

Bild 42. Schaltung mit Übertragern zur Frequenzverdreifachung aus Einphasenwechselstrom.

ist. Hierbei entstehen nur geringe Leerlaufverluste im Umspanner. Ist auch die dritte Oberwelle nur schwach vertreten, so werden entweder übersättigte Drosselspulen vorgeschaltet oder der Umspanner selbst mit Übersättigung betrieben, um einen verzerrten Magnetisierungsstrom zu erhalten (Bild 42).

Steht nur Einphasenstrom zur Verfügung, so ist eine Phasenverschiebung künstlich herzustellen, welche ein gleichseitiges Dreieck bildet. Die dreifache Frequenz wird der offenen Dreieckschaltung der drei Übertrager $R$, $S$ und $T$ entnommen.

## 8. Glättung von Wellenströmen.

Wellengleichströme besitzen induktive und kapazitive Neben-wirkungen, welche auf der gewendeten Sinuslinie beruhen. Ihr periodischer Verlauf ist durch eine F o u r i e r sche Reihe dar-zustellen

$$u = U_{max}\ \frac{4}{\pi}\left(\frac{1}{2} - \frac{\cos \omega\, t}{1 \cdot 3} - \frac{\cos 2\omega\, t}{3 \cdot 5} - \frac{\cos 3\omega\, t}{5 \cdot 7} - \ldots\right),$$

in der Oberwellen jeder Ordnung vorhanden sind. Entsprechend der gebräuchlichen Netzfrequenz 50 Hz würde noch die siebente Oberwelle mit 350 Hz trotz ihres kleinen Anteiles im Fernsprech-betrieb sehr stören.

Eine Glättung kann durch Induktivitäten oder Kapazitäten erfolgen. Mit dem Strom im Hauptschluß liegen Drosselspulen; unbelastet bleibt die Wellenspannung unverändert; erst mit zunehmender Stromentnahme setzt die Glättung ein. Die Drossel-spule speichert während des Stromanstieges magnetische Energie und gibt beim Stromabstieg elektrische Energie ab. Die Glättung hängt vom Verhältnis $\omega L : R$ ab, wobei $L$ die gesamte Induk-tivität (Drosselspule und Umspannerstreuung) und $R$ der Gesamt-widerstand (innen und außen) des Laststromkreises ist. Selbst für $\omega L : R = 10$ beträgt die Welligkeit noch etwa $10\%$.

Im Nebenschluß zur Spannung liegen Kondensatoren; un-belastet wird die Wellenspannung gut geglättet und steigt fast auf den Höchstwert; mit zunehmender Stromentnahme wächst die Welligkeit, weil die Entladungen während des Spannungs-schwundes nicht mehr beim Anstieg durch Ladung gedeckt werden. Die Glättung hängt vom Verhältnis $\omega\, C : G$ ab, wobei $C$ die Kapazität und $G$ der Leitwert des gesamten Stromkreises ist.

Eine vollkommene Glättung wäre nur denkbar, wenn $L$ oder $C$ unendlich groß und $R$ oder $G$ unendlich klein werden. Diese Bedingungen sind wirtschaftlich nicht annähernd erfüllbar.

Allgemein gilt, daß Drosselspulen sich für niedrige Span-nungen und große Ströme, Kondensatoren umgekehrt für hohe Spannungen und kleine Ströme als Glättungsmittel besser eignen.

Gleichzeitige Anwendung beider Mittel als Siebkette ge-schaltet ergibt von Leerlauf bis Vollast eine befriedigende Glättung. Eine zweigliedrige Kette vermindert die Welligkeit auf $1\%$ der Grundfrequenz; überdies ist es möglich nach Bedarf zwei Glättungsstufen mit einer Zwischenanzapfung zu benutzen: für Signal- und Steuerströme die gröbere, für Speisungsströme die feinere Stufe. Die Entlastung des zweiten Gliedes verbilligt dessen Drosselspule und Kondensator (Bild 43).

Die beste Glättung verspricht eine Akkumulatorenbatterie, die im Pufferbetrieb (etwa 2,1 V je Zelle) arbeitet. Entsprechend dem inneren Widerstand und dem Wellenstrom entsteht trotzdem an den Klemmen eine geringe Wellenspannung, die als Ladegeräusch im Sprechverkehr hörbar ist. Bei vollem zulässigen

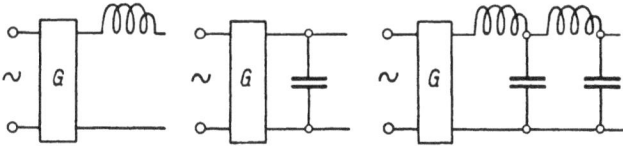

Bild 43. Glättung von Wellengleichspannungen und -strömen durch Induktivität, Kapazität oder Kombination.

Lade- oder Entladestrom beträgt dieser innere Spannungsabfall etwa 0,02 V je Bleizelle. Die Geräuschspannung soll bei Freileitungen unter 5 mV und bei Kabelleitungen unter 2 mV liegen. Mit Rücksicht hierauf muß die Welligkeit unter 10% liegen; ohne Glättungsmittel erfüllen nur Sechsphasengleichrichter im Pufferbetrieb diese Bedingung.

## G. Sprechströme.

### 1. Grundbegriffe.

An einer Sprechübertragung sind beteiligt: Sprecher — akustische Übertragung — Mikrophon — elektrische Übertragung — Telephon — akustische Übertragung — Hörer.

Die Sprache setzt sich aus Sätzen, Worten, Silben, Um- und Mitlauten zusammen. Jeder Laut besitzt einen Grundton und einen Bereich von Ober- und Untertönen (Formanten), welche den Laut kennzeichnen und daneben die Klangfarbe einer Stimme ergeben. Ein Ton ist eine hörbare Schwingung beliebiger Stoffe mit einer einzelnen Frequenz, die sich im Raum mit einer Fortpflanzungs- oder Schallgeschwindigkeit ausbreitet.

In Luft oder Gasen können sich ebene oder kugelige Wellen ausbilden, welche beim Auftreffen auf eine Fläche einen Schalldruck ausüben. Der Effektivwert dieses sinusförmigen Wechseldruckes ist bei kugelförmiger Ausbreitung

$$p_{\text{eff}} = \frac{A}{\sqrt{2}} \cdot \omega \cdot \rho \cdot c \cdot \cos\varphi \quad [\mu\text{bar}].$$

Hierin bedeuten

$A$ die Amplitude der Schallschwingung in cm,

$\omega = 2\pi f$ die Kreisfrequenz der Schwingung in sec$^{-1}$,

$\rho$ spezifische Dichte des Gases in g · cm$^{-3}$,

$c$ Fortpflanzungsgeschwindigkeit in cm · sec$^{-1}$,

$$\operatorname{tg}\varphi = \frac{\lambda}{2\pi r},$$

$\lambda$ Wellenlänge der Schwingung in cm,

$r$ Abstand der Schallquelle von der Fläche in cm.

Wird $r \gg A$, so wird $\cos\varphi \approx 1$ oder die kugelförmigen Wellen gehen in ebene Wellen über.

$$1 \text{ Mikrobar} = 10^{-6} \text{ Bar} = 1,02 \cdot 10^{-3} \text{ g/cm}^2.$$

Die Schallschnelle ist die Wechselgeschwindigkeit eines schwingenden Massenteiles an Ort

$$s = \frac{A}{\sqrt{2}} \cdot \omega \text{ [cm sec}^{-1}].$$

Die Schallstärke ist die in einer Sekunde durch die Flächeneinheit strömende Energie

$$J = p \cdot s \cdot \cos\varphi \cdot 10^{-7} \text{ [W cm}^{-2}].$$

Die Schalleistung fortschreitender Schallschwingungen wird an der Fläche $F$ in cm$^2$

$$N = F \cdot p \cdot s \cdot \cos\varphi \cdot 10^{-7} \text{ [W]}.$$

Für Luft wird mit $F$ cm$^2$ und $p$ µbar

$$N = F \cdot p^2 \cdot 2,42 \cdot 10^{-5} \text{ [W]}.$$

Da die Einsprache in ein Mikrophon sehr verschieden erfolgen kann, wird als Übertragungsgröße für Sender ein akustoelektrisches Verhältnis angegeben:

$$\ddot{u}_a = U : p \text{ [V/µbar]}.$$

Das Verhältnis der erzeugten Klemmenspannung bei beliebiger Frequenz und äußerem reellen Widerstand $R = 600\,\Omega$ zum Schalldruck auf die Membran des Senders.

Umgekehrt wird als Übertragungsgröße für Empfänger ein elektro-akustisches Verhältnis angesetzt:

$$\ddot{u}_e = p : \frac{E}{2} \text{ [µbar/V]}.$$

Das Verhältnis des erzeugten Schalldruckes an einem festgelegten akustischen Belastungswiderstand zur halben EMK eines Stromerzeugers mit dem inneren reellen Widerstand $R = 600 \, \Omega$ im Eingangskreis des Empfängers.

Um elektrische Übertragungen für Sprechströme vergleichen zu können, wurde ein Ureichkreis geschaffen, bestehend aus einem Präzisionsmikrophon, einer Nachbildung der natürlichen Leitung durch Eichleitungen und einem Präzisionstelephon.

In einer mit Wasserstoff gefüllten Kammer befindet sich ein hochgespanntes Kondensatormikrophon, dessen Erregung so eingestellt wird, daß

$$\ddot{u}_a = 0,05 \; \text{V}/\mu\text{bar}$$

beträgt. Dieser Wert entspricht der mittleren Schalleistung der Sprache.

Für Sprechversuche ist vor dem Mikrophon des Eichkreises ein Drahtnetz angebracht, um einen bestimmten Abstand zwischen Mund und Membran einhalten zu können. Als Empfänger dient ein Tauchspulenmikrophon mit gewölbter Aluminiummembran, dessen abgegebener Schalldruck in einer Druckkammer aus Messing entsprechend der Größe des Gehörganges gemessen wird. Das elektro-akustische Übersetzungsverhältnis wird auf

$$\ddot{u}_e = 50 \; \mu\text{bar}/\text{V}$$

eingestellt. Die Eichleitung ist aus rein ohmischen Widerständen zusammengesetzt und überträgt Spannungen und Ströme verzerrungsfrei.

Zum Vergleich mit beliebigen Systemen sind nach diesem Ureichkreis weitere Arbeitseichkreise mit Kohlemikrophonen und fremderregten elektro-magnetischen Telephonen hergestellt.

Die Bewertung einer Übertragung bezieht sich auf

1. die empfangene Lautstärke,
2. die Verständlichkeit,
3. die Natürlichkeit

der Sprachwiedergabe. Die Lautstärke hängt vom Gehör der beteiligten Personen ab. Der Hörbereich umfaßt Schallschwingungen von 15 bis 16 000 Hz und verengt sich mit zunehmendem Alter auf etwa 8000 Hz. Die Reizschwelle des normalen Ohres liegt bei einem Schalldruck $p_0 = 0,0002/\mu\text{bar} = 2,04 \cdot 10^{-7} \; \text{g/cm}^2$. Bei diesem effektiven Schalldruck beträgt die Lautstärke 0 Phon Da die subjektive Schallempfindung angenähert mit dem Logarithmus des Reizes wächst, ist die Phonskala als logarithmische Funktion festgelegt. Als Lautstärke ergibt sich für beliebige Werte von $p$ oder $J$

$$L = 20 \log \frac{p}{p_0} = 10 \log \frac{J}{J_0} \, [\text{Phon}].$$

Entsprechend $p_0$ wird $J_0 = 1 \cdot 10^{-16} \, \text{Wcm}^{-2}$. Einem Normalton von 1000 Hz entspricht bei einem Schalldruck 1 μbar eine Lautstärke von 74 Phon. Die Schmerzempfindung entsteht bei etwa 130 Phon.

Die Lautstärkenempfindung hängt von der Frequenz ab, bei tieferen Frequenzen nimmt die Druckempfindlichkeit ab, während bei 4000 Hz sogar Lautstärken unter 0 Phon noch wahrgenommen werden.

Die Verständlichkeit als Bewertungsmaß verzichtet bewußt auf Erfassung der klangtreuen Wiedergabe der Sprache. Als wirtschaftliches und ausreichendes Frequenzband wurde früher die Übertragung von Sprechströmen von 300 ... 2400 Hz angesehen. Die Erweiterung nach oben auf 3000 und 3400 Hz ist heute schon teilweise vollzogen und paßt sich damit den Fortschritten in der Entwicklung von Mikrophonen und Telephonen an; nach unten auf 150 Hz herabzugehen, bringt keinen wesentlichen Gewinn an Verständlichkeit.

Als Maß der Verständlichkeit gilt das Verhältnis der richtig gehörten Teile eines Sprechflusses zur gesprochenen Gesamtzahl gleichartiger Teile. Unterschieden werden folgende auszuzählenden Sprechflußanteile:

Silben-, Wort-, Satzverständlichkeit, Band- und Lautverständlichkeit. Zur Durchführung einer Messung bedient man sich eines geschulten Meßtrupps, dessen Übung Sprech- und Hörfehler nahezu ausschließt.

Die Silbenverständlichkeit wird durch Verlesen von Tafeln mit 100 Logatomen oder Wortfetzen bestimmt, die einzeln gesprochen sinnlose Silben sind, also jede Kombinatorik seitens des Hörers ausschließen.

Gute Silbenverständlichkeit beträgt 70 ... 90%, unter 60% gilt sie als ungenügend. Immerhin erzielt man bei 60% Silbennoch 95% Satzverständlichkeit (Tafel 5).

Tafel 5.
**Silbenverständlichkeit, abhängig von der Grenzfrequenz.**

| Frequenz Hz | 500 | 1000 | 1500 | 2000 | 2500 | 3000 | 3500 |
|---|---|---|---|---|---|---|---|
| als obere Grenze % | 3 | 40 | 65 | 75 | 82 | 85 | 87 |
| als untere Grenze % | 96 | 86 | 70 | 40 | 20 | 10 | 5 |

Die Natürlichkeit der Sprache bleibt gewahrt, wenn sämtliche Frequenzen unbegrenzt durchkommen, für männliche Stimmen von 80 Hz, für weibliche von 120 Hz an bis 12 000 Hz für Zischlaute. Größere Anforderungen an die Übertragung von Sprechströmen stellen Musikübertragungen, bei denen 16 ... 10 000 Hz erzeugt, aber meist nur 150 ... 7000 Hz übertragen werden. Ein objektives Maß für die Natürlichkeit ist nicht vorhanden.

## 2. Mikrophone.

Der Umsatz von Schallschwingungen in elektrische Schwingungen erfolgt mit Hilfe von Stromkreisen, in denen durch eine Membran periodisch Widerstände, Induktivitäten oder Kapazitäten geändert werden.

Das Kohlekörnermikrophon beruht auf Widerstandsänderungen, welche durch Wechseldrücke einer vom Schall getroffenen Membran entstehen.

Im Stromkreis sind eine Batterie, ein Mikrophon und die Erstwicklung eines Übertragers in Reihe geschaltet. Die Gleichstromänderungen induzieren Wechselspannungen, der Zweitwicklung werden Sprechströme entnommen.

Im Ortsbatteriebetrieb (O.B.) beträgt die Spannung am Mikrophon etwa 1 ... 3 V, im Zentralbetrieb (Z.B.) etwa 4 ... 12 V. Von den Betriebsspannungen 24 ... 60 V entfällt nur ein Bruchteil auf das Mikrophon (Tafel 6).

Tafel 6.

### Gebräuchliche Mikrophone.

| Betrieb | Speisungsstrom | Sprechspannung | Widerstand |
|---------|----------------|----------------|------------|
| O.B. | 300...400 mA | 0,02...0,03 V | 8... 12 Ω |
| O.B. | 120...150 mA | 0,15...0,05 V | 15... 25 Ω |
| Z.B. | 20... 60 mA | 0,5 ...1,5 V | 150...300 Ω |
| Z.B. | 20... 60 mA | 0,5 ...1,0 V | 60...120 Ω |

1. Das Längsstrommikrophon bildet die ältere Bauart (Bild 44). Die Grießkörner haben 0,1 ... 1,5 mm Durchmesser, der Strom fließt von der Kohlemembran nach einem Bodenkontakt, beide Elektroden tauchen in den Kohlegrieß ein. Die mittleren Frequenzen 1 ... 2,5 kHz werden mit etwa 100 mV/μbar, die Seitenbänder 0,3 ... 3 kHz nur mit 10 ... 50 mV/μbar umgesetzt. Die Druckwellen werden in der Grießschüttung ge-

dämpft, nur die oberen Schichten beteiligen sich an der Widerstandsänderung.

2. Das Querstrommikrophon bildet die neuere Bauart. Der Strom fließt von einer äußeren Ringelektrode parallel zur Membran nach der inneren Mittelelektrode. Hierdurch wird wegen der dünneren Grießschicht die Druckwellendämpfung kleiner und die Aussteuerung größer. Die Übertragung erreicht von 0,5 ... 5 kHz etwa 10 ... 14 mV/μ bar, die ausgeprägten Resonanzlagen im Mittelbereich fehlen.

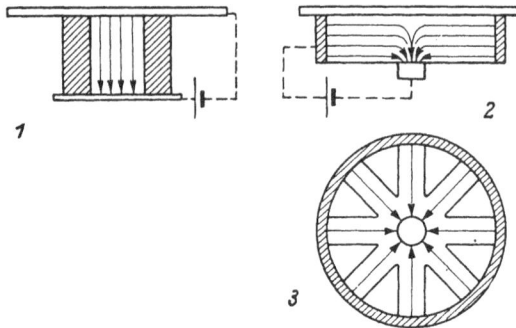

Bild 44. Stromführung in Mikrophonen (1) in Längsrichtung, (2) in Querrichtung, (3) in Sternrichtung.

3. Das Sternmikrophon vermeidet einen Nachteil des Querstrommikrophons, der allerdings nur bei sehr dünnen Schichten auftritt, wie sie in dem beschränkten Raum einer Kapsel für Handapparate nicht zu umgehen sind. Explosionslaute verursachen einen Packeffekt, die Grießschüttung lockert sich nicht mehr, die Aussteuerung sinkt erheblich. Von der Mittelelektrode gehen sternförmig Grießrinnen zur äußeren Ringelektrode, in denen die Füllung nicht sintern kann. Bei 1000 Hz ergeben sich 160 mV/μbar, bei 3500 Hz noch etwa 100 mV/μbar, ausgeprägte Resonanzwellen sind vermieden.

4. Das elektrodynamische Mikrophon benutzt eine sehr dünne Leichtmetallfolie, welche vor einem kräftigen Dauermagneten schwingt. Die Übertragung erreicht 0,5 ... 2 mV/μbar, das Schwingsystem (Bändchen oder Tauchspule) wiegt nur 0,5 ... 0,7 mg. Ohne Verstärker können die Sprechströme nicht zur Übertragung ausreichen.

5. Das Kondensatormikrophon verwendet ebenfalls eine Leichtmetallfolie, die gegen eine feste Belegung eine Kapazität von etwa 100 pF (Picofarad) aufweist. An 100 V Gleichspannung

liegend entsteht durch Druckwellen eine Kapazitätsänderung und eine Wechselspannung von 1...2 mV/µbar. Auch dieses Mikrophon erfordert eine Verstärkung der Sprechströme.

Ein ideales Mikrophon mit frequenzgetreuer Erzeugung von Sprechströmen ist keine der genannten Bauarten. Das Kohlemikrophon mit verhältnismäßig hoher Sprechspannung behauptet sich, obwohl der Klirrfaktor

$$k = \frac{\sqrt{i_1{}^2 + i_2{}^2 + i_3{}^2 + \cdots}}{i}$$

häufig über 10 bis 25% bei lauter Einsprache erreicht. Eine Verminderung der Oberwellen $i_1$, $i_2$, $i_3$ usw. gegenüber dem Grundton $i$ wäre durch Schwächung des Speisungsstromes möglich, damit sinkt aber das Übertragungsmaß so erheblich, daß auch für diese gebräuchliche Bauart ein Röhrenverstärker nötig wäre. Dieses Verfahren verbietet sich aber aus wirtschaftlichen Gründen.

### 3. Telephone.

Eine Membran befindet sich vor den Polen eines Elektromagneten, der von Sprechströmen erregt wird. In dieser einfachsten Anordnung führt die Membran je Periode zwei Schwingungen aus, der erzeugte Schall erfährt eine Frequenzverdopplung.

Aus diesem Grunde wird die Eisenmembran durch einen Dauermagneten vorgespannt, auf seinen Polansätzen befinden sich die von den Sprechströmen erregten Wicklungen, die Flußänderungen schwanken je Periode zwischen einem Höchst- und einem Mindestwert und die Frequenzverdopplung wird vermieden.

Stielfernhörer mit großen Hufeisenmagneten sind heute nur noch für Meßzwecke wegen ihrer hohen Stromempfindlichkeit (0,1...1 µA) gebräuchlich.

Dosenfernhörer besitzen ringförmige Magnete. Die Membran ist verstellbar, bei kleinem Abstand von den Polen steigt die Lautstärke und der Klirrfaktor, große Abstände ergeben leisere, aber reinere Sprachwiedergabe. Die ankommenden Sprechströme betragen etwa 0,01...1 mA. Schädliche Resonanzstellen treten durch die Membran und den Luftraum im Fernhörer auf. Das Übertragungsverhältnis ist im Durchschnitt:

| $f$ | 500 | 1000 | 150 | 2000 | 2500 | 3000 | Hz |
|---|---|---|---|---|---|---|---|
| $\ddot{u}$ | 45 | 100 | 30 | 25 | 55 | 3 | µbar/mV |

7*

Entsprechend der heutigen Forderung ein Frequenzband von 300 ... 3400 Hz brauchbar zu übertragen, ist die Bauart verbessert (Bild 45). Aus dem Lautsprecherbau wurde eine Anordnung mit einer Kolbenmembran übernommen, die aus einem 50 μ starken Aluminiumblech besteht. Die mittlere kleine

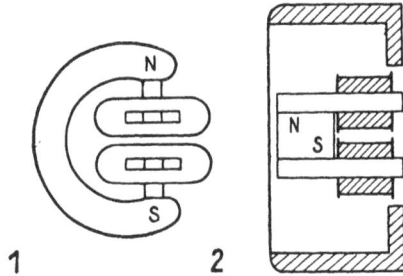

Bild 45. Grundform eines Fernhörers (1) mit Ringmagnet, (2) mit Klotzmagnet.

Eisenblechscheibe wird von den Dauermagneten vorgespannt und durch die in der Mitte liegende Sprechstromwicklung in Schwingungen versetzt. Das Übertragungsverhältnis ist gleichmäßiger, die Bandbreite größer:

| $f$ | 500 | 1000 | 1500 | 2000 | 2500 | 3000 | 4000 | Hz |
|---|---|---|---|---|---|---|---|---|
| $ü$ | 60 | 50 | 80 | 200 | 70 | 30 | 25 | μbar/mV |

# II. Schaltungslehre.

## A. Berechnung von Stromläufen.

### 1. Innere und äußere Schaltung.

Die Hauptbestandteile einer Fernmeldeanlage sind: Geber, Fernleitung und Empfänger. Die Stromquellen sind bei Eigenerzeugung als Zubehör, bei Fremdbezug als selbständiger Anlagenteil anzusehen.

Die Geber sind Geräte, welche als Schaltmittel die Abgabe elektrischer Energie regeln. Die Übertragung erfolgt über Fernleitungen und eingeschaltete Zwischenstellen. Die Empfänger sind Geräte, welche auf die ankommende Energie ansprechen und sie in optische oder akustische Zeichen, Sprache oder Schrift umsetzen.

Die gesamte elektrische Übertragung setzt sich aus Schaltanordnungen zusammen, in denen Quellen, Geber, Zwischenstellen und Empfänger geschlossene Einheiten bilden und durch Leitungen verbunden sind. Die Grenze zwischen der inneren Anordnung und den äußeren Verbindungen bilden die Anschlußklemmen. Man spricht daher von einer inneren und einer äußeren Schaltung. Diese Scheidung ist üblich, um zunächst die Betriebseigenschaften eines jeden Anlagenteils für sich zu beurteilen und daraus Rückschlüsse auf sein Verhalten innerhalb einer Anlage zu ziehen.

### 2. Nebeneinander- und Hintereinanderschaltung.

Die verschiedenen Stromquellen, Geber und Empfänger werden als Zweipole angesehen, welche außen durch paarige Leitungen oder Vierpole verbunden sind. Unterschieden werden aktive Zweipole (Stromquellen mit eingeprägter oder induzierter EMK) und passive Zweipole oder Belastungen mit einem Scheinwiderstand.

Mit passiven Zweipolen lassen sich zwei Schaltungen herstellen: Nebeneinander- (Parallel-) und Hintereinander- (Serien-, Reihen-) schaltung.

In der Nebeneinanderschaltung liegen alle Zweipole an gleicher Spannung, in der Hintereinanderschaltung werden alle Zweipole von gleichem Strom durchflossen.

Bei Nebeneinanderschaltungen entsprechen die Teilströme den Leitwerten, bei Hintereinanderschaltung verhalten sich die Teilspannungen wie die Widerstände.

Die Summenwerte sind bei Hintereinanderschaltung:

$$\Re_0 = \Re_1 + \Re_2 + \Re_3 + \ldots$$

$$\frac{1}{\mathfrak{G}_0} = \frac{1}{\mathfrak{G}_1} + \frac{1}{\mathfrak{G}_2} + \frac{1}{\mathfrak{G}_3} + \ldots$$

Für die Nebeneinanderschaltung gelten die Umkehrungen:

$$\mathfrak{G}_0 = \mathfrak{G}_1 + \mathfrak{G}_2 + \mathfrak{G}_3 + \ldots$$

$$\frac{1}{\Re_0} = \frac{1}{\Re_1} + \frac{1}{\Re_2} + \frac{1}{\Re_3} + \ldots$$

Will man die Rechnung mit Kehrwerten vermeiden, so setze man für Widerstände die Leitwerte und entsprechend umgekehrt für Leitwerte die Widerstände ein. Die Auflösung der Formeln mit Kehrgliedern haben die allgemeine Form des harmonischen Mittels

$$\frac{a\,b}{a+b}, \qquad \frac{a\,b\,c}{ab+ac+bc}, \qquad \frac{a\,b\,c\,d}{abc+abd+acd+bcd}$$

für zwei, drei und vier Summanden.

### 3. Allgemeine Kehrbeziehungen.

Für alle elektrischen Größen, welche sich auf Stromläufe beliebiger Art beziehen, bestehen Kehrbeziehungen. Ordnet man als gegenstehend die Paare: Spannung und Strom, Widerstand und Leitwert, Induktivität und Kapazität, so läßt sich folgende Doppelreihe aufstellen:

| $U$ | $J$ | $R$ | $G$ | $L$ | $C$ |
|-----|-----|-----|-----|-----|-----|
| $J$ | $U$ | $G$ | $R$ | $C$ | $L$ |

Durch Vertauschen der Größen der oberen Reihe mit denen der unteren Reihe entsteht aus einer gegebenen Formel wieder eine anwendbare Formel. Gilt die eine für Reihenschaltung, so ist die gewendete Formel für eine Nebeneinanderschaltung gültig.

### 4. Vieleck-Stern-Schaltungen.

E i n f a c h e   V e r z w e i g u n g e n. Mit drei Widerständen ergeben sich drei Teilspannungen und Teilströme (Bild 46). Der Gesamtstrom wird

$$\Im = \mathfrak{U} \, \frac{\mathfrak{R}_2 + \mathfrak{R}_3}{\mathfrak{R}_1 \mathfrak{R}_2 + \mathfrak{R}_1 \mathfrak{R}_3 + \mathfrak{R}_2 \mathfrak{R}_3}$$

und der Teilstrom in $\mathfrak{R}_3$, wenn dieser Zweig als Verbraucher gilt,

$$\Im_3 = \Im \, \frac{\mathfrak{R}_2}{\mathfrak{R}_2 + \mathfrak{R}_3} = \mathfrak{U} \, \frac{\mathfrak{R}_2}{\mathfrak{R}_1 \mathfrak{R}_2 + \mathfrak{R}_1 \mathfrak{R}_3 + \mathfrak{R}_2 \mathfrak{R}_3}$$

und die Teilspannung an $\mathfrak{R}_3$ bzw. $\mathfrak{R}_2$:

$$\mathfrak{U}_3 = \Im_3 \, \mathfrak{R}_3 = \mathfrak{U} \, \frac{\mathfrak{R}_2 \mathfrak{R}_3}{\mathfrak{R}_1 \mathfrak{R}_2 + \mathfrak{R}_1 \mathfrak{R}_3 + \mathfrak{R}_2 \mathfrak{R}_3}.$$

Die Lösung der allgemeinen Aufgabe, die Verteilung der Spannungen und Ströme mit beliebig vielen Knoten und Maschen im Netz zu berechnen, ist möglich, wenn es gelingt, ein ver-

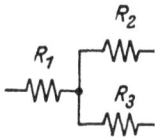

Bild 46. Stromverzweigung.  Bild 47. Zweieck-Stern-Wandlung.

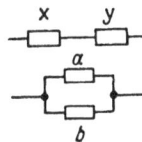

wickeltes Netz durch ein gleichwertiges vereinfachtes zu ersetzen. Im einzelnen müßte also an Stelle zweier nebeneinander liegender Widerstände ein einziger Gesamtwiderstand oder für eine Dreieckschaltung als Ersatz eine Sternschaltung treten oder ein Viereck durch ein Kreuz von Widerständen ersetzt werden.

Durch solche schrittweisen Umbildungen, die widerstandsgetreu erfolgen müssen, werden der Gesamtstrom und darauf auch die Teilströme der Berechnung zugänglich.

Z w e i e c k - S t e r n - S c h a l t u n g. Die Nebeneinanderschaltung ist in eine gleichwertige Reihenschaltung umzubilden. Zwei Bedingungen sind zu stellen: 1. gleicher Gesamtwiderstand vor und nach der Umbildung, 2. die Teilströme der alten Schaltung sollen sich wie die Teilspannungen in der neuen verhalten (Bild 47). Die Ansatzgleichungen lauten:

$$x + y = \frac{a\,b}{a+b}$$

$$x \cdot a = y \cdot b.$$

Die Lösung führt auf einen Parameter für die Umbildung

$$p = \left(\frac{a\,b}{a+b}\right)^2$$

und man erhält die neuen Werte $x$ und $y$:

$$x = \frac{1}{a} \cdot p$$

$$y = \frac{1}{b} \cdot p.$$

D r e i e c k - S t e r n - S c h a l t u n g. Die Ansatzgleichungen erfüllen die Bedingung: zwischen je zwei Klemmen in der Urform und nach der Umbildung liegen gleiche Widerstände (Bild 48).

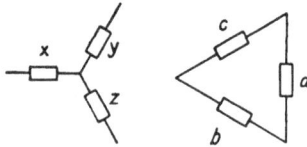

Bild 48. Dreieck-Stern-Wandlung.

$$x + y = \frac{c\,(a+b)}{a+b+c}$$

$$y + z = \frac{a\,(b+c)}{a+b+c}$$

$$z + x = \frac{b\,(a+c)}{a+b+c}.$$

Als Zwischenrechnung wird unter anderem erhalten:

$$(x + y) - (y + z) + (x + z) = 2\,x.$$

Die Auflösung der Gleichungen ergibt einen Parameter:

$$p = \frac{a\,b\,c}{a+b+c}.$$

Die drei Sternwiderstände sind zu berechnen aus:

$$x = \frac{1}{a} \cdot p$$

$$y = \frac{1}{b} \cdot p$$

$$z = \frac{1}{c} \cdot p.$$

V i e r e c k - S t e r n - S c h a l t u n g. Die Ansatzgleichungen erfüllen die Bedingungen: zwischen zwei beliebigen Klemmen in der Urform und nach der Umbildung liegen gleiche Widerstände (Bild 49).

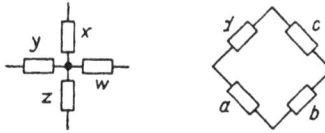

Bild 49. Viereck-Stern-Wandlung.

$$x + z = \frac{(a + d)(b + c)}{a + b + c + d}$$

$$y + w = \frac{(a + b)(c + d)}{a + b + c + d}$$

$$x + y = \frac{d(a + b + c)}{a + b + c + d}$$

$$y + z = \frac{a(b + c + d)}{a + b + c + d}.$$

Die Auflösung der Gleichungen ergibt einen Parameter:

$$p = \frac{a\,b\,c\,d}{a + b + c + d}.$$

Die vier Sternwiderstände sind dann:

$$x = \frac{1}{a\,b} \cdot p$$

$$y = \frac{1}{b\,c} \cdot p$$

$$z = \frac{1}{c\,d} \cdot p$$

$$w = \frac{1}{d\,a} \cdot p.$$

Die Formeln gelten für Gleich- und Wechselstrom. An Stelle der Gleichstromwiderstände treten Scheinwiderstände von der Form $a + bj$ oder $r\,e^{\mp j}$ in der Komponenten- oder Exponentialform.

### 5. Längs- und Querschaltung.

Bei kurzen Verbindungen zwischen Quelle, Geber und Empfänger sind Widerstand und Ableitung dieser Leitungen gering. Im praktischen Gebrauch wird bei mäßigem Spannungsabfall zwischen zwei Zweipolen noch von einer Nebeneinanderschaltung gesprochen. Auch bei einer mäßigen Stromableitung zwischen Anfang und Ende einer Fernleitung ist es üblich, eine Reihenschaltung der beiderseits liegenden Geräte als vorhanden anzusehen.

Streng genommen sind die Merkmale der Hinter- und Nebeneinanderschaltung nicht mehr erfüllt.

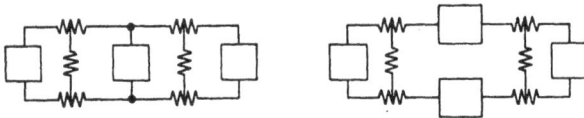

Bild 50. Anordnung von Längs- und Quergliedern in einer Übertragung.

Mit zunehmender Streckenlänge wachsen die Widerstände und Ableitungen. Der Vergleich der Anfangs- und Endwerte an einer Fernleitung zeigt, daß $\mathfrak{U}_a > \mathfrak{U}_e$ und auch $\mathfrak{J}_a > \mathfrak{J}_e$ ist.

Eine Zweipolquelle sei über eine Leitung mit einem Abschlußwiderstand verbunden; in der Mitte zwischen beiden Enden ist ein dritter Zweipol eingeschaltet. Zwei Anordnungen sind denkbar: quer oder längs zu der Doppelleitung liegend (Bild 50). Dieser dritte Zweipol liegt weder an gleicher Spannung bei der Querschaltung, noch wird er von gleichem Strom bei der Längsschaltung durchflossen, verglichen mit dem Abschlußwiderstand.

Deshalb bezeichnet man in diesen Fällen die einzelnen im Zuge einer Übertragung liegenden Geräte als Quer- und Längsglieder.

Die Merkmale dieser Anordnungen sind:

In der Längsschaltung werden die Zweipole nur von Strömen in gleicher Richtung, aber ungleicher Stärke durchflossen.

In der Querschaltung liegen die Zweipole nur an Spannungen mit gleicher Polung, aber ungleicher Höhe.

### 6. Vierpol-Schaltungen.

Der Begriff des Vierpoles ist aus Betrachtungen über das Verhalten von paarigen Leitungen entstanden. Die Eigenschaften solcher Fernleitungen sind durch längs verteilt liegende Scheinwiderstände und quer zur Übertragungsrichtung liegende Scheinleitwerte bestimmt. An beiden Enden liegt ein Klemmenpaar zum Anschluß einer Zweipolquelle und eines Zweipolabschlusses.

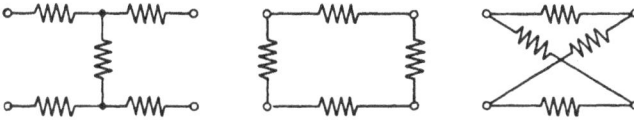

Bild 51. Vierpolschaltungen.

Die Nachbildung einer solchen Fernmeldeleitung besteht daher aus Längs- und Quergliedern (Widerständen und Ableitungen), die zwischen zwei Klemmenpaaren liegen. Diese Schaltanordnung gilt als unteilbare Einheit, weil sinngemäß auch die Fernleitung nicht nach Belieben in a-Ader und b-Ader aufzulösen ist, ohne die gegebenen elektrischen Werte der paarigen Leitung zu beseitigen.

Drei Grundformen dieser Nachbildungen oder Ersatzschaltungen sind zu verzeichnen (Bild 51).

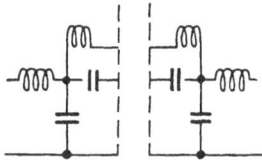

Bild 52. Beispiel einer Anordnung mit Längssymmetrie, aber ohne Quersymmetrie.

Diese Vierpole sind je nach Bemessung der Widerstände und Leitwerte symmetrisch oder unsymmetrisch. Dabei wird zwischen einer Quer- und einer Längssymmetrie unterschieden. Bei Quersymmetrie sind die paarweise gegenüberliegenden Scheinwiderstände gleich. Längssymmetrie ist vorhanden, wenn die

Übertragung nicht von der Energierichtung abhängt und wenn
die Klemmenpaare sich vertauschen lassen (Anfang mit Ende),
ohne das Verhältnis der Spannungen oder Ströme zu ändern.
Diese Bedingung ist erfüllt, wenn links und rechts von einer quer
verlaufenden Mittellinie spiegelbildlich gleiche Widerstände und
Leitwerte angeordnet sind (Bild 52).

In einem passiven Vierpol spielen sich gleichzeitig zwei Vor-
gänge ab, die gegenseitig verkettet sind: Spannungsabfälle und
Stromableitungen. Die innere Schaltung der Widerstände und
Leitwerte besitzt nur lineare Beziehungen. Je eine Klemmen-
spannung liegt am Anfang und am Ende, die ein- und austretenden
Strompaare auf jeder Seite sind unter sich entgegengesetzt und

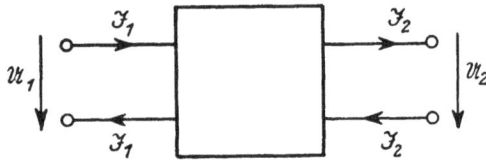

Bild 53. Allgemeiner Vierpol.

gleich groß (Bild 53). Für einen Vierpol beliebiger Art lassen
sich also zwei lineare Gleichungen ansetzen:

$$\mathfrak{U}_1 = \mathfrak{A}_1 \mathfrak{U}_2 + \mathfrak{B} \mathfrak{J}_2$$

$$\mathfrak{J}_1 = \mathfrak{A}_2 \mathfrak{J}_2 + \mathfrak{C} \mathfrak{U}_2.$$

In diesen Gleichungen sind die Faktoren $\mathfrak{A}_1$ und $\mathfrak{A}_2$ reelle,
komplexe oder imaginäre Zahlen ohne Dimension. Die Größe $\mathfrak{B}$
ist ein Widerstandswert und $\mathfrak{C}$ ein Leitwert. Aus bekannten
Lösungen für Grenzfälle sind allgemein die Größen $\mathfrak{A}_1$, $\mathfrak{A}_2$, $\mathfrak{B}$
und $\mathfrak{C}$ bestimmbar, wenn zunächst folgende Hilfsgrößen ein-
geführt werden.

$u_0 \; u_k$ Übersetzungsverhältnis der Spannungen bei Leerlauf, bzw.
der Ströme bei Kurzschluß;

$\mathfrak{z}_0 \; \mathfrak{z}_k$ Eingangswiderstand des Vierpoles bei Leerlauf, bzw. bei
Kurzschluß.

Bei offenen Endklemmen erhält man:

$$\mathfrak{U}_{10} = \mathfrak{A}_1 \mathfrak{U}_{20} \quad \text{und} \quad \mathfrak{J}_{10} = \mathfrak{C} \mathfrak{U}_{20}.$$

Bei Kurzschluß am Ende ergibt sich:

$$\mathfrak{U}_{1k} = \mathfrak{B} \mathfrak{J}_{2k} \quad \text{und} \quad \mathfrak{J}_{1k} = \mathfrak{A}_2 \mathfrak{J}_{2k}.$$

Der Koeffizientenvergleich zeigt, wie $\mathfrak{A}_1\,\mathfrak{A}_2\,\mathfrak{B}$ und $\mathfrak{C}$ zu ermitteln sind:

$$\frac{\mathfrak{U}_{10}}{\mathfrak{U}_{20}} = \mathfrak{A}_1 = u_0 \quad \text{und} \quad \frac{\mathfrak{J}_{1k}}{\mathfrak{L}_{2k}} = \mathfrak{A}_2 = u_k$$

$$\frac{\mathfrak{U}_{10}}{\mathfrak{J}_{10}} = \frac{\mathfrak{A}_1}{\mathfrak{C}} = \mathfrak{z}_0 \quad \text{und} \quad \frac{\mathfrak{U}_{1k}}{\mathfrak{J}_{1k}} = \frac{\mathfrak{B}}{\mathfrak{A}_2} = \mathfrak{z}_k.$$

Die Lösungsgleichungen lauten:

$$\mathfrak{U}_1 = u_0\,\mathfrak{U}_2 + u_k\,\mathfrak{z}_k\,\mathfrak{J}_2$$

$$\mathfrak{J}_1 = u_k\,\mathfrak{J}_2 + \frac{u_0}{\mathfrak{z}_0}\cdot\mathfrak{U}_2.$$

Mit diesen Gleichungen werden allgemein alle Betriebsfälle zugänglich, sobald die Hilfsgrößen $u_0, u_k, \mathfrak{z}_0, \mathfrak{z}_k$ aus der Schaltung der Längs- und Querglieder ermittelt sind. Wird also auf der Verbraucherseite eine bestimmte Spannung und Stromstärke verlangt, so sind die benötigte Spannung und Stromstärke an der Quelle zu berechnen oder, wenn die Spannung der Quelle und der Widerstand des Abschlusses gegeben sind, sind die übrigen unbekannten Spannungen und Ströme zu finden.

Hier sei zunächst von einer Rechnung mit Scheinwiderständen abgesehen, um klar hervorzuheben, daß die Anwendung der Vierpolgleichungen schon bei ganz bekannten Gleichstromschaltungen nützlich ist.

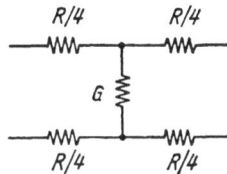

Bild 54. T-Schaltung.

Beispiel: Gegeben eine I-Schaltung mit den Werten $R = 40\,\Omega$ und $G = 0,2\,S$. Zu ermitteln sind die Hilfsgrößen und die Vierpolgleichungen (Bild 54).

$$u_0 = \frac{U_{10}}{U_{20}} = \frac{\dfrac{R}{2} + \dfrac{1}{G}}{\dfrac{1}{G}} = 1 + \frac{R\,G}{2} = 5$$

$$\mathfrak{z}_0 = \frac{U_{10}}{J_{10}} = \frac{R}{2} + \frac{1}{G} = 20 + 5 = 25\,\Omega$$

$$u_k = \frac{J_{1k}}{J_{2k}} = \frac{\dfrac{R}{2} + \dfrac{1}{G}}{\dfrac{1}{G}} = 1 + \frac{RG}{2} = 5$$

$$\mathfrak{z}_k = \frac{U_{1k}}{J_{1k}} = \frac{R}{2 + RG} + \frac{R}{2} = 24\ \Omega.$$

Diese Beziehungen sind dem Schaltbild zu entnehmen, wenn man sich bei Leerlauf das Ende offen, bei Kurzschluß den Abschluß widerstandslos überbrückt denkt. Die Gleichungen für diese I-Schaltung sind:

$$U_1 = 5 \cdot U_2 + 120 \cdot J_2$$
$$J_1 = 5 \cdot J_2 + 0.2 \cdot U_2.$$

Wird nun am Ende eine Spannung $U_2 = 6$ V und ein Strom $J_2 = 100$ mA verlangt, so muß die Quelle liefern:

$$U_1 = 30 + 12 = 42\ \text{V}$$
$$J_1 = 0.5 + 1.2 = 1.7\ \text{A}.$$

### 7. Spannungs- und Stromteiler.

Die Spannungsteilerschaltung teilt auch den Strom. Die Betriebszustände bei beliebigen Belastungen sind zu berechnen, wenn erst der Gesamtstrom, dann nach einigen Zwischenrechnungen die Teilströme ermittelt werden. Für jeden beliebigen Verbraucherwiderstand wäre dieser Rechnungsgang einzeln durchzuführen (Bild 55).

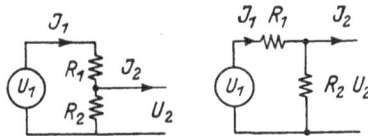

Bild 55. Teilerschaltung.

Die gleiche Schaltung — etwas anders gezeichnet — stellt aber einen unsymmetrischen Vierpol dar. Der einfachere Weg, beliebige Belastungsfälle zu berechnen, kann durch einen Ansatz mit Vierpolgleichungen beschritten werden. An Hand dieses Schaltbildes sind die Hilfsgrößen $u_0$, $u_k$, $\mathfrak{z}_0$, $\mathfrak{z}_k$ leicht abzulesen:

$$u_0 = \frac{U_{10}}{U_{20}} = \frac{R_2}{R_1 + R_2}$$

$$\mathfrak{z}_0 = \frac{U_{10}}{J_{10}} = R_1 + R_2$$

$$u_k = \frac{J_{1k}}{J_{2k}} = 1$$

$$\mathfrak{z}_k = \frac{U_{1k}}{J_{1k}} = R_1.$$

Die Betriebsgleichungen dieses Spannungsteilers lauten:

$$U_1 = U_2 \, \frac{R_2}{R_1 + R_2} + J_2 \, R_1$$

$$J_1 = J_2 + U_2 \, \frac{R_2}{(R_1 + R_2)^2}.$$

B e i s p i e l: Ein Spannungsteiler sei so eingestellt, daß sein Schieber den Gesamtwiderstand im Verhältnis 1 : 3 teilt. Als Quelle ist eine Batterie mit 24 V vorhanden, ferner betrage der Gesamtwiderstand 600 Ω und der Lastwiderstand 100 Ω. Wie groß sind der Batteriestrom $J_1$, die Spannung $U_2$ und der Strom $J_2$ auf der Lastseite?

Die Hilfsgrößen sind, weil $R_1 = 150 \, \Omega$ und $R_2 = 450 \, \Omega$ ist:

$$u_0 = \frac{450}{600} = 0{,}75 \qquad\qquad u_k = 1$$

$$\mathfrak{z}_0 = 600 \, \Omega \qquad\qquad \mathfrak{z}_k = 150 \, \Omega.$$

Die Gleichungen lauten:

$$U_1 = 0{,}75 \, U_2 + 150 \, J_2$$

$$J_1 = 1 \cdot J_2 + 0{,}00125 \, U_2.$$

Bekannt ist $U_1 = 24 \, V$ und ferner ist $J_2 = \dfrac{U_2}{100}$ A einzusetzen: $24 = 0{,}74 \, U_2 + 1{,}5 \, U_2 = 2{,}25 \, U_2$

$$U_2 = 10{,}66 \, \text{V}$$

$$J_2 = 106 \, \text{mA}$$

$$J_1 = 0{,}106 + 0{,}00125 \cdot 10{,}66 = 133 \, \text{mA}.$$

## 8. Brückenschaltung.

Die nicht abgeglichene Brücke mit beliebigen Widerständen ergibt eine Brückenspannung und entsprechend dem Brückenwiderstand einen Brückenstrom. Für diesen allgemeinen Betriebsfall wird gern eine Dreieck-Stern-Umwandlung angewendet, um den Gesamtwiderstand und den Gesamtstrom zu berechnen. Aus den Teilströmen sind die Potentiale der Brückenanschlüsse und schließlich die Brückenspannung und der Brückenstrom zu finden.

Dieser Rechnungsgang sei vorweg durchgeführt, um anschließend zu zeigen, wie auch eine Brückenschaltung mit Vierpolgleichungen leichter zu berechnen ist.

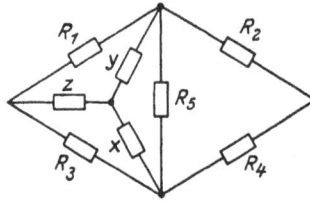

Bild 56. Wandlung einer Brückenschaltung.

Der Gesamtwiderstand $R$ ist nach Ersatz des Widerstanddreiecks mit $R_1$, $R_3$, $R_5$ durch einen gleichwertigen Stern $x$, $y$, $z$ zu erhalten (Bild 56).

$$x = \frac{1}{R_5} \cdot \frac{R_1\,R_1\,R_5}{R_1 + R_3 + R_5} = \frac{R_1\,R_3}{R_1 + R_3 + R_5}.$$

$$y = \frac{1}{R_3} \cdot \frac{R_1\,R_3\,R_5}{R_1 + R_3 + R_5} = \frac{R_1\,R_5}{R_1 + R_3 + R_5}.$$

$$z = \frac{1}{R_1} \cdot \frac{R_1\,R_3\,R_5}{R_1 + R_3 + R_5} = \frac{R_3\,R_5}{R_1 + R_3 + R_5}.$$

Der Gesamtwiderstand der Brückenschaltung wird

$$R = x + \frac{(y + R_2)\,(z + R_4)}{y + z + R_2 + R_4}$$

$$R = \frac{R_1\,R_3}{R_1 + R_3 + R_5} + \frac{\left(\dfrac{R_1\,R_5}{R_1 + R_3 + R_5} + R_2\right)\left(\dfrac{R_3\,R_5}{R_1 + R_3 + R_5} + R_4\right)}{\dfrac{R_1\,R_5 + R_3\,R_5}{R_1 + R_3 + R_5} + R_2 + R_4}$$

Hiernach ergeben sich erst der Gesamtstrom $J = U/R$, dann die Teilströme und zuletzt die Teilspannungen. Die Teilströme sind

$$J_2 = \frac{z + R_4}{y + z + R_2 + R_4} J \text{ und } J_4 = \frac{y + R_2}{y + z + R_2 + R_4} \cdot J$$

und die Spannungsabfälle

$$U_2 = J_2 R_2 \text{ und } U_4 = J_4 R_4.$$

Setzt man ferner voraus, daß die Brückenspannung in der eingezeichneten Weise eine positive Richtung hat, so wird schließlich

$$U_5 = U_2 - U_4 = J_2 R_2 - J_4 R_4$$

und der Brückenstrom $J_5 = U_5/R_5$ erhalten.

Diese Vorzeicheneinführung ist notwendig, um die wahre Richtung des Stromes aus der Rechnung zu erhalten. Ist nämlich $J_2 R_2 < J_4 R_4$, so wird auch $U_5$ negativ und zeigt damit an, daß auch $J_5$ gegen die Pfeilrichtung läuft.

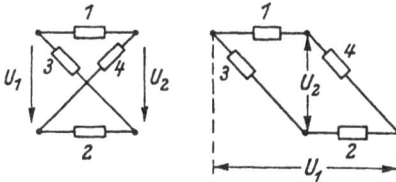

Bild 57. Brückenschaltung als Vierpol.

Um die Vierpolbeziehungen zu erkennen, sind nebeneinander die Schaltungen eines Kreuzgliedes und einer Brücke gezeichnet (Bild 57). Man überzeuge sich, daß beide Schaltungen identisch sind, und man leite die Größen $u_0$, $u_k$, $\mathfrak{z}_0$, $\mathfrak{z}_k$ aus den Bildern ab

$$u_0 = \frac{1}{\dfrac{R_3}{R_3 + R_4} - \dfrac{R_1}{R_1 + R_2}} = \frac{R_2 R_3 - R_1 R_4}{(R_1 + R_2)(R_3 + R_4)}$$

$$u_k = \frac{1}{\dfrac{R_3}{R_1 + R_3} - \dfrac{R_4}{R_2 + R_4}} = \frac{(R_1 + R_3)(R_2 + R_4)}{R_3(R_2 + R_4) - R_4(R_1 + R_3)}$$

$$\mathfrak{z}_0 = \frac{(R_1 + R_2) R_3 + R_4)}{R_1 + R_2 + R_3 + R_4}$$

$$\mathfrak{z}_k = \frac{R_1 R_3}{R_1 + R_3} + \frac{R_2 R_4}{R_2 + R_4}.$$

Diese Brückenschaltung mit beliebigen Widerständen ist nicht abgeglichen und besitzt als Vierpol keine Symmetrie: eine Vertauschung der Klemmenpaare von Quelle und Brückenwiderstand bedeutet einen neuen Betriebsfall mit anderen Ergebnissen. Sinngemäß müssen nach dieser Vertauschung auch die Widerstände $R_1$ bis $R_4$ ihre Plätze in den Formeln wechseln.

Eine Längssymmetrie ist vorhanden, wenn $R_1 = R_4$ und $R_2 = R_3$ oder die Längs- und Querglieder paarweise gleich groß sind; die Brücke ist dann nicht abgeglichen.

Ein Brückenabgleich ist vorhanden, wenn sich $R_1 : R_2 = R_3 : R_4$ verhalten; trotzdem ist dieser Vierpol längsunsymmetrisch bis auf eine Ausnahme, wenn zufällig $R_1 = R_2 = R_3 = R_4$ wird.

B e i s p i e l: Brückenschaltung. Stromquelle $U = 4$ V, $\cdot$ $R_1 = R_4 = 40\ \Omega$, $R_2 = R_3 = 80\ \Omega$, $R_5 = 60\ \Omega$. Gesucht sind $U_5$ und $J_5$.

Die Größen $u_0$, $u_k$, $\mathfrak{z}_0$, $\mathfrak{z}_k$ ergeben:

$$u_0 = \frac{6400 - 1600}{120 \cdot 120} = 0,333$$

$$u_k = \frac{120 \cdot 120}{80 \cdot 120 - 40 \cdot 120} = 3$$

$$\mathfrak{z}_0 = \frac{120 \cdot 120}{40 + 80 + 80 + 40} = 60\ \Omega$$

$$\delta_k = \frac{3200}{40 + 80} + \frac{3200}{40 + 80} = 53,3\ \Omega.$$

Die Gleichungen mit den errechneten Koeffizienten lauten dann:

$$U_1 = 0,333\ U_5 + 160\ J_5$$

$$J_1 = 3\ J_5 + 0,0055\ U_5.$$

Setzt man nun $U_1 = 4$ und $J_5 = \dfrac{U_5}{60}$ ein, so ergibt die obere Gleichung

$$4 = 0,333\ U_5 + 2,666\ U_5$$

$$U_5 = 1,33\ \text{V}$$

$$J_5 = \frac{1,33}{60} = 22,1\ \text{mA}.$$

Ein Vergleich beider Verfahren lehrt, daß die Betrachtung als Vierpol eine wesentliche Kürzung der Gesamtrechnung herbeiführt.

# B. Schaltverfahren.

## 1. Erdung.

Die Erdung eines elektrischen Anlagenteils besteht aus einer gut leitenden Verbindung mit feuchtem Boden oder am besten mit dem Grundwasser. Eine Betriebserde kann aus verschiedenen Gründen angelegt sein. Als Schutzerde gegen den Übertritt von Hochspannung, als Potentialerde zur Festlegung eindeutiger Spannungen gegen Erde in einer Schaltungsanordnung oder als Rückleitungserde, um einen weiteren Zweig zu bilden und dadurch einen Leiter zu sparen.

In Fernmeldeanlagen dient eine Betriebserde meistens der Rückleitung von Strömen. Diese früher allgemein angewendete Betriebsweise ist heute seltener anzutreffen, weil Starkstromanlagen, insbesondere elektrische Bahnen, die Erdrückleitung in Anspruch nehmen. Die Störspannungen solcher Starkstromanlagen betragen mehrere Volt, so daß sich nur hinreichend hohe Spannungen von Fernmeldeanlagen dagegen behaupten können.

In der Regel ist in Fernsprechanlagen der Pluspol der Zentralbatterie geerdet. Die schwachen, aber andauernden Isolationsströme greifen Feindrahtwicklungen an und führen zu Störungen durch elektrolytische Unterbrechung. Da alle Metalle sich am negativen Pol ausscheiden, wird bei geerdetem Pluspol vermieden, daß die dünndrähtigen Wicklungen angegriffen werden, weil der vom Eisenkern zur Wicklung fließende Isolationsstrom nur das Eisen angreift.

In Telegraphen- und Signalanlagen ist der Pluspol geerdet, falls deren Speisung mit der Stromversorgung einer Fernsprechanlage zusammenhängt. Bei selbständiger Speisung ist dagegen oft der Minuspol mit Rücksicht auf den Isolationszustand von Freileitungen geerdet. Freileitungen sind besonders feuchtem Wetter ausgesetzt, im Gleichstrombetrieb scheiden sich alle leitenden Metalle am Minusleiter ab, der sich allmählich von selbst erdet. Der Plusleiter behält seinen Isolationswert.

Eine symmetrische Erdung soll gleiche Potentiale des Plus- und Minusleiters gegen Erde herstellen. Die elektrische Mitte der Batterie oder eines im Nebenschluß liegenden Widerstandes ist zu erden. Notwendig ist diese Anordnung bei Doppelstrombetrieb, d. h. bei mit Wechsel der Stromrichtung arbeitenden Anlagen.

Die betriebsmäßige Erdung von Starkstromanlagen ist zu beachten, wenn bei Netzanschluß von Fernmeldeanlagen zwischen beiden Teilen leitende Verbindungen bestehen.

Gleichstromnetze (110, 220 V) mit Zweileitersystem sind an Land meist ungeerdet. Auf Schiffen ist immer der Minuspol geerdet.

Gleichstrom-Dreileitersysteme (2×110, 2×220 V) besitzen fast ausnahmslos geerdeten Mittel- oder Nulleiter, der meistens isoliert, vereinzelt auch blank verlegt ist.

Drehstromnetze (3×120, 3×220 V) ohne neutralen oder Nulleiter sind ungeerdet oder besitzen eine Schutzerdung des Sternpunktes über einen Widerstand. Hiermit werden Erdkurzschlüsse vermieden, bei Isolationsfehlern können aber alle Werte zwischen Null und voller Betriebsspannung an jedem Leiter gegen Erde auftreten.

Drehstrom-Vierleitersysteme (110/190, 125/215, 220/380 V) besitzen ausnahmslos geerdeten neutralen Leiter, der oft blank verlegt ist.

## 2. Verzweigungen.

Ein einfacher Stromkreis wird aus einer Quelle, einem Leitungspaar und einem Gerät gebildet. Durch Nebeneinander- und Hintereinanderschaltung und Einfügen von Verzweigungen ergeben sich mehrere Grundformen von Stromläufen, welche allgemein angewendet werden.

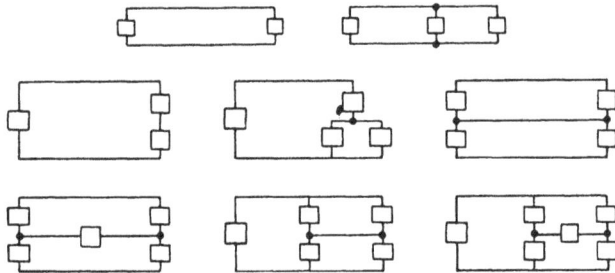

Bild 58. Grundformen von Stromläufen.

In Bild 58 sind Stromquellen und Belastungen als Zweipole nur grundsätzlich eingezeichnet. Die Lage und Anzahl der Quellen und Belastungen ergeben sich jeweils aus dem Zweck einer Anlage.

Mit ein- und zweipoligen Ein- oder Umschaltern oder Geräten mit Arbeits-, Ruhe- oder Wechselkontakten ergeben sich Schaltungsanordnungen nach Bild 59. Die Stromquellen sind fortgelassen, weil nur die äußere Schaltung zu betrachten ist. Zu

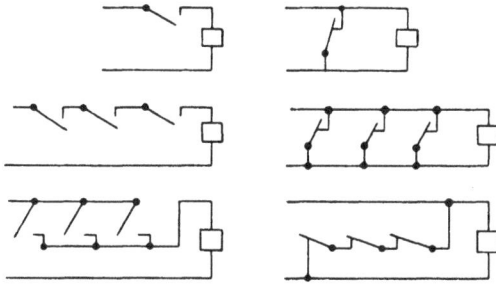

Bild 59. Schaltungen mit Arbeits- und Ruhekontakten.

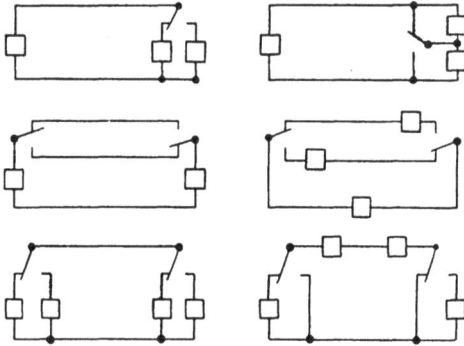

Bild 60. Einpolige Umschaltungen.

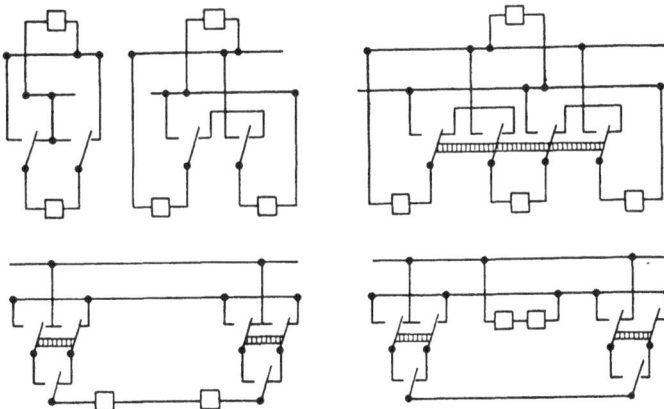

Bild 61. Mehrpolige Wechselschaltungen.

beachten ist, daß auch Kurzschließung eines Gerätes angewandt
wird. Dieses Verfahren ist nur zulässig, wenn die Stromquelle
sich hierfür eignet oder der äußere Kreis genügend Vorwiderstand
besitzt, um den Stromanstieg zu begrenzen.

In Bild 60 sind die üblichen Wechselschaltungen gezeigt,
welche sich mit einfachen Umschaltern herstellen lassen, in
Bild 61 sind Schaltungen mit zweipoligen Umschaltern zusammengestellt.

### 3. Stufungen.

Eine Stufenfolge kann sich auf Spannungen, Ströme oder
Frequenzen beziehen. Vorauszusetzen sind Empfangsgeräte,
welche nur innerhalb bestimmter Bereiche ansprechen und dadurch die gegebenen Stufen in unterschiedliche Signale umsetzen.

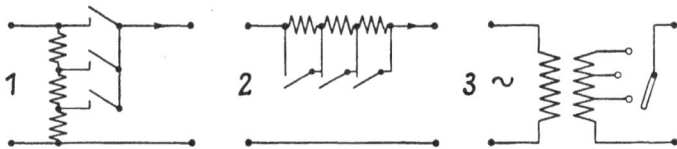

Bild 62. Spannungs- und Stromstufengeber.

Spannungsabhängig sprechen elektrolytische Zellen und
Glimmröhren an. Nach Überschreiten einer Spannungsgrenze setzt
der Strom ein, durch Spannungsrückgang erfolgt eine Sperrung.

Stromabhängig sind alle elektromagnetischen Geräte, weil
ihr Ansprechen von einer bestimmten Mindestamperewindungs-
anzahl abhängt. Bei Stromrückgang bleibt das Gerät im Halte-
bereich in Betriebsstellung, bei Unterschreitung der Abfallstromstärke stellt es sich in die Ruhelage zurück.

Frequenzabhängig sind mechanisch oder elektrisch abgestimmte Geräte. Die Abstimmung wird durch mechanische Anordnungen mit Gewichten (Trägheit) und Federn (Elastizität)
oder elektrischen Schaltungen mit Spulen (Induktivität) und
Kondensatoren (Kapazität) erreicht. Mechanisch abgestimmte
Systeme eignen sich für Nieder- und Mittelfrequenz, elektrisch
abgestimmte Systeme für beliebige Frequenzbereiche.

Schaltungen für das Geben von Spannungs- oder Stromstufen zeigt Bild 62, welche bei beiden Stromarten gebräuchlich
sind.

Die meisten Empfangseinrichtungen verfügen über eine eigene
Stromquelle (Ortsbatterie oder Netzanschluß) für die zu schal-

tenden Signale, weil die Empfangsenergie in vielen Fällen nur ausreicht, um mittels eines Empfängers Signale zu schalten.

In Bild 63 sind Anordnungen mit Gebern und Empfängern dargestellt, welche mittels Stufungen unterschiedliche Signale übertragen.

Teil 1. Drei Tasten geben Spannungsstufen aus einer gemeinsamen Batterie. Drei Signale sind zu übertragen. Drei Relais arbeiten als Empfänger und sprechen auf verschiedene Spannungen an (z. B. 12, 24, 48 V).

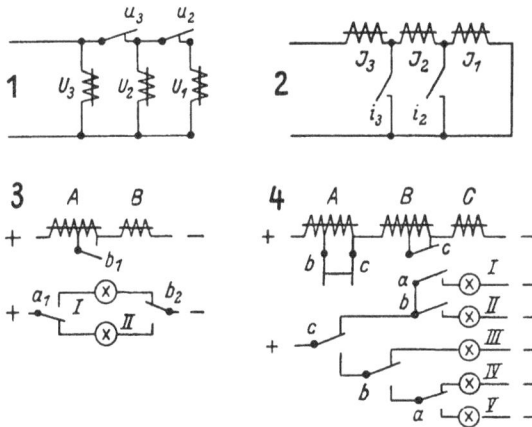

Bild 63. Spannungs- und Stromstufenempfang.

Taste 1: $U_1$ niederohmiges Relais, spricht an.

Taste 2: $U_2$ mittelohmig spricht an und schaltet $U_1$ ab.

Taste 3: $U_3$ hochohmig spricht an und schaltet $U_1$ und $U_2$ ab. Entsprechend dem Anzug und Abfall der Relais werden die verschiedenen Signale I, II und III geschaltet.

Teil 2. Drei Tasten geben, drei Relais empfangen Stromstufen. Drei Signale sind zu übertragen. Als Stufen sind angenommen z. B. 10, 30 und 90 mA. Diese Schaltung verwendet im Gegensatz zur vorher beschriebenen eine Reihenschaltung der Relais.

Teil 3. Drei Stufen werden gegeben, drei Signale sind zu übertragen, als Empfänger dienen nur zwei Relais. Die Einsparung eines Relais ist möglich, weil durch den Kontakt $b_1$ in der zweiten Stufe eine Teilwicklung von $A$ kurzgeschlossen wird, sodaß Relais $A$ wieder abfallen muß. In der dritten Stufe zieht dagegen wieder $A$ neben $B$ an.

Stufe 1: *A* zieht an, Signal I wird eingeschaltet.

Stufe 2: *B* zieht an, *A* fällt ab. Signal II erscheint.

Stufe 3: *A* und *B* ziehen an und schalten Signal III ein.

Zu beachten ist die vorübergehende Einschaltung des Signals III in der zweiten Stufe beim Umlegen der Kontakte. Signal III muß deshalb eine Ansprechverzögerung besitzen.

Teil 4. Fünf verschiedene Stufen werden gegeben, fünf Signale sind zu übertragen. Als Empfänger dienen drei Relais. Die Empfangsseite arbeitet mit abwechselndem Anziehen und Abfallen der drei Relais und ergibt dadurch die Schaltung der verschiedenen gewollten Signale.

Stufe 1: Relais *A* zieht an.

Stufe 2: Relais *B* zieht an.

Stufe 3: Relais *C* zieht an.

Stufe 4: Relais *A* und *C* ziehen an.

Stufe 5: Relais *A*, *B* und *C* ziehen an.

Diese Arbeitsweise wird dadurch erreicht, daß Relais *A* und *B* Gegenwicklungen haben, durch Öffnung von *b* oder *c* fallen in der zweiten Stufe *A* und in der dritten Stufe *B* wieder ab. Diese Gegenwicklungen heben die Magnetisierung nicht völlig auf, so daß *A* und *B* bei stärkerer Erregung in der vierten und fünften Stufe wieder ansprechen können.

Die Benutzung gestufter Frequenzen erfordert besondere Stromquellen.

Im Bereich niederer Frequenzen eignen sich hierfür Polwechsler mit abgestimmten Schwingfedern zur Frequenzerzeugung; im Mittelfrequenzbereich sind Umformer oder Maschinen mit mehreren Tonrädern als Geberspeisung anzuwenden. Empfangen wird mit abgestimmten Resonanzrelais.

#### 4. Polungen.

Die beiden Stromrichtungen eines Gleichstroms erweitern die Anwendung verschiedener Kennzeichen für Signalübertragungen (Bild 64).

1. Verdopplung von Stromstufen.

2. Gleichzeitige Übertragung in beiden Richtungen.

Teil 1. Vier Signale, ein gepoltes und zwei neutrale Relais, Batterie mit geerdeter Mitte.

Stufe +1: *P* nach Plusseite, *A* zieht an. Signal I.

Stufe +2: *P* nach Plusseite, *A* und *B* ziehen an, Signal II.

Stufe —1: *P* nach Minusseite, *A* zieht an, Signal III.

Stufe —2: *P* nach Minusseite, *A* und *B* ziehen an. Signal IV.

Die Relais $A$ und $B$ können durch ein einziges Stufenrelais ersetzt werden. In diesem Fall würde bei Mittelerregung $a$ schließen, bei Vollerregung $a$ geschlossen bleiben und $b_1$, $b_3$ sich umlegen.

Teil 2. Zwei Signale in Richtung $A—B$ und $B—A$ sind gleich- oder folgezeitig zu übertragen. Die neutralen Relais $A$ und $B$ haben je zwei symmetrische Wicklungen.

Einzelsendung von einer Seite:

$Ta$ gibt: Minus $Ta$ $Av$ Leitung $Bo$ $Tb$ Plus (Signal II).
$Tb$ gibt: Minus $Tb$ $Bo$ Leitung $Ao$ $Tb$ Plus (Signal I).

Gleichzeitig verzweigt sich der Strom entweder über $Au$, $Wi$ oder $Bu$, $Wi$ zur Batterie zurück. Das Relais der gebenden Stelle spricht nicht an, weil die Ströme entgegengesetzt seine Symmetrie- wicklungen durchfließen.

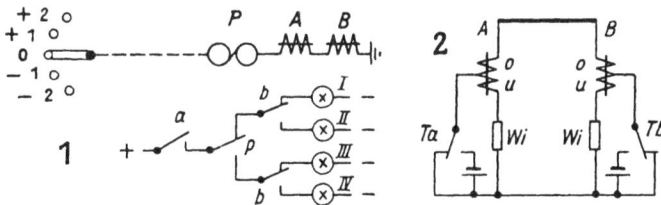

Bild 64. Polungen als Schaltmerkmal.

Gleichzeitige Sendungen von beiden Seiten: $Ta$ und $Tb$ sind beide umgeschaltet. Der Minuspol beider Batterien liegt an den Enden der Fernleitung. Wegen der gleichen Polung bleiben die Leitung und die Wicklungen $Ao$ und $Bo$ stromlos. Nur die Wick- lungen $Au$ und $Bu$ sind stromführend. Beide Relais ziehen an. Signal I und II kommen also auch gleichzeitig.

### 5. Kopplungen.

Eine Kopplung zweier Anlagenteile ist nachgiebig im Gegen- satz zu einer unmittelbaren Verbindung. Zwischengeschaltete Kopplungsglieder schwächen Rückwirkungen von Stromquelle auf Last und umgekehrt. Als Kopplungen kommen in Betracht Widerstände, Induktivitäten und Kapazitäten. Die Schaltungs- anordnung ergibt bestimmte Kopplungsarten. Feste und lose Kopplung sind bezogene Begriffe, ein bestimmtes Maß hierfür ist aus den Übersetzungsverhältnissen der Spannungen und Ströme abzuleiten.

Kopplungen mit Längssymmetrie arbeiten unabhängig von der Richtung der Energieübertragung (Bild 65), dagegen abhängig von der Stromart und Frequenz.

Teil 1 und 2. Widerstände: gleichwertige Kopplung für Gleich- und Wechselstrom.

Teil 3. Drosselspulen: Durchlaß für Gleichstrom, mit der Frequenz steigende Sperrung für Wechselstrom.

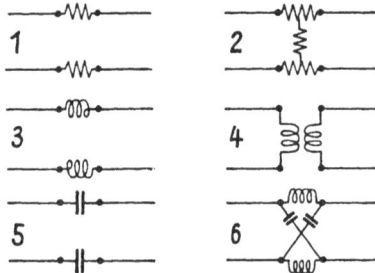

Bild 65. Symmetrische Kopplungen.

Teil 4. Übertrager: Sperre für Gleichstrom, feste Kopplung mit, lose Kopplung ohne Eisenkern für Wechselstrom.

Teil 5. Kondensatoren: Sperre für Gleichstrom, mit der Frequenz steigender Durchlaß für Wechselstrom.

Teil 6. Kreuzglied: Durchlaß für Gleichstrom, Filter für Wechselströme, unterhalb der Grenzfrequenz Durchlaßbereich, oberhalb Sperrbereich.

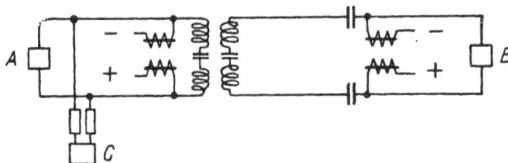

Bild 66. Sprechverbindung mit verschiedenen Kopplungen.

Beispiel: Fernsprechverbindung zwischen zwei Teilnehmern bei Zentralbatteriebetrieb (Bild 66).

1. Widerstandskopplung (hochohmig) für Mithören.

2. Zentralbatteriespeisung der Stellen $A$ und $B$ mit Gleichstrom. Sprechströme (Wechselströme) werden gesperrt.

3. Übertrager mit Kondensator: Gleichstrom längs und quer gesperrt, Sprechströme werden übertragen.

4. Kondensatoren riegeln Signalströme in den beiderseitigen Leitungsabschnitten ab.

Kopplungen mit Längs- oder Querunsymmetrie arbeiten richtungsabhängig (Bild 67).

Teil 1 und 2 Spannungsteiler nur in Richtung $A-B$, als Vorwiderstand in Richtung $B-A$ wirkend.

Teil 3. Längssymmetrie vorhanden, Quersymmetrie fehlt.

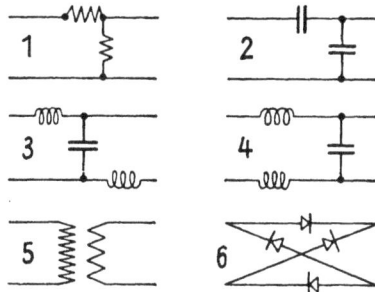

Bild 67. Unsymmetrische Kopplungen.

Teil 4. Quersymmetrie vorhanden, Längssymmetrie fehlt. In Richtung $A-B$ wird Wellengleichstrom geglättet, umgekehrt nicht.

Teil 5. Transformator mit beliebigem von 1 : 1 verschiedenem Übersetzungsverhätnis ist längsunsymmetrisch.

Teil 6. Doppelweggleichrichter nur in Richtung $A-B$, in umgekehrter Richtung eine Halbwelle gesperrt, die andere kurzgeschlossen.

## 6. Überlagerungen.

Gleichstromüberlagerungen oder gleichzeitiges Geben mehrerer Signale beruht auf Anwendung von Stromstufen und verschiedenen Stromrichtungen (Bild 68).

Teil 1: Für ein oder zwei Signale sind zwei Tasten voneinander unabhängig zu betätigen. Relais $A$ und $B$ sind neutral. Die Teilwicklungen von $A$ sind nach Öffnung von $b$ gegeneinander geschaltet, haben jedoch ungleiche Windungszahlen.

Stufe 1: $Ta$ geschlossen, kleiner Strom. $A$ zieht an: Signal I.

Stufe 2: $Tb$ geschlossen, mittlerer Strom. $B$ zieht an: Signal II.

Stufe 3: $Ta$ und $Tb$, großer Strom. $A$ und $B$ ziehen an: Signal I und II.

Teil 2: Doppeltelegraphie (heute nicht mehr gebräuchlich). In der Ruhelage einer der beiden Tasten bleibt die 24-V-Batterie in sich über einen Widerstand geschlossen.

*Ta* gibt mit +8 V, *Tb* mit −8 V bei Einzelbetätigung. Entsprechend schlägt *p* nach der Plus- oder Minusseite um, *a* schaltet Signal I oder II ein.

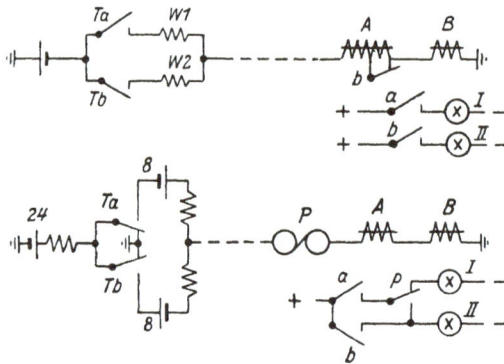

Bild 68. Gleichstromüberlagerung.

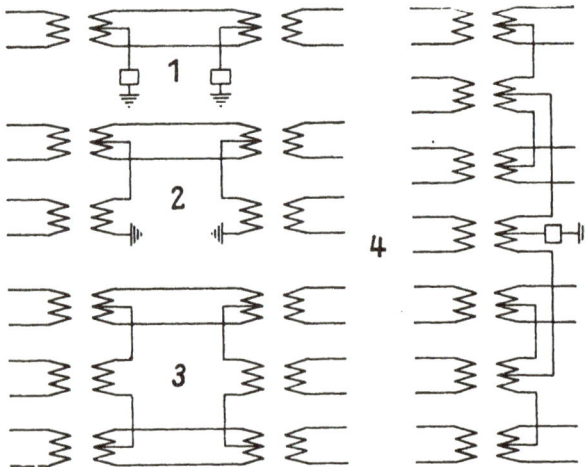

Bild 69. Überlagerung von Gleich- und Wechselstrom.

*Ta* und *Tb* gleichzeitig umgelegt schließen einen Stromkreis für beide 8 V-Batterien über *Wa* und *Wb*. Nach außen ist die Potentialdifferenz gleich Null, dagegen liegt jetzt die 24-V-Batterie an der Fernleitung. Alle drei Relais *P*, *A* und *B* werden erregt. Beide Signale I und II kommen gleichzeitig.

Die Überlagerung beider Stromarten oder von Wechselströmen mit verschiedenen Frequenzen auf nur einer Leitungsschleife ist ohne Anwendung von Filtern und Röhrenverstärkern nicht möglich.

Eine Überlagerung mehrerer Stromkreise erfordert Symmetrieschaltungen, welche durch Kopplungen mit Übertragern gebildet werden (Bild 69).

Teil 1: Gleichzeitiges Fernsprechen (Wechselstrom) und Fernschreiben (Gleichstrom) über eine Doppelleitung und Erde. Der Gleichstrom teilt sich und fließt gegenläufig durch die einen Übertragerwicklungen. Eine Induktion auf die anderen Wicklungen unterbleibt.

Teil 2: Zwei Verbindungswege für zwei Gespräche oder andere Meldungen mit Wechselstrombetrieb.

Teil 3: Vierer-(Phantom-)schaltung. Zwei Stammleitungen mit je einer Verbindung. Überlagert ein dritter Stromkreis über alle Leitungen: Vierergespräch. Ein vierter Fernschreibstromkreis oder Meldung mit Wechselstrombetrieb über Erde kann hinzukommen.

Teil 4: Doppelvierer- oder Achterschaltung. Vier Stammstromkreise, zwei Viererstromkreise, ein Achterstromkreis und ein Erdstromkreis. Insgesamt sind acht Verbindungen ohne besonderen Einbau von Filtern möglich.

# III. Verbindungslehre.

## A. Fernmeldebetrieb.

### 1. Bestandteile.

Alle Fernmeldeanlagen setzen sich aus ähnlichen Bestandteilen zusammen:

1. Anschlußstellen,
2. Leitungsnetz,
3. Verbindungseinrichtungen.

Die Anschlußstellen oder Stationen sind mit Gebern und Empfängern, also Signal-, Fernsprech- oder Fernschreibgeräten ausgerüstet. Eine beliebige Anzahl solcher Stellen bildet eine Betriebsgemeinschaft. Der Nachrichtenaustausch erfordert in der Regel eine Übertragung in beiden Richtungen, abgesehen von einfachen Meldungen, bei denen eine Rückmeldung nicht verlangt wird.

Das Leitungsnetz soll beliebige Verbindungen für den Verkehr zwischen den Anschlüssen ermöglichen:

1. Einzelverbindung zweier beliebiger Stellen $A$ und $B$.
2. Einzelverbindung einer Außenstelle mit einer Zentrale.
3. Sammelverbindung beliebiger Stellen $A$ bis $N$.
4. Sammelverbindung einer Zentrale mit mehreren Außenstellen.

Die Verbindungseinrichtungen können den Anschlußstellen zugeordnet sein oder in einer besonderen Betriebsstelle vereinigt werden. Die Verteilung dieser Einrichtungen auf die einzelnen Anschlüsse ermöglicht die Selbstherstellung beliebiger Verbindungen zu anderen Stellen. Die Vereinigung in einer Zentrale bedingt einen Auftrag, der von einer Vermittlungsstelle auszuführen ist. Dieser Auftrag kann fernmündlich oder durch Nummernzahl erteilt werden. Die Ausführung der Verbindungsaufträge erfolgt über Einrichtungen mit

a) Handvermittlung,
b) Hand- und Wählvermittlung,
c) Wählvermittlung.

Die örtliche Verteilung der Anschlüsse, die Gestaltung des Netzes und die Betriebsweise der Vermittlungseinrichtungen sind durch wirtschaftliche Erwägungen bestimmt.

## 2. Anschlußstellen.

Die Anzahl der Anschlüsse und Leitungen decken sich nicht, wenn eine Stelle über mehrere Leitungen verfügt oder mehrere Stellen auf eine gemeinsame Leitung angewiesen sind.

Einzelanschlüsse verfügen über eine eigene Leitung für den Verkehr in beiden Richtungen von und nach einer Vermittlung. Bei Selbstverbindung mittels handbedienter Linienwähler sind ebensoviel Leitungen heranzuführen, wie Stellen im Netz vorhanden sind.

Mehrfachanschlüsse sind über mehrere Leitungen mit einer Vermittlung verbunden, um mehrere Nachrichten gleichzeitig zu übertragen. An beiden Enden liegen Verbindungsorgane, welche den Verkehr auf jeweils freie Leitungen verteilen.

Gesellschafts- oder Gemeinschaftsanschlüsse sind auf gemeinsame Leitungen angewiesen, über welche sie untereinander und mit Anschlüssen fremder Netze verkehren. Verbindungen innerhalb der Gesellschaft werden durch Selbstvermittlung, nach außerhalb durch Fremdvermittlung hergestellt. Unter Umständen ist auf Freiwerden einer Leitung zu warten.

Hauptstellen gehören zu Nebenstellenanlagen. Mehrere Stellen benutzen für den Außenverkehr umschichtig eine oder mehrere gemeinsame Leitungen, welche an der Hauptstelle endigen.

Die Hauptstelle oder Zentrale vermittelt Verbindungen zwischen

a) Haupt- und Nebenstelle,
b) Nebenstelle und Nebenstelle,
c) Nebenstelle und Hausstelle,
d) Hausstelle und Hausstelle.

Hausstellen haben keine Berechtigung zum Verkehr über Außenleitungen mit fremden Netzen und dienen nur dem Innenverkehr eines Betriebes. Nebenstellen sind berechtigt, Verbindungen im Innen- und Außenverkehr zu tätigen.

### 3. Leitungsnetze.

Die Leitungsführung hängt von der Lage der Betriebsstellen ab, welche zu einem Netz gehören. Die Benutzungsdauer
der Anlage bestimmt den wirtschaftlich vertretbaren Aufwand
an Leitungen. Selten benutzte Leitungen verteuern den Betrieb
und sind zu vermeiden, weil Pflege und Kapitaldienst sie mit
unabänderlichen Ausgaben belasten.

Maschennetze mit Einzelleitungen, die auf kürzestem Wege
zwischen sämtlichen Anschlüssen oder Vermittlungen kreuz
und quer verlaufen, sind veraltet und unwirtschaftlich.

Zwei typische Grundformen der Leitungsführung sind gebräuchlich:

a) Liniennetze;
b) Strahlennetze.

In kleinen Hausanlagen sind Liniennetze anzutreffen. Ein
Leitungsbündel verläuft längs sämtlicher Anschlüsse. Die Anzahl
der Leitungen entspricht der Anzahl der Anschlüsse. Jede Station
wählt mittels Kurbelumschalter oder Tastenfeld eine Linie.
Eine zentrale Vermittlung ist vermieden. Diese Leitungsführung
ergibt viele, selten benutzte Leitungen und ist nur längs kurzer
Strecken wirtschaftlich.

Langgestreckte Siedlungen, Straßendörfer, Bahnstrecken mit
längs verteilten Anschlüssen können nur durch Liniennetze verbunden werden. Eine oder zwei gemeinsame Leitungen nehmen
den gesamten Verkehr auf. Durch wahlweisen Anruf verbinden
sich die Anschlußstellen selbst. Eine besondere Vermittlungsstelle entfällt für den Innenverkehr, der Außenverkehr dieses
Liniennetzes wird dagegen über einen bestimmten Anschluß
(Hauptstelle) vermittelt. In Bahnbetrieben genügt oft eine Leitung
für Sammelanrufe und wahlweisen Anruf oder zwei Leitungen.
getrennt für Verbindungen von Nachbarstationen und Benach-
richtigungen an alle. An Stelle vieler Leitungen sind also wenige.
aber häufiger benutzte getreten.

Ein Strahlen- oder Sternnetz ist vorteilhaft, wenn sämtliche
Anschlüsse annähernd gleichmäßig auf einer Fläche verteilt
liegen. Von jeder Stelle führt eine gesonderte Einzelleitung zu
einer im Schwerpunkt liegenden Vermittlungsstelle. Ein Strahlen-
netz ist einem Liniennetz überlegen, wenn die Leitungsersparnisse
größer sind als die Einrichtungskosten für die zentrale Vermittlungsstelle.

Grundsätzlich eignen sich elektrische Leitungen für die
Übertragung jeder Art von Nachrichten. Ein Betrieb gesonderter

Leitungen für Signal-, Fernsprech- und Fernschreibanlagen ist nicht notwendig. Deshalb lassen sich gleichlaufende Strecken vereinigen und nach Bedarf für verschiedene Zwecke benutzen. Die neuere Entwicklung geht dahin, vorhandene Strecken auf Mehrfachbetrieb umzustellen oder neue Fernleitungen so einzurichten, daß jede Art von Fernmeldung und sogar mehrere Nachrichten gleichzeitig zu übertragen sind.

## 4. Ortsvermittlungen.

Eine Vermittlungsstelle wird auch Zentrale oder Amt benannt. Man spricht von Fernmelde-, Polizei- und Notrufzentralen, von Uhren- und auch Fernsprechzentralen, soweit Privatanlagen gemeint sind. In der Fernsprech- und Telegraphentechnik unterscheidet man Vermittlung, Ortsamt, Knotenamt, Bezirks- und Fernamt.

Im Regelfall sind Verbindungen zwischen zwei Teilnehmern herzustellen. Innerhalb der Vermittlung sind hauptsächlich Einrichtungen für diesen Regelfall und daneben für die Erledigung besonderer Aufträge vorgesehen. Besondere Aufträge sind: Auskunft über Teilnehmeranschlüsse, Beschwerdeannahme, Störungsmeldungen, Auftragsdienst, Anmeldung von Fernverbindungen, Telegrammannahme, Wetter- und Zeitansage, Feuermeldung, Notruf, Polizeiruf, Wecken des Teilnehmers, Bescheiderteilung für geänderte Anschlüsse, Drahtfunk, Fernsehen, Bildübertragung, Heranrufen von Teilnehmern, Luftwarndienst. Rundfunkverbindungen, Fernschreibverkehr, Dienstverkehr. Diese bunte Reihe von Sonderfällen zeigt die vielseitige Verwendbarkeit von Fernmeldeanlagen und ungefähr den Kreis der Nebenaufgaben einer Vermittlung.

Im Wählbetrieb wird eine Verbindung durch Selbstwahl seitens des Teilnehmers hergestellt. Die Voraussetzung hierfür ist, daß Verbindungswege in genügender Anzahl bereitstehen, um einen Sofortverkehr zu gestatten. Ferner ist eine Selbstwahl nur möglich, wenn die Anschlußnummer bekannt und die Wegeleitung der gewünschten Verbindung selbsttätig geregelt ist. Auskünfte sind nur wählbar, wenn es sich um einfache Angaben ohne Rückfragen handelt, wie Zeit- und Wetteransage. Der Aufgabenkreis für besondere Zwecke zeigt, daß in vielen Fällen die Inanspruchnahme einer Person nicht zu umgehen ist.

Im Gegensatz zum Sofortverkehr steht der Warteverkehr, bei dem Verbindungen zunächst angemeldet und erst nach Freiwerden einer Leitung hergestellt wird.

Im Handbetrieb wird jede Verbindung nur nach Ansage vermittelt. An Stelle der Wähler treten Schnurleitungen, welche von Hand bedient werden oder auch Zahlengeber als Zusatzeinrichtung einer Wählanlage, um die Erledigung durch eine Beamtin zu beschleunigen. Diese Vermittlungsweise wird halbselbsttätig genannt.

## 5. Verbindungsleitungen.

In ausgedehnten Fernmeldenetzen sind mehrere Vermittlungsstellen erforderlich, um einen günstigen Aufwand an Leitungen zu erhalten. Wären alle Anschlüsse nur einer Vermittlung zugeordnet, so ergäben sich im Durchschnitt viele lange Anschlußleitungen mit geringer Belegungsdauer.

Ein ausgedehntes Netz ist deshalb zu unterteilen. Jeder Netzteil erhält seine eigene Vermittlung und zwischen den Vermittlungen liegen Verbindungsleitungen. Der Ausgleich des von verschiedenen Netzteilen kommenden Verkehrs erhöht die durchschnittliche Belegungsdauer dieser Verbindungsleitungen. Das gesamte Netz wird billiger, weil die Anschlußleitungen wesentlich kürzer werden, obwohl Verbindungsleitungen und mehrere Vermittlungen zusätzlich einzurichten sind.

Verbindungsleitungen können einseitig oder wechselseitig betrieben werden. Ist jede Leitung in beiden Richtungen benutzbar, so verteilt sich der hin- und hergehende Verkehr auf alle Leitungen. Der Ausgleich ist vollkommen, aber die Gefahr vorhanden, daß durch Verkehrsandrang in einer Richtung die Gegenrichtung lahmgelegt wird. Sind für jede Richtung getrennt nur einseitig benutzbare Leitungen vorgesehen, so ist diese Gefahr beseitigt, aber ein Ausgleich nicht mehr möglich, falls eine Richtung stärker als die andere beansprucht ist und in der Gegenrichtung noch Leitungen frei sind.

Das Auftreten einer Verkehrspitze ist nach Richtung und Tageszeit verschieden. Bei großen Bündeln (über 100 Leitungen) sind diese Unterschiede kleiner und ist eine starre Einteilung mit einseitig gerichteten Verbindungsleitungen ausreichend. Bei kleinen Bündeln (unter zehn Leitungen) ist der ungerichtete Betrieb vorzuziehen, bei mittleren Bündeln ist ein gemischter Betrieb mit fallweiser Umschaltung einzelner Leitungen nach einem Tagesplan zweckmäßig.

Die zwischen den Vermittlungen verlaufenden Bündel bilden ein Strahlen- oder Knotennetz mit einem übergeordneten Knoten- oder Verbundamt.

Für die Anlage eines Knotennetzes spricht die Verkürzung der Gesamtlänge aller Verbindungsleitungen.

### 6. Netzgruppen.

Große Städte, Bezirke oder Konzerne besitzen mehrere Verbundämter, die untereinander zu verbinden sind. Jedem Verbundamt sind mehrere Vermittlungen zugeteilt. Mehrere Verbundämter bilden eine Netzgruppe, deren Leitungsbündel zu einem Netzgruppenmittelpunkt zusammenlaufen.

Im Wählbetrieb ergeben die einzelnen Stufen: Netzgruppe, Verbundamt, Vermittlung eine dekadische Erweiterung sämtlicher Anschlußnummern.

Ein übergeordnetes Netz würde nun sämtliche Netzgruppen verbinden. Jede Netzgruppe erhält eine bestimmte (ein- oder mehrstellige) Kennziffer, um eine Fernverbindung wählen zu können.

Im Handbetrieb wird nur zwischen Orts- und Fernverkehr unterschieden. Die Ortsvermittlungen arbeiten völlig getrennt, eine Zusammenfassung zu einer Netzgruppe mit laufender Nummernfolge ist nicht üblich.

Die Ortsämter führen in Großnetzen Verbindungen unter sich aus, in kleinen Anlagen werden Fernämter für Verbindungen von Ort zu Ort in Anspruch genommen. Die Wegeleitung erfordert oft die Mitwirkung von Zwischenfernämtern für den Durchgangsverkehr.

In handbedienten Netzen ist jede außerhalb des Ortsbereiches verlaufende Leitung als Fernleitung anzusehen.

Bei Wählbetrieb unterscheidet man entsprechend dem Netzplan:

a) Netzgruppenhauptleitungen zwischen den Netzgruppenmittelpunkten,

b) Ortsnetzgruppenleitungen zwischen Netzgruppe und Ortsvermittlungen,

c) Netzgruppenleitungen von einzelnen Orten über Verbundämter nach einer Netzgruppe.

Die Fernleitungen bilden ein Netz für sich, dessen Linienführung weitgehend von gegebenen Hauptverkehrswegen abhängt.

### 7. Fernvermittlungen.

Der Fernverkehr ist zur Zeit ein Warteverkehr mit Handbetrieb und soll künftig auf Sofortverkehr mit Wählbetrieb umgestellt werden. Beide Betriebsweisen seien beschrieben.

Im Handbetrieb wird eine Fernverbindung zunächst angemeldet. Der Teilnehmer verbindet sich durch Selbstwahl, falls er einem Ortsnetz mit Wählbetrieb angehört oder wird nach Ansage mit einem Meldeplatz verbunden. Diese Verbindung wird wieder getrennt.

Ein Auftragszettel wird einem Fernplatz zugeleitet, der über passende Fernleitungen verfügt.

Die Fernbeamtin ruft das Fernamt des verlangten Teilnehmers an; dieser Anruf erfolgt unmittelbar, wenn durchgehende Leitungen zwischen beiden Städten vorhanden sind. Von Nebenorten sind Zwischenfernämter anzurufen, welche die weitere Durchschaltung zu einer Hauptlinie vornehmen. Nun können beide Endbeamtinnen die Verbindung vollenden. Hierzu werden Fernvermittlungen in den Ortsämtern zwischengeschaltet, welche sich beiderseits mit den Anschlußstellen verbinden und diese anrufen.

Die Wartezeit bis zur Auftragserfüllung hängt wesentlich vom Freisein passender Fernleitungen ab. Die Anzahl der Fernverbindungswege entspricht nicht der Hauptverkehrsstunde, sondern dem Tagesdurchschnitt des Verkehrs. Aus besonderem Anlaß werden Umleitungen bei starkem Verkehr notwendig.

Im kommenden Wählbetrieb tritt an Stelle der Gesprächsanmeldung eine Kennziffernwahl, um über das eigene und das fremde Fernamt die Ortsvermittlung der verlangten Anschlußstelle zu erreichen.

Die Ausführung solcher Sofortverbindungen setzt zunächst eine Umstellung des gesamten Fernleitungsnetzes voraus.

An Stelle vieler kreuz und quer verlaufender Linien, welche entsprechend örtlichen Verkehrsbedürfnissen entstanden sind, tritt eine Umwandlung dieses Maschennetzes in dekadisch geordnete Strahlen- oder Knotennetze. Das Gesamtnetz ist aufgeteilt in Netzgruppen mit je einem Hauptfernamt. Sämtliche Fernämter sind End- oder Durchgangsfernämter, je nachdem die benutzten Fernleitungen dort enden oder als Durchgangsleitungen mit oder ohne Abzweig durchlaufen.

Abkürzungen dieser Wegeleitungen sind nur möglich, wenn entsprechende Querverbindungen vorgesehen sind. Verkürzte Wege sind erwünscht für Fernverbindungen, welche zwischen den Teilnehmern der gleichen Netzgruppe herzustellen sind.

# B. Verbindungsaufbau.

## 1. Verbindungsverfahren.

Ein Verbindungsverfahren oder System ordnet den Einsatz verfügbarer Verbindungsmittel und Verbindungswege. Als Verbindungsmittel sind handbediente Umschalteinrichtungen oder ferngesteuerte Wähler anzusehen, als Wege gelten die Innen- und Außenleitungen. Alle Verfahren befassen sich mit folgenden Hauptvorgängen:

a) Anruf eines $A$-Teilnehmers, Annahme des Anrufes durch Belegung und Meldung eines Verbindungsmittels.

b) Auftragserteilung durch Ansage oder Nummernwahl.

c) Aufbau der Verbindung.

d) Signalisieren: Frei- oder Besetztmeldung an $A$ und Rufen des $B$-Teilnehmers.

e) Meldung von $B$ und Nachrichtendurchgabe.

f) Schlußzeichengabe von $A$ oder $B$ und Abbau oder Trennung der bestehenden Verbindung.

Zur Durchführung stehen verschiedene Systeme zur Verfügung. Eine Vereinheitlichung wird angestrebt, ist aber durch verschiedene Art der Anforderungen und neue Aufgaben nur begrenzt möglich. Einem Verfahren angepaßt entstehen Schaltungsanordnungen, welche teils durch die Wahl des Systems festgelegt sind, teils mehrere Lösungen gleichartiger Schaltungsaufgaben freistellen. Ebenso ist die Entwicklung der Schaltgeräte teils durch ein System bedingt, teils die Gestaltung durch Schaltaufgaben beeinflußt.

Verbindungsverfahren, Geräte und Schaltungen bilden ein System für den Verbindungsaufbau zwischen beliebigen Anschlußstellen.

## 2. Zentralumschalter.

Die Herstellung handbedienter Verbindungen erfolgt mittels Zentralumschalter. Diese Umschalter sind Schränke mit einer vorgebauten Tischplatte, deren vordere senkrechte Wand ein Klinkenfeld bildet. Unter den Anrufklinken sind Anrufzeichen eingelassen, die aus Fallklappen oder Glühlampen bestehen. Entsprechend dieser Ausrüstung unterscheidet man Klappenschränke und Glühlampenschränke. An jeder Klinke liegen mit ein bis vier Adern angeschlossen einzelne Leitungen nach den Anschlußstellen.

In die Tischplatte eingelassen sind Verbindungsschnüre und als Zubehör Kippschalter und Meldelampen. Die Schnüre enden an Stöpseln, welche in Klinken gesteckt werden und so mehradrige Verbindungen ermöglichen. Die Herstellung einer Verbindung zwischen zwei beliebigen Leitungen erfolgt nach zwei Verfahren (Bild 70):

a) Einschnursystem,
b) Schnurpaarsystem

Beim Einschnursystem liegen die Leitungen teils auf „Stöpsel" und teils auf „Klinke". Entsprechend der Verkehrsrichtung können die ankommenden Leitungen auf Stöpsel liegen. Eine

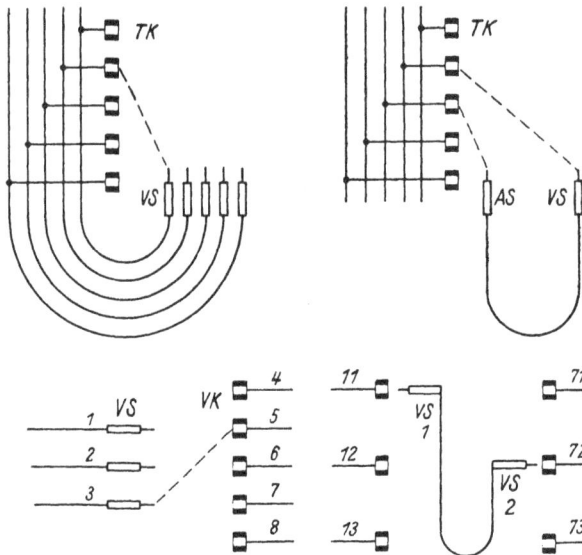

Bild 70. Einschnur- und Zweischnursystem.

Anruflampe fordert zum Einschalten des Abfragegerätes auf. In Vorwärtswahl wird durch Stöpseln die ankommende mit der verlangten abgehenden Leitung verbunden. Umgekehrt können die ankommenden Leitungen an einer Klinke enden. Die Anruflampe fordert auf, in freier Wahl eine abgehende Leitung zu nehmen und durch Stöpseln mit der anrufenden Klinke zu verbinden. Die Klinke wird also zuerst in Rückwärtswahl verbunden und hierauf das Abfragegerät eingeschaltet.

Beim Zweischnur- oder Schnurpaarsystem sind zwei durch eine Innenleitung verbundene Stöpsel zu bedienen. Die Innenleitungen enthalten eine Abfrageeinrichtung und stellen Verbindungswege dar, die zwischen zwei Klinken einzuschalten sind. Sämtliche ankommenden und abgehenden Außenleitungen liegen auf Klinke. Das Verbinden kann nach zwei Verfahren erfolgen:

A. mit einseitigen Schnurpaaren,

B. mit zweiseitigen Schnurpaaren.

Einseitige Schnurpaare haben einen Abfrage- und einen Verbindungsstöpsel. Der Abfragestöpsel ist mit der ankommenden (anrufenden), der Verbindungsstöpsel mit der abgehenden (verlangten) Leitung zu verbinden. Der Abfrage-Ruf-Schalter (Kelloggschalter) arbeitet einseitig, die Schnurpaarenden sind nicht vertauschbar.

Zweiseitige Schnurpaare haben zwei vertauschbare Stöpsel. In dem inneren Verbindungsweg liegen drei Kippschalter für

a) Abfragen und Rufen in Richtung $A$,

b) innere Trennung des Schnurpaares,

c) Abfragen und Rufen in Richtung $B$.

Als Anwendungsbeispiele seien genannt:

A. Einschnursystem: Fallklappenschränke, bei denen die Anzahl der ankommenden und abgehenden Leitungen übereinstimmen und Sammelverbindungen aller Anschlüsse verlangt werden. Glühlampenschränke in Nebenstellenanlagen, die Amts- (Außen-) Leitungen enden auf Stöpsel, die Anschluß- (Innen-) Leitungen liegen auf Klinke. Ferner $V$- und $B$-Plätze.

B. Schnurpaarsystem: a) mit gerichteten Schnurpaaren, Regelausführung aller Schränke in Ortsämtern mit $A$-Plätzen; b) mit ungerichteten Schnurpaaren, Regelausführung aller Schränke in Fernämtern mit $F$-Plätzen.

Die Bezeichnungen der Plätze sind im folgenden Abschnitt erläutert.

### 3. Einfach- und Vielfachfelder.

In kleinen Anlagen genügt ein Arbeitsplatz für die Herstellung von Verbindungen (Grenze etwa 200 Leitungen und 20 Schnurpaare). Das Klinkenfeld enthält je Leitung eine Klinke und eine Anruflampe. Doppelverbindungen sind ausgeschlossen, weil im Einfachfeld jede besetzte Leitung durch einen eingesetzten Stöpsel kenntlich ist.

In größeren Anlagen sind mehrere Arbeitsplätze einzurichten. Das Klinkenfeld ist unterteilt: oben Verbindungsklinken, unten

Abfrageklinken und Anrufzeichen. Auf jedem Platz liegen höchstens 200 Abfrageklinken (Grenze für die Bewältigung des Hauptverkehrs), dagegen sind sämtliche Leitungen mit je einer Verbindungsklinke im Vielfachfeld vertreten. Mehrere Schränke und Arbeitsplätze bedingen eine Parallel- oder Vielfachschaltung der Verbindungsklinken. Mit jeder Leitung kann von jedem Platz im Vielfachfeld eine Verbindung getätigt werden. Da von jedem Platz nur das eigene Vielfachfeld übersehbar ist, wird vorher eine Besetztprüfung vorgenommen, um Doppelverbindungen zu vermeiden.

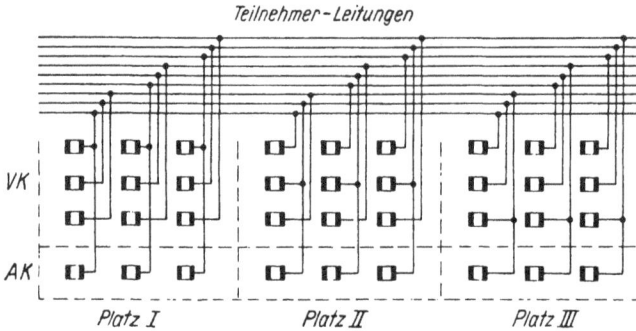

Teilnehmer-Leitungen

Bild 71. Anordnung von Vielfachfeldern.

Das Vielfachfeld eines Platzes kann bis zu 5000 Verbindungsklinken aufnehmen. Große Anlagen mit 10 000 Außenleitungen erhalten Schränke mit je zwei bis drei Plätzen und mit einem gemeinsamen Vielfachfeld, das durch Übergreifen nach links oder rechts zu bedienen ist (Bild 71).

In ausgedehnten Netzen mit mehreren Vermittlungsstellen liegen Verbindungsleitungen. Zwei Verfahren sind anwendbar:

    a) mit ungerichteten Verbindungsleitungen,

    b) mit gerichteten Verbindungsleitungen.

Im ungerichteten Verkehr (Bild 72 oben) sind auf beiden Seiten für jede Verbindungsleitung eine Abfrage- und, entsprechend der Platzanzahl, mehrere Verbindungsklinken vorgesehen. Ein Verbindungsweg verläuft über zwei in Reihe geschaltete Schnurpaare. Jede beteiligte Vermittlung fragt ab und ruft an. Die Vielfachschaltung erfordert eine Besetztprüfung in beiden Richtungen.

Im gerichteten Verkehr zwischen zwei Vermittlungen wird eine Arbeitsteilung mit A- und B-Plätzen vorgenommen (Bild 72 unten).

Bei diesem System liegen auf dem A-Platz im unteren Feld die Anruforgane (Abfrageklinke, Anruflampe) und im oberen Vielfachfeld nur abgehende Verbindungsleitungen nach B-Plätzen der eigenen und fremden Vermittlungen. Über einseitige Schnurpaare wird in freier Wahl eine Leitung zum B-Platz der verlangten Vermittlung belegt.

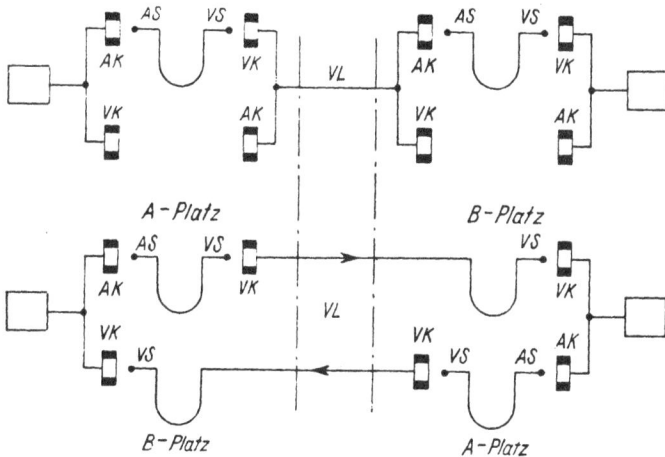

Bild 72. Verbindungsleitungen zwischen Vermittlungen.

Auf dem B-Platz enden die Verbindungsleitungen auf Stöpsel. Über Einschnuranordnungen mit einseitigem Abfrage-Ruf-Schalter wird weiter mit der abgehenden (verlangten) Leitung verbunden. Sämtliche abgehende Außenleitungen beginnen an den Verbindungsklinken des Vielfachfeldes.

Ein Verbindungsweg enthält hierbei in Reihenschaltung ein Schnurpaar- und ein Einschnursystem. Abfragen und Rufen erfolgt am A-Platz und am B-Platz; falls aber besondere Dienstleitungen vorgesehen sind, entfällt die doppelte Abfrage. Der A-Platz gibt durch Ansage über eine Dienstleitung dem B-Platz den Auftrag weiter, der mit der verlangten Leitung verbindet. Der Abfrage-Ruf-Schalter am B-Platz kann entfallen.

Im Fernverkehr wird zuerst eine Fernverbindung zwischen zwei Orten hergestellt und dann beiderseits der A- und B-Teilnehmer herangerufen. Die F-Plätze der beteiligten Fernvermittlungen müssen sich in beiden Richtungen verständigen können und sind daher mit zweiseitigen Schnurpaaren ausgerüstet. Wegen der zu leistenden Vorbereitungsarbeit erhält jeder Fernplatz nur wenige (etwa 4) Schnurpaare.

Das Heranrufen erfolgt über eine Leitung vom Fern- nach dem Ortsamt. Ein Fernvermittlungs- oder Vorschalteplatz (V-Platz) mit Einschnursystem verbindet schließlich die Fernleitung mit beiden Teilnehmern.

Für die Anmeldung von Ferngesprächen und überhaupt für alle besonderen Zwecke sind Meldetische im Fernamt vorgesehen. Hier endet jede Verbindung, weil nur Aufträge angenommen oder Bescheide erteilt werden. Weiterverbindungen sind nicht vorgesehen.

### 4. Teilnehmerverkehr.

Die Einrichtungen in Wählanlagen müssen für den Sofortverkehr ausreichen und dem auftretenden Höchstverkehr gewachsen sein. Die Anzahl der Verbindungswege hängt also von den gleichzeitig verlangten Verbindungen ab, deshalb sind zuerst diese Anforderungen zu erörtern.

Die Benutzung einer Sprechstelle ist völlig unregelmäßig, weder die Anzahl der täglichen Gespräche noch die Belegungsdauer oder die Tageszeit sind vorauszusehen. Die Gepflogenheiten der Teilnehmer hängen von Geschäftszeiten, Aufträgen, Terminen, Konjunkturen und vielen persönlichen Einfällen ab. Unterschieden werden Wenig- und Vielsprecher, Früh- und Spätverkehr, kurz- und langzeitige Verbindungen.

Als Belegungszeit gilt die gesamte Zeit vom beginnenden Aufbau bis zum erfolgten Abbau einer Verbindung. Tote Zeiten entstehen durch Wählen, mehrfaches Rufen und zögerndes Auflegen nach Gesprächsschluß. Im Orts- und Hausverkehr nimmt eine Verbindung 10 Sekunden bis 3 Minuten in Anspruch, längere Zeiten über 15 bis 30 Minuten sind, wie oft statistisch nachgewiesen ist, selten. In günstigen Fällen betragen die toten Zeiten ein Drittel der Belegungsdauer, bei Kurzgesprächen sind sie gleich der drei- bis zehnfachen Gesprächszeit.

Betrachtet man das Verhalten einer Teilnehmergruppe, so ist zu erkennen, daß die Verkehrsschwankungen mit zunehmender Teilnehmerzahl abnehmen, also Durchschnittswerte ergeben, welche sich als Richtlinien für die Berechnung der Wähleranzahlen eignen.

Für kleine und mittlere Anlagen sind als Richtzahlen zu nennen:

| Anzahl der An-schlüsse . . . | 10 | 25 | 50 | 100 | 500 | 1000 |
|---|---|---|---|---|---|---|
| Verbindungswege. | 1..3 | 3..4 | 5..6 | 8..10 | 35..40 | 60..70 |
| Wege je 100 An-schlüsse . . . | 30% | 16% | 12% | 10% | 8% | 7% |

Eine Anlage mit 1000 Teilnehmern könnte schon mit 7 bis 9% an Wegen auskommen; bei größeren Anlagen sinkt der Spitzenverkehr bei gutem Ausgleich auf 5 bis 7% bezogen auf die Anzahl der Anschlüsse. Dieser Verkehrsausgleich ist aber nur zu erzielen, wenn ein geeignetes Verfahren angewandt wird, welches den anfallenden Verkehr einer größeren Anzahl von Teilnehmern gesammelt erfaßt.

Bevor also die Nummernwahl vom Teilnehmer einsetzt, ist es notwendig, die verstreut einlaufenden Anrufe durch eine Vorstufe ausgleichend zu verteilen, um mit wenigen Verbindungswegen auszukommen. Für größere Anlagen reichen diese einfachen Überlegungen zur Berechnung der Wählerzahlen nicht mehr aus.

### 5. Vorstufenwahlen.

Die Anzahl der gleichzeitig auftretenden Verbindungen in der Hauptverkehrsstunde bestimmen die erforderlichen Ausgänge von den Teilnehmern nach den Verbindungswegen innerhalb der Vermittlung. Gelegentliches Überschreiten durch Verkehrsspitzen bleibt unberücksichtigt, die überzähligen Anrufe, welche bei Belegtsein aller verfügbaren Ausgänge abgewiesen werden, sind Verluste. In Zeiten mit schwächerem Verkehr entstehen keine Verluste. Der Spitzenverkehr tritt in der Regel werktags am Vormittag auf.

Zwischen Teilnehmerleitungen und Verbindungswegen ist eine Vorstufe einzurichten, welche die regellos einlaufenden Anrufe annimmt und einem gerade freien Ausgang zuweist. Diese Vorstufe besitzt Wähler, welche in freier Wahl diesen ersten Abschnitt des beginnenden Verbindungsaufbaues ausführen.

Die Ausführung dieser freien Wahl kann vorwärts oder rückwärts erfolgen. Bei einer Vorwärtswahl ist die ankommende Leitung mit den Wählerarmen verbunden und belegt einen beliebigen Ausgang eines Bündels abgehender Leitungen. Bei einer

Rückwärtswahl ist dagegen die abgehende Leitung mit den Wählerarmen verbunden, die Wählerarme suchen rückwärts (im Sinne des Verbindungsaufbaues) aus einem Bündel ankommender Leitungen die anrufende oder belegte und verbinden sie mit der abgehenden Leitung.

Der Vorwähler führt eine Vorwärtswahl, der Anrufsucher eine Rückwärtswahl aus (Bild 73).

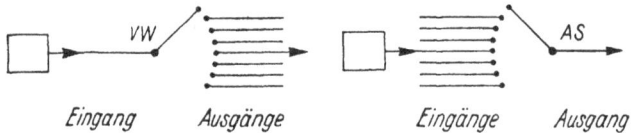

Bild 73. Vorwärts- und Rückwärtswahl.

Für ein System mit Vorwählern sind ebenso viele Wähler wie Anschlußleitungen erforderlich, die Anzahl der Anrufsucher ist kleiner und entspricht nur den Ausgängen nach den Verbindungswegen, welche für kleine und mittlere Anlagen der Zahlentafel des vorhergehenden Abschnittes zu entnehmen ist.

## 6. Leitungswahl.

Die Ausgänge der Vorstufen enden an Leitungswählern, wenn diese für die Aufnahme sämtlicher Teilnehmerleitungen ausreichen. Die in Kleinanlagen üblichen Drehwähler können 10-, 15-, 25-, 30- oder 50teilig sein; seltener sind 100teilige Drehwähler mit nur einem Kraftmagneten oder mit zwei Kraftmagneten für Zehnersprünge und Einerschritte anzutreffen. Bei Anlagen mit 50 bis 100 Anschlüssen lohnen sich Hebdrehwähler, welche mit Höhen- und Drehschritten arbeiten.

Der Leitungswähler ist das Endglied eines Verbindungsweges, die Leitungswahl erreicht die verlangte Teilnehmerleitung unmittelbar. Die Nummernwahlen mit der üblichen zehnteiligen Wählscheibe können ein- oder mehrstellig sein.

Mit einstelliger Wahl kommen Zehneranlagen aus. Der Leitungswähler ist ein zehnteiliger Drehwähler. Anschlußnummern: 1, 2...9, 0.

Anlagen über zehn Anschlüsse erfordern mehrstellige Wahlen. Billige Drehwähler sind noch verwendbar, wenn Additionswahlen vorgenommen werden. Durch mehrmaligen Ablauf der Wählscheibe addieren sich die Schritte des Wählers, bis die verlangte Leitung erreicht ist. Zwischen den einzelnen Abläufen sind Wartestellungen einzufügen: 0 = 10. Schritt, 00 = 20. Schritt oder

9 = 9.Schritt, 90 = 19.Schritt. Die Anschlußnummern bei
Einbau 25teiliger Drehwähler sind dann: 1...8, 91...99, 901...
905 oder mit 30teiligen Wählern: 1...9, 01...09, 001...009. Ein
Schritt bleibt als Grundstellung des Leitungswählers frei.

Mit 10er- und 1er-Wahl arbeiten 100teilige Hebdrehwähler;
auf den ersten Ablauf der Wählscheibe erfolgen Höhenschritte,
der zweite bewirkt Drehschritte. Auch dreistellige Wahlen kommen
vor, wenn der Hebdrehwähler für die Aufnahme von 200, 400
oder 1000 Anschlußleitungen gebaut ist. Mit Doppelkontakten
erhält man 200er-, mit mehreren Armen sogar 1000er-Wähler.
Die Anschlußnummer enthält dann eine 100er-, 10er- und 1er-
Wahl. Die Nummernfolge innerhalb eines Hunderts ist: 11...10,
21...20, 31...30 usw. bis 91...90 und 01...00.

### 7. Kleine Anlagen.

Das Anschlußvermögen kleiner Anlagen beläuft sich auf 10,
25, 50 oder 100 Leitungen. Eine derartige 50er-Anlage besitzt in
der Regel 5 Wege. Die Vorstufe kleinster 10/1- und 25/3-Anlagen
enthält immer Anrufsucher, 50/5- und 100/10-Anlagen finden sich
mit Anrufsuchern ($AS$) oder auch Vorwählern ($VW$) ausgeführt.

Die Nummernwahl des $A$-Teilnehmers ergibt die zwangläufige
Einstellung eines Leitungswählers ($LW$) auf die Leitung des verlangten $B$-Teilnehmers.

Die Bauart der Wähler (Drehwähler oder Hebwähler), Zahl
der Arme und Kontaktbänke richtet sich nach dem verwendeten
System und der Größe der Anlage.

B e i s p i e l: Anlage 23/3 (23 Anschlüsse, 3 Wege) mit $AS$
und $LW$.

Ausrüstung $AS$ 3 Stück 25teilige Drehwähler (Kontaktsatz
mit 25 Schritten), $LW$ 3 Stück 25teilige Drehwähler (Bild 74).

Arbeitsweise: Auf den Anruf (Abheben des Sprechgerätes)
eines Teilnehmers läuft ein $AS$ an. Welcher $AS$ anlaufen muß, hängt
von der gewählten Schaltungsanordnung ab. Während des Suchens
wird bei jedem Schritt jede Leitung geprüft, bis die anrufende gefunden ist. Der $AS$ setzt sich still, sperrt die Leitung gegen Fremd-
belegungen und schaltet die Sprechadern zum Verbindungsweg
$AS-LW$ durch. Der $A$-Teilnehmer erhält ein Amtszeichen
(Summersignal) als Aufforderung zur Nummernwahl. Durch
die ankommenden Stromschritte (Impulse) wird der $LW$ auf den
Anschluß des verlangten $B$-Teilnehmers eingestellt. Selbsttätig
folgen Prüfen dieser Leitung auf «Frei», gegebenenfalls erhält $A$
ein Besetztzeichen (tiefer Summerton), dann Sperren der Leitung,

Rufstromgabe nach *B* mit Freizeichen (hoher Summerton) an *A*, bis sich der *B*-Teilnehmer meldet. Durch Abheben wird der Ruf abgeschaltet und die Sprechleitung durchgeschaltet. Der Gesprächszustand ist hergestellt. Die Freigabe des Verbindungsweges wird durch Anhängen bzw. Ablegen des Sprechgerätes eingeleitet. Der *AS* und *LW* schalten sich frei, der *AS* kann stehen bleiben oder einen Heimlauf bis zu einer bestimmten Grundstellung vollziehen, der *LW* muß nach der Auslösung bis zur Grundstellung, welche als tote Stellung keine Anschlußleitung hat, durchdrehen.

In dieser Weise können drei Teilnehmerpaare gleichzeitig sprechen, überzählige Anrufe gehen verloren, bis wieder ein oder mehrere Wege durch Gesprächbeendigung frei werden.

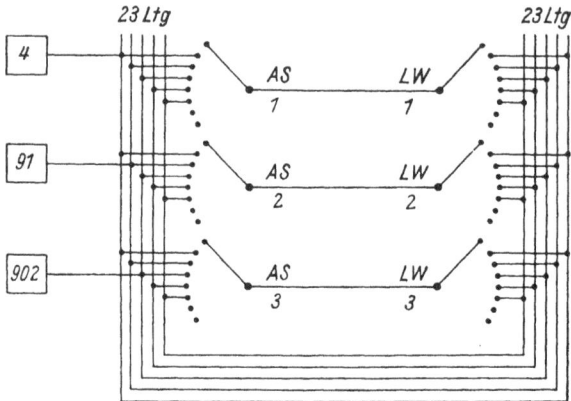

Bild 74. Anlage 23/3 mit AS und LW.

B e i s p i e l : Anlage 50/5 mit *VW* und *LW* (Bild 75).

Ausrüstung: *VW* 50 Stück 10teilige Drehwähler, *LW* 5 Stück 100teilige Hebdrehwähler.

Die Verwendung der Wähler richtet sich nach gängigen Größen. Ein 12teiliger Drehwähler bietet mehr Ausgänge, obwohl hier nur 5 benötigt werden, ist aber die kleinste gängige Ausführung. Ebenso ist der Hebdrehwähler mit 100 Anschlüssen zu groß für eine 50er-Anlage. Als Vorteil ist aber zu verzeichnen, daß eine spätere Erweiterung über 50 bis zu 100 Anschlüssen leicht möglich ist. Sonderausführungen von Wählern für den Bedarf weniger Anlagen verbieten sich wegen der Mehrkosten.

Die Folge der Teilnehmeranschlüsse am *LW* ist bestimmt durch 10er- und 1er-Wahlen. Eine Nullwahl bedeutet Abgabe von

10 Stromschritten. Die ersten Teilnehmeranschlüsse mit einem Höhenschritt und folgenden Drehschritten haben die Nummern 11, 12...19, 10; das nächste Zehnt 21...20, die vorletzten 91...90 und die höchsten Nummern lauten 01, 02...09, 00. Diese besondere Zählfolge ist zu beachten.

Arbeitsweise: Auf den Anruf eines $A$-Teilnehmers läuft sein mit dieser Leitung verbundener $VW$ an, prüft bei jedem Schritt einen Ausgang auf «Frei», sperrt die zuerst erreichte freie Leitung, setzt sich still und schaltet die Sprechadern nach einem $LW$

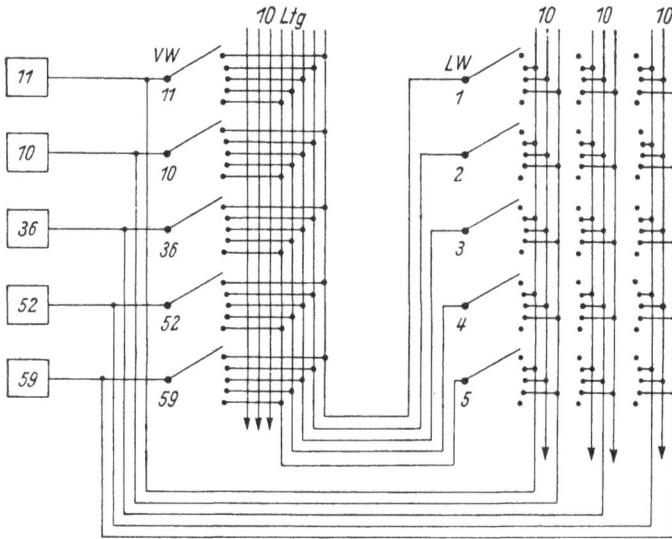

Bild 75. Anlage 50/5 mit VW und LW.

durch. Damit ist ein Verbindungsweg bestehend aus $VW$ und $LW$ belegt. Amtszeichen. Nummernwahl: 10er mit Höhen-, 1er mit Drehschritten des $LW$. Selbsttätig folgen: Prüfen (Besetzt-zeichen), Sperren, Rufen, Durchschalten, Gesprächszustand. Gesprächsschluß: der $VW$ kann heimlaufen (durchdrehen bis zu einer Grundstellung) oder stehen bleiben, der $LW$ muß sich auslösen und in die Grundstellung kommen, um für die nächste Belegung und Einstellung vorbereitet zu sein. Der Ver-bindungsweg ist abgebaut.

B e i s p i e l: Anlage 50/5 mit $AS$ und $LW$.

Ausrüstung: $AS$ 5 Stück 50teilige Drehwähler, $LW$ 5 Stück 100teilige Hebdrehwähler.

Arbeitsweise: Anruf des $A$-Teilnehmers. Anlauf eines beliebigen $AS$. Prüfen, Sperren, Stillsetzen, Durchschalten. Amtszeichen. Nummernwahl und Einstellung des $LW$. Prüfen, Sperren, Rufen. Meldung des $B$-Teilnehmers. Gespräch. Auslösung der Wähler und Abbau des Verbindungsweges.

Die Eingänge sämtlicher $AS$ bilden gemeinsam mit den $LW$ eine Vielfachanordnung. An den Kontaktsätzen der $LW$ liegt das Vielfachfeld der Teilnehmer. Jeder $LW$ kann eine Verbindung mit einem beliebigen Teilnehmer dieser Anlage herstellen. Sämtliche Vielfachanordnungen erfordern daher eine Freiprüfung.

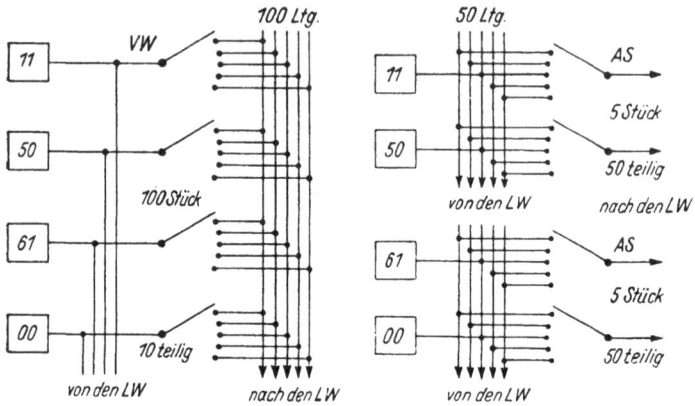

Bild 76. Vorstufe eines 100er-Systems mit VW oder mit AS.

Der Vergleich beider Systeme zeigt, daß die Anlage mit $VW$ mehr Wähler als mit $AS$ benötigt, also in der Anschaffung teurer ist. Wenn trotzdem $VW$ auch in kleinen Anlagen verwendet werden, so liegt es daran, einheitliche Ausführung, Ersatzteilhaltung, gleiche Betriebsweise bei kleinen und großen Anlagen als Vorteile zu gewinnen.

B e i s p i e l: Vergleich der Anlagen 100/10 mit $VW$ oder $AS$.

Ausrüstungen: $VW$ 100 Stück 10teilige Drehwähler oder $AS$ 10 Stück 50teilige Drehwähler, $LW$ 10 Stück 100teilige Hebdrehwähler.

Für den Vergleich sind die $LW$ nicht gezeichnet, weil deren Anordnung in beiden Fällen gleichartig ist (Bild 76).

Die $VW$ mit 10 Ausgängen nach 10 $LW$ sind bei Vollausbau bestens ausgenutzt. Die $AS$ müßten dagegen für 100 Anschlüsse eingerichtet sein, also entweder 100teilige Drehwähler oder Hebdrehwähler eingebaut werden. Beide Bauarten sind erhältlich und werden auch verwendet. Hier soll aber gezeigt werden, wie man auch 50teilige Drehwähler verwenden kann.

Die Anschlüsse werden in zwei Gruppen mit je 50 Anschlüssen geteilt, die eine vielfach an den *AS* 1 bis 5, die andere an den *AS* 6 bis 10 liegend. Auf den Anruf eines Teilnehmers der Halbgruppe 11 bis 50 läuft ein *AS* 1 bis 5 an, die zweite Halbgruppe 61 bis 00 bedienen die *AS* 6 bis 10. Wenn also in der Hauptverkehrszeit 10 Verbindungen gleichzeitig verlangt werden, so ist dies nur erfüllbar, wenn in jeder Halbgruppe höchstens fünf Anrufe gleichzeitig auftreten. Bei ungleicher Verteilung, z. B. 6 : 4, ist einer der sechs Anrufe als Verlust zu buchen, hingegen wäre ein *AS* in der zweiten Halbgruppe noch frei, kann aber keine Nachbaraushilfe leisten, weil die Anschlüsse der ersten Halbgruppe nicht in seinem Vielfachfeld liegen.

Die *VW*-Anordnung erlaubt dagegen eine Abfertigung beliebiger zehn Anrufe ohne diese Einschränkung, weil jeder *VW* zehn Ausgänge nach jedem *LW* besitzt. Dieser Vergleich beider Systeme lehrt, daß *VW*- und *AS*-System nur gleichwertig sind, wenn in beiden Fällen eine 100er-Gruppe von Teilnehmern gebildet wird. Die erwähnten 100teiligen Anrufsucher erfüllen diese Bedingung.

## 8. Gruppenwahlen.

Eine Gruppe von Teilnehmern ist bestimmt durch das Anschlußvermögen der verwendeten Leitungswähler. In der Regel verwendet man entsprechend dem dekadischen Aufbau der Wahlen (Zehner, Einer) Wähler mit 100 Anschlüssen. Liegt die Gesamtzahl der Teilnehmer zwischen 100 und 1000, so ergeben sich mehrere (2...10) Hundertergruppen. Somit ist eine weitere Wahlstufe, die Gruppenwahl, erforderlich und jeder Anschluß mittels dreistelliger Wahlen (Hunderter, Zehner, Einer) zu erreichen.

Die eigentliche Gruppenwahl ist zwangläufig. Zwischen dieser Gruppenwahl und der nächsten Wahlstufe muß sich eine freie Wahl einschalten, weil jedes Hundert mit mehreren Leitungswählern und Zugängen versehen ist. Durchschnittlich ist mit zehn *LW* je Hundert zu rechnen. Nach der Zwangswahl ist in freier Wahl ein beliebiger Ausgang nach einem *LW* zu belegen. Grundsätzlich kann diese Zwischenstufe als Vorwärts- oder Rückwärtswahl ausgeführt werden.

Bei Vorwärtswahl ist es zweckmäßig, die zwangläufige und freie Wahl in einem Wähler zu vereinigen. Ein Hebdrehwähler mit zehn Höhen- und zehn Drehschritten hebt zwangläufig (100er-Schritte) und dreht in freier Wahl ein, um einen der zehn Ausgänge zu belegen. Sowohl *GW* wie *LW* sind Hebdrehwähler. Die Nummernfolge in einer 1000er-Anlage lautet: 111, 112...119, 110; 121, 122...129, 120; 131, 132...139, 130 usw. bis 101, 102...109, 100. Die einzelnen Hunderter-Gruppen umfassen die Anschlüsse 111...100, 211...200 usw. bis 911...900 und 011...000 bei Vollausbau.

B e i s p i e l: Anlage 800/80 mit *VW*, *GW* und *LW* (Bild 77).

Ausrüstung: dieses 1000er-System besitzt nur einen Teilausbau mit acht 100er-Gruppen, trotzdem werden einheitlich 100teilige Hebdrehwähler eingebaut. Einheitliche Fertigung und Erweiterung auf Vollausbau sind Vorteile. Die Anzahl der *VW* entspricht den Anschlüssen: 800 Stück.

Je Hundert sind zehn Ausgänge gegeben, also *GW*: 80 Stück.

Jedes Hundert ist über je zehn *LW* zu erreichen: 80 Stück.

Arbeitsweise: Anruf eines *A*-Teilnehmers. Vorwahl wie bisher beschrieben. Belegen eines *GW*: Amtszeichen. Hunderter-Wahl: Hebschritte des *GW*. Pause: Umsteuern auf Eindrehen. Freie Wahl eines Ausganges nach einem *LW* des gewählten Hunderts mit Prüfen, Sperren, Stillsetzen und Durchschalten. Unmittelbar anschließend Zehner-Wahl und Höhenschritte des *LW*. Pause: vorbereitendes Umsteuern. Einer-Wahl und Drehschritte des *LW*. Prüfen, Sperren, Rufen des *B*-Teilnehmers. Gesprächszustand nach Meldung des *B*-Teilnehmers und Durchschalten. Gesprächsschluß: Heimlauf des *VW*, Auslösung des *GW* und *LW*.

Zwischen *GW* und *LW* liegt ein Vielfachfeld. Die zehn Ausgänge eines jeden Höhenschrittes sind gemeinsam für alle 80 *GW* dieser Anlage und würden bei Vollausbau mit 1000 Teilnehmern sich sogar über 100 *GW* erstrecken.

Die Vorwärtswahl zwischen *GW* und *LW* könnte auch von Drehwählern ausgeführt werden, wenn ihre Bauart mit zwei Kraftmagneten 10er-Sprünge und 1er-Schritte ermöglicht und die Kontaktbank 100teilig ist. Ferner ergeben sich häufiger Aufträge für Netze mit 100 bis 300 Teilnehmern oder für Anlagen, bei denen nach wenigen Jahren eine Erweiterung erst über 100 zu erwarten ist. Das Anschlußvermögen der als *GW* verwendeten Hebdrehwähler ist dann schlecht ausgenutzt, weil nur die ersten Höhenschritte angeschlossen sind und die übrigen mangels Teilnehmerzuwachs viele Jahre brachliegen. Für diese Fälle sind

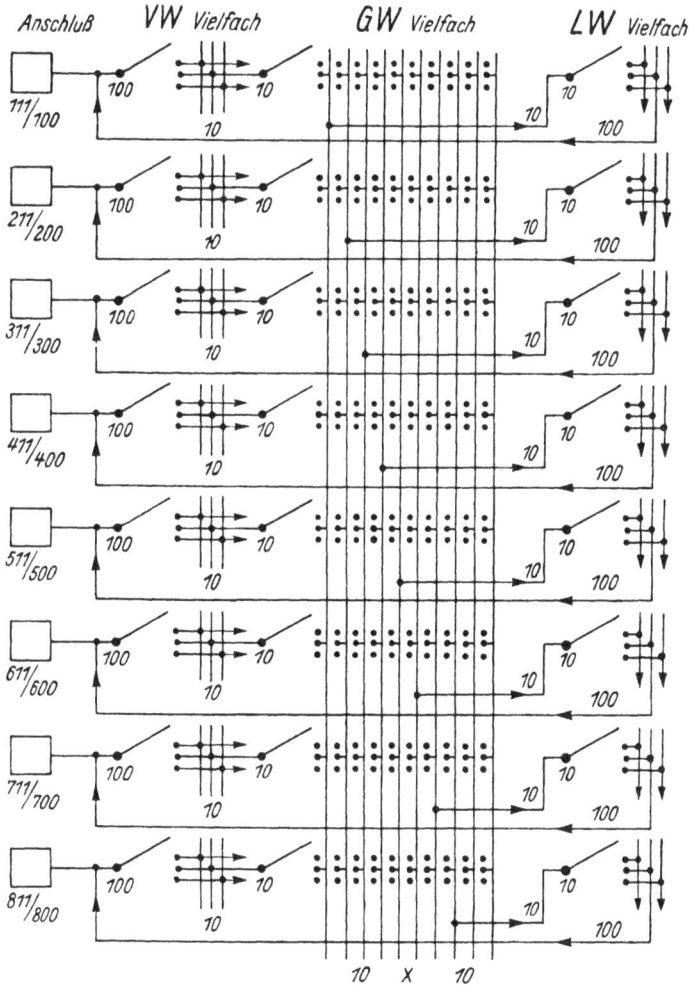

Bild 77. Anlage 800/8 mit VW, GW und LW.

Sondersysteme gegeben. Außerdem ist zu berücksichtigen, daß Wahlen für besondere Zwecke, also nach Nachbarämtern, für Anmeldung von Ferngesprächen, Erreichen von Amtsleitungen, Auskünfte noch unterzubringen sind. Auch diese Fälle sind noch zu erörtern.

10*

## 9. Mittlere Anlagen.

Als mittlere Anlagen werden Teilnehmernetze mit über 100 bis 1000 Anschlüssen bezeichnet. Dabei ist es gleichgültig, ob nur eine oder mehrere Vermittlungen beteiligt sind.

Gruppenwahl mit *LW*. Im Verbundbetrieb zweier Kleinanlagen (100er-System) ist innerhalb jedes Teilbetriebes zweistellig zu wählen. Der Verbindungsaufbau verläuft über *VW* bzw. *AS* und *LW*. Beide Vermittlungen erreichen sich gegenseitig durch eine Nullwahl. In diesem Fall ist der zehnte Höhenschritt des *LW* nicht mit Teilnehmeranschlüssen belegbar, die Anlage besitzt nur 90 Anschlüsse. Die erübrigten zehn Anschlüsse können sämtlich für Verbindungen von der Vermittlung I nach II beansprucht werden. Bei schwachem Verkehr zwischen I und II enden diese Leitungen an den zehn Ausgängen des Vielfaches

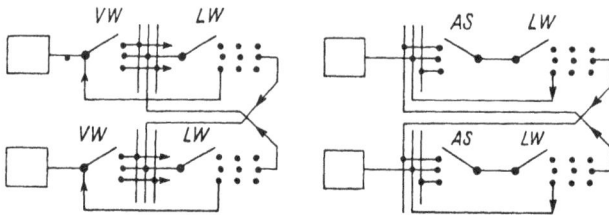

Bild 78. LW als GW im zehnten Höhenschritt.

zwischen *VW* und *LW* oder liegen am Teilnehmervielfach vor den *AS* an Stelle der erübrigten Anschlüsse. Diese Wahlen sind dreistellig (Bild 78).

Arbeitsweise: Kennziffer 0 wählen. Der *LW* von I hebt zwangläufig zehn Schritte, dreht in freier Wahl ein und belegt einen *LW* der Vermittlung II. Es folgen wie üblich 10er- und 1er-Wahl. Sind *AS* vorhanden, so belegt der *LW* von I eine Verbindungsleitung, in II läuft ein *AS* an und findet diese, damit ist ein Weg in II belegt. Wieder folgen 10er- und 1er-Wahl.

Bei starkem Verkehr zwischen I und II enden die Verbindungen an zusätzlichen *LW*, weil die vorhandenen sonst zu oft «besetzt» gefunden werden und daher Anrufe verlorengehen. Der Verbindungsaufbau vollzieht sich dann über *VW* bzw. *AS*, *LW* von I und *LW* von II.

Hervorgehoben sei, daß der *LW* auf dem 1. bis 9. Höhenschritt wie bisher zwangläufig eindreht, nur auf dem 10. Höhenschritt wie ein *GW* in freier Wahl arbeitet. Sollen mehrere Bündel gebildet werden, die nach verschiedenen Richtungen abgehen, so sind andere Verfahren zweckmäßig.

Gruppenweiche. Bei höchstens 200 Anschlüssen ergeben sich zwei Gruppen. Als kleinster Wähler eignet sich ein Relais mit Wechselkontakten zur Gruppenwahl. In der Ruhelage nach einer 1-Wahl, in der Arbeitslage nach einer 2-Wahl befindlich, ist mit dieser Gruppenweiche ein Ausgang nach dem ersten oder zweiten Hundert belegt. Die hinter der Vorstufe ($VW$ oder $AS$) abgehenden Leitungen enden an je einer Gruppenweiche ($GWh$) (Bild 79).

Durch Rückwärtswahl findet ein Gruppenweichen-Sucher den belegten Ausgang. Dieser Suchwähler ist mit einem $LW$ verbunden. Der Verbindungsaufbau verläuft dabei über $AS-GWh-GWs-LW$. Die Wahlen sind einheitlich dreistellig. Die Nummernfolge ist 111...100 und 211...200. Bei solchen Anlagen genügen häufig einige Nummern für besondere Aufträge.

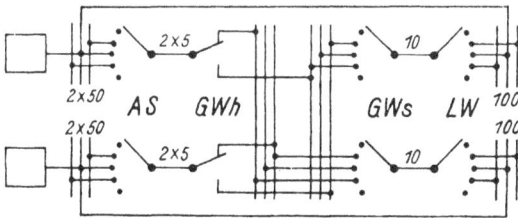

Bild 79. Gruppenweiche.

Drehgruppenwähler. Über 200 bis 400 Anschlüsse erfordern einen 10- bis 50teiligen Drehwähler für die Gruppenwahl. Ist die anschließende freie Wahl eine Vorwärtswahl, so lassen sich beide Wahlen in einem Wähler vereinigen. Durch eine 1-, 2-, 3-Wahl stellt sich der Drehgruppenwähler auf den 1., 2. oder 3. Schritt und prüft von da ab nur jeden dritten folgenden Ausgang. Die Ausgänge 1, 4, 7 ... führen zum ersten, 2, 5, 8... zum zweiten und 3, 6, 9... zum dritten Hundert. Am Ende liegt eine Wartestellung, falls alle Ausgänge besetzt sind. Eine andere Anordnung mit einer 1-, 2-, 01- und 00-Wahl belegt entsprechend die Ausgänge 1...7, 9...15, 18...25, 27...33 nach dem 1. bis 3. Hundert; das 4. Hundert entfällt, wenn diese Ausgänge besonderen Aufträgen dienen.

Zwangläufige und freie Wahl lassen sich auch auf zwei Wähler verteilen. Jeder Ausgang eines 10teiligen Drehwählers ist wieder mit einem 10teiligen Drehwähler verbunden. Nacheinander stellt

sich der erste zwangläufig, einer der zweiten in freier Vorwärtswahl ein. Bei 400 Anschlüssen wird also ein 100teiliger Hebdrehwähler durch fünf 10teilige Drehwähler ersetzt. Damit ist auch
die Grenze für dieses Sondersystem erreicht, bei 500er- bis 1000er-
Anlagen würde die Verwendung von Drehwählern an Stelle der
Hebdrehwähler die *GW*-Stufe nur verteuern (Bild 80).

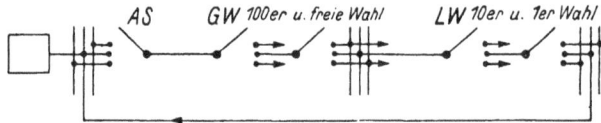

Bild 80.  GW- und LW-Stufenanordnung mit Drehwählern.

Hebdrehgruppenwähler. Sollen mehrere 100er-
oder 200er-Anlagen im Gemeinschaftsbetrieb arbeiten, so gehen
bei der Regelausführung mit *VW* oder *AS*, *GW* und *LW* die Verbindungsleitungen von den einzelnen Höhenschritten des *GW* ab.
Einheitlich sind die Wahlen dreistellig, die erste Stelle ist die
Kennziffer des verlangten Hunderts, welches in der eigenen oder
fremden Vermittlung liegen kann. Die 0-Wahl dient besonderen
Zwecken, diese zehn Ausgänge enden an einem Tisch mit zehn
Abfrageschaltern. Entweder besitzt jede oder nur eine Vermittlung diese Abfertigungsstelle entsprechend der Inanspruchnahme. Auf alle Fälle entfällt ein Hundert, insgesamt sind nur
900 Anschlüsse möglich.

Offene und verdeckte Kennziffern. In be-
sonderen Fällen kann gefordert werden, eine 100er- mit einer
1000er-Anlage zu verbinden, wenn zwei bisher getrennte Betriebe
in eine Hand übergehen. Unangenehm ist es, daß der eine Anlagenteil mit zwei-, der andere mit dreistelligen Wahlen arbeitet.
Der Verbindungsaufbau vollzieht sich in beiden Richtungen in
verschiedener Weise. Vom 100er-System für innere Verbindungen:
$AS_1$—$LW_1$ zweistellige Wahl, nach dem 1000er-System: $AS_1$—
$LW_1$—$GW_2$—$LW_2$ vier- oder fünfstellige Wahl. Vom 1000er-
System im Innenverkehr: $AS_2$—$GW_2$—$LW_2$ dreistellige Wahl,
nach dem 100er-System: $AS_2$—$GW_2$—$LW_1$ dreistellige Wahl.

Demnach ist der einzelne Anschluß nicht immer unter derselben Nummer erreichbar. Es kommt darauf an, ob der Anrufer
zum 100er- oder 1000er-System gehört. Deshalb müssen für die
Wahlen hinüber und herüber Kennziffern offenkundig sein. Diese
offenen Kennziffern lassen sich vermeiden, wenn die 100er- und

1000er-Anlage durch Umbau zu einem 1000er- oder 2000er-System vereinigt werden. Sämtliche Anschlüsse erhalten eine durchlaufende Nummernfolge, die erste zu wählende Ziffer ist nun die Kennziffer, die aber für den Teilnehmer verdeckt bleibt. Die Wahl mit verdeckten Kennziffern ist der offenen Kennzifferwahl vorzuziehen. Soweit beide Betriebe örtlich getrennt liegen, ist für den Benutzer diese unterschiedliche Wahlweise einleuchtend. Sind vereinigte Betriebe im gleichen Gebäude untergebracht und bei nachträglichen Erweiterungen die Sprechstellen einer Abteilung teils mit dem einen oder anderen System verbunden, so ergeben sich leicht Fehlwahlen, wenn der Teilnehmer nicht beachtet, welches Nummernverzeichnis gültig ist. Dieser Fall sei deswegen erwähnt, um zu zeigen, daß technisch die nachträgliche Zusammenlegung ausführbar ist, ohne in die 100er-Anlage eine $GW$-Stufe einzubauen, daß aber diese Ersparnis für die Benutzer wegen Fehlwahlen und damit verbundener Zeitverluste nachteilig ist.

### 10. Doppelte Vorstufen.

Nach dem bisherigen dekadischen Verbindungsaufbau für 10er-, 100er- und 1000er-Anlagen ist die Erweiterung auf 10 000er-, 100 000er- und größere Anlagen mit großen Netzen leicht einzusehen. Durch Einbau einer II. $GW$-Stufe hinter dem I. $GW$ ergibt sich ein 10 000er-System, eine III. $GW$-Stufe erweitert auf 100 000, eine IV. $GW$-Stufe auf 1 000 000 Anschlüsse.

Zunächst sei, um den Sinn der doppelten Vorstufen zu erkennen, eine Aufstellung eingeschaltet, die den Wähleraufwand mit einfacher Vorstufe darlegt.

| Systemgröße | Verbindungsaufbau | Drehwähler | Hebdrehwähler |
|---|---|---|---|
| 100 | $VW - LW$ | 100 | 10 |
| 1 000 | $VW - GW - LW$ | 1 000 | 200 |
| 10 000 | $VW - $ I. II. $GW - LW$ | 10 000 | 3 000 |
| 100 000 | $VW - $ I. II. III. $GW - LW$ | 100 000 | 40 000 |

Die Wählerzahlen wachsen schneller an als die Anzahl der Anschlüsse, obwohl man eigentlich erwarten müßte, daß umgekehrt größere Anlagen, auf Hundert bezogen, sinkende Wählerzahlen aufweisen. Der Fehlgriff liegt in der Beibehaltung der einfachen Vorstufe mit der starren Einteilung in 100er-Gruppen und je zehn Ausgängen.

Um dieses und die Verkehrsbeziehungen zu erläutern, welche bei einer Großanlage auftreten, sei zunächst ein Ausschnitt aus einer Verkehrsbeobachtung gebracht.

Tafel 7.

**Anzahl der Belegungen während der Hauptverkehrszeit.**

| Zeit | Hunderter-Gruppen | | | | | | | | Summe |
|------|------|------|------|------|------|------|------|------|-------|
|      | 1. | 2. | 3. | 4. | 5. | 6. | 7. | 8. | |
| $11^{01}$ | 7 | 5 | 9 | 8 | 6 | 5 | 10 | 4 | 54 |
| $11^{02}$ | 6 | 4 | 6 | 7 | 4 | 10 | 5 | 5 | 47 |
| $11^{03}$ | 8 | 6 | 5 | 6 | 5 | 9 | 7 | 4 | 50 |
| $11^{04}$ | 5 | 5 | 6 | 10 | 8 | 7 | 9 | 6 | 56 |
| $11^{05}$ | 7 | 8 | 7 | 9 | 10 | 6 | 8 | 5 | 60 |
| $11^{06}$ | 9 | 10 | 5 | 8 | 7 | 8 | 7 | 8 | 62 |
| $11^{07}$ | 10 | 8 | 10 | 6 | 9 | 10 | 5 | 6 | 64 |
| $11^{08}$ | 7 | 6 | 8 | 4 | 8 | 9 | 6 | 7 | 55 |
| $11^{09}$ | 8 | 8 | 6 | 7 | 6 | 8 | 10 | 9 | 62 |
| $11^{10}$ | 9 | 6 | 4 | 8 | 8 | 7 | 9 | 10 | 61 |

Die Tafel 7 zeigt die Anzahl der gleichzeitigen Anrufe oder abgehenden Verbindungen während einiger Minuten in der Hauptverkehrszeit. Im einzelnen Hundert sind Verkehrsschwankungen zwischen 4 und 10 gleichzeitigen Anrufen zu verzeichnen; in verkehrsarmen Stunden sinkt diese Zahl unter 4 bis 0 herab. Die Quersumme aller gleichzeitigen Anrufe des 1. bis 8. Hunderts übersteigt nicht 64; somit könnte man mit 64 Verbindungswegen für 800 Teilnehmer auskommen oder mit $8^0/_0$ Wegen bezogen auf die Anzahl der Anschlüsse. Weil aber in jedem Hundert auch zeitweise 10 Anrufe auftreten und jede 100er-Gruppe ihre besonderen Ausgänge hat, ergeben sich $8 \times 10 = 80$ Wege nach den *GW*. Zeitweise bleiben so die einen oder anderen *GW* unbenutzt; so erklärt sich das ungünstige Anwachsen der Wählerzahlen in der vorher gegebenen Zusammenstellung.

Soll also die Anzahl der I. *GW*, II. und folgenden *GW* sich dem tatsächlichen Spitzenverkehr anpassen, so muß Gelegenheit für einen Verkehrsausgleich geboten werden. Die Anrufe sämtlicher Teilnehmer sind zu mischen und hierfür eine zweite Vorstufe einzurichten. Die Ausgänge von den I. *VW* enden an II. *VW* und deren Ausgänge führen erst zu den I. *GW*. Die Hintereinanderschaltung zweier Vorstufen erschließt jedem Anruf mehr Ausgänge, die aber gemeinsam für 1000 bis 2000 Anschlüsse erreich-

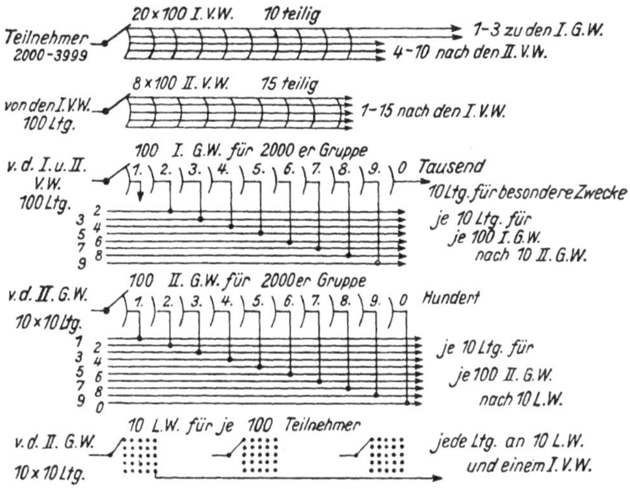

20 × 100 I. V.W.    10 teilig

Teilnehmer 2000-3999

1–3 zu den I. G.W.
4–10 nach den II. V.W.

8 × 100 II. V.W.    15 teilig

von den I. V.W. 100 Ltg.

1–15 nach den I. V.W.

100 I. G.W. für 2000er Gruppe

v. d. I. u. II. V.W. 100 Ltg.

1. 2. 3. 4. 5. 6. 7. 8. 9. 0 Tausend

10 Ltg. für besondere Zwecke

je 10 Ltg. für
je 100 I. G.W.
nach 10 II. G.W.

100 II. G.W. für 2000er Gruppe

v. d. II. G.W. 10 × 10 Ltg.

1. 2. 3. 4. 5. 6. 7. 8. 9. 0 Hundert

je 10 Ltg. für
je 100 II. G.W.
nach 10 L.W.

10 L.W. für je 100 Teilnehmer

v. d. II. G.W. 10 × 10 Ltg.

jede Ltg. an 10 L.W.
und einem I. V.W.

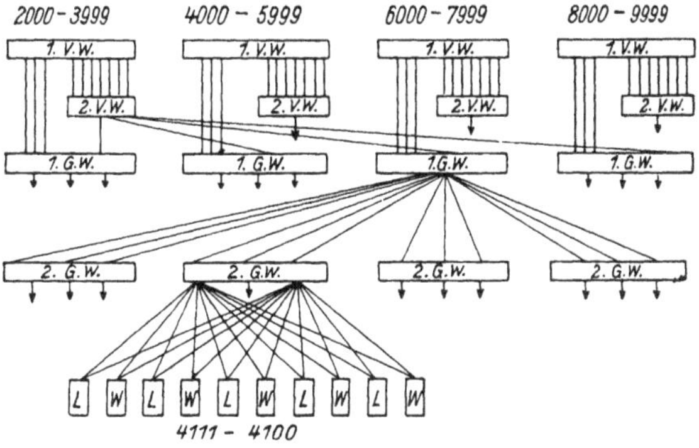

2000–3999    4000–5999    6000–7999    8000–9999

1. V.W.    1. V.W.    1. V.W.    1. V.W.
2. V.W.    2. V.W.    2. V.W.    2. V.W.
1. G.W.    1. G.W.    1. G.W.    1. G.W.
2. G.W.    2. G.W.    2. G.W.    2. G.W.

L W L W L W L W L W
4111 – 4100

Bild 81. Doppelte Vorstufen mit I. und II. VW.

bar sind. So ist ein Verfahren für den Verkehrsausgleich und eine Verminderung der *GW*-Zahlen gegeben (Bild 81).

Ein Rückblick auf die vorstehende Tafel 7 zeigt, daß in jedem Hundert gleichzeitig nie weniger als vier Verbindungen bestehen. Bei dieser Grundbelastung ist also auch kein Ausgleich möglich; dagegen ist die Zusammenlegung der Belastungsspitzen besonders erfolgreich. In der folgenden Tafel 8 sei daher für das gleiche Verkehrsbeispiel der Spitzenverkehr gesondert herausgezogen.

Tafel 8.

**Spitzenwerte der Belegungen nach Abzug der Grundbelastung.**

| Zeit | Hunderter-Gruppen | | | | | | | | Summe |
|---|---|---|---|---|---|---|---|---|---|
| | 1. | 2. | 3. | 4. | 5. | 6. | 7. | 8. | |
| $11^{01}$ | 3 | 1 | 5 | 4 | 2 | 1 | 6 | — | 22 |
| $11^{02}$ | 2 | — | 2 | 3 | — | 6 | 1 | 1 | 15 |
| $11^{03}$ | 4 | 2 | 1 | 2 | 1 | 5 | 3 | — | 18 |
| $11^{04}$ | 1 | 1 | 2 | 6 | 4 | 3 | 5 | 2 | 24 |
| $11^{05}$ | 3 | 4 | 3 | 5 | 6 | 2 | 4 | 1 | 28 |
| $11^{06}$ | 5 | 6 | 1 | 4 | 3 | 4 | 3 | 4 | 30 |
| $11^{07}$ | 6 | 4 | 6 | 2 | 5 | 6 | 1 | 2 | 32 |
| $11^{08}$ | 3 | 2 | 4 | — | 4 | 5 | 2 | 3 | 23 |
| $11^{09}$ | 4 | 4 | 2 | 3 | 2 | 4 | 6 | 5 | 30 |
| $11^{10}$ | 5 | 2 | — | 4 | 4 | 3 | 5 | 6 | 29 |

Entsprechend der Zahlentafel 8 des Spitzenverkehrs jedes Hunderts werden die Ausgänge der I. *VW* gestaffelt. Die ersten vier Ausgänge eines jeden Hunderts sind unmittelbar mit I. *GW* verbunden, nur der 5. bis 10. Ausgang endet an je einem II. *VW*, die Ausgänge der II. *VW* sind gemischt verbunden und führen entsprechend der letzten Tafel zu 32 I. *GW*. Die Anzahl der ersten vier Ausgänge ergibt $8 \times 4 = 32$ I. *GW*, zusammen also 64 I. *GW* für 800 Anschlüsse.

Durch den Einbau von II. *VW* (48 Stück) wurden I. *GW* (16 Stück) erspart. Die *GW*-Sätze sind aber erheblich teurer als die *VW*. Setzt man ein Preisverhältnis von 1 : 4 an, so ergibt sich eine Senkung von $64 - 48 = 16$ Preiseinheiten. Im allgemeinen ist der Einbau doppelter Vorstufen erst bei Anlagen über 1000 Anschlüssen lohnend. Das obige Zahlenbeispiel ist absichtlich gekürzt, um eine schnelle Übersicht zu erhalten.

Bei großen Anlagen wirkt sich dieser Verkehrsausgleich auch auf die folgenden Wahlstufen aus. Man erhält in einem 10 000er-System vergleichsweise folgende Wählerzahlen.

| | | | | | |
|---|---|---|---|---|---|
| Ohne II. *VW* | 10 000 I. *VW* | — | 1000 I.*GW* | 1000 II.*GW* | 1000 *LW* |
| Mit II. *VW* | 10 000 I. *VW* | 600 II.*VW* | 600 I.*GW* | 800 II.*GW* | 1000 *LW* |

Die Anwendung doppelter Vorstufen ist nicht nur auf Vorwähler beschränkt. Ebenso ist eine Anordnung mit I. *AS* und II. *VW* günstig. Die Paarung I. *AS* und II. *AS* ist weniger üblich; hierfür werden einfache Vorstufen mit besonders großen 500erbis 1000er-*AS* bevorzugt. Der Grund für diese Entwicklung liegt im System begründet: jeder I. *VW* belastet mit seinen Kosten voll den Teilnehmeranschluß, deshalb sucht man mit einem billigen 10teiligen Drehwähler auszukommen und mischt den Verkehr über die II. *VW*-Stufe.

Die Anrufsucher dagegen belasten den einzelnen Anschluß in kleinen und mittleren Anlagen etwa mit 10% ihrer Kosten, in größeren Anlagen mit 400teiligen oder 1000teiligen *AS* sinkt der Anteil auf 6...8%, weil der Verkehr mit wachsender Gruppengröße ausgeglichener wird und kleinere prozentuale Spitzen aufweist. Deshalb ist es möglich, große teure Anrufsucher zu verwenden, ohne die einzelnen Anschlüsse im gleichen Maße steigend mit Kosten zu belasten.

### 11. Große Anlagen.

Große Anlagen besitzen mehr als 1000 Anschlüsse, doppelte Vorstufenwahlen und mindestens zwei Gruppenwahlstufen. Ein 100 000er- oder 1 000 000en-System bedingt eine Unterteilung.

Solche Systeme, die eine Großstadt oder einen Bezirk umfassen, enthalten mehrere Knotenämter, denen wiederum mehrere

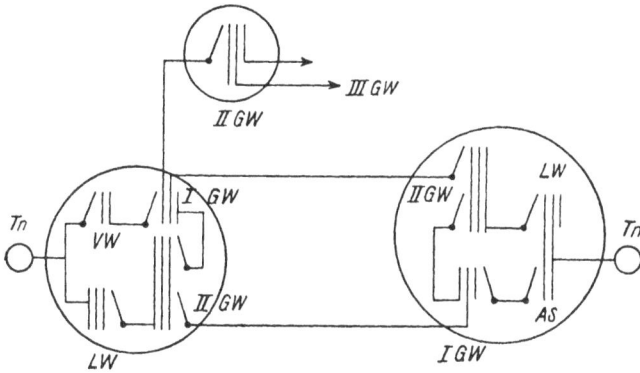

Bild 82. Verbundbetrieb von Vermittlungsstellen.

Vermittlungen zugeordnet sind. Ein System mit 500 000 Anschlüssen besteht aus einer Reihe von Einzelanlagen mit je 10 000 oder 20 000 Teilnehmerleitungen. Auch diese Gliederung ist nicht starr durchgeführt. Von diesen 10 000er-Gruppen können einige wieder in sich in 1000er-Anlagen aufgeteilt sein, wenn die Sprechstellendichte gering ist. Die Knotenämter, die in den Netzmittelpunkten liegen, sind wiederum mit Einzelanlagen teilweise vereinigt. Für den vorliegenden Fall wären mindestens fünf oder mit Rücksicht auf spätere Erweiterungen sechs bis sieben Knotenämter einzurichten (Bild 82).

Die Wahlen für besondere Aufträge erfordern Kennziffern. In kleinen und mittleren Anlagen genügt hierfür die 0-Wahl, um den Anrufer auf einen Abfrageplatz zu schalten, der alle Anfragen und Aufträge entgegennimmt. In großen Anlagen ist eine Unterteilung zweckmäßig, z. B. 01 bei Überfall, 02 Feuer, 04 Auftragsdienst, 00 Fernverkehr usw. Diese zweistelligen Wahlen beanspruchen nur einen I. und II. *GW*. In einem 100 000er-System entfallen daher 1000, in einem Millionensystem sogar 10 000 Anschlußnummern.

Fernwahlen enden zur Zeit an Meldeplätzen im Fernamt. Bei einem vollselbsttätigen Fernbetrieb würde durch freie Wahlen eine Weitergabe über Überweisungsstellen nach einem Hauptamt sich vollziehen. Anschließend muß in mehrstelliger Wahl der verlangte Ort gewählt werden. Zuletzt folgt die Nummer des Ortsanschlusses. Insgesamt ist mit 10...14stelligen Wahlen zu rechnen.

## 12. Verschränken, Staffeln, Mischen.

Freie Wahlen belegen einen beliebigen Ausgang. Beginnt ein Wähler von einer Grundstellung aus sich einzustellen, so werden die ersten Ausgänge häufiger als die letzten belegt sein, weil die Reihenfolge der Belegungsversuche festliegt (I. *VW*, sämtliche *GW*). Ohne Heimlauf nach Trennung einer Verbindung wird dagegen ein Wähler, je nach der zuletzt eingenommenen Stellung, in regelloser Folge Ausgänge zu belegen versuchen (II. *VW*, *AS*). Bei der zweiten Anordnung werden also nicht die ersten Ausgänge bevorzugt, sondern sämtliche, wie es dem Zufall entspricht, ungefähr gleich häufig belegt werden.

Das Verschränken bewirkt bei freien Wahlen, die von einer Grundstellung aus erfolgen, eine verstreut liegende Belegung aller Ausgänge (Tafel 9).

Die Wähler 11...10 belegen mit dem ersten Schritt den Ausgang 1, die zweiten zehn Wähler zuerst den Ausgang 2, die dritten zehn Wähler beginnen mit Ausgang 3 usw.

Das Verschränken der Leitungen des Vielfachfeldes verteilt den Verkehr gleichmäßig, die Leistung des Systems wird indessen nicht erhöht. Im Höchstfall ergeben sich zehn gleichzeitig mögliche Verbindungen.

Tafel 9.
**Verschränken der Ausgänge eines Zehnerbündels.**

| Wähler | Reihenfolge der Schritte und Ausgänge | | | | | | |
|---|---|---|---|---|---|---|---|
| 11 ... 10 | 1 | 2 | 3 | . . . | 8 | 9 | 10 |
| 21 ... 20 | 2 | 3 | 4 | . . . | 9 | 10 | 1 |
| 31 ... 30 | 3 | 4 | 5 | . . . | 10 | 1 | 2 |
| 41 ... 40 | 4 | 5 | 6 | . . . | 1 | 2 | 3 |
| 51 ... 50 | 5 | 6 | 7 | . . . | 2 | 3 | 4 |
| 61 ... 60 | 6 | 7 | 8 | . . . | 3 | 4 | 5 |
| 71 ... 70 | 7 | 8 | 9 | . . . | 4 | 5 | 6 |
| 81 ... 80 | 8 | 9 | 10 | . . . | 5 | 6 | 7 |
| 91 ... 90 | 9 | 10 | 1 | . . . | 6 | 7 | 8 |
| 01 ... 00 | 10 | 1 | 2 | . . . | 7 | 8 | 9 |

Das Staffeln der Leitungen eines Vielfachfeldes verfolgt einen anderen Zweck, der übersichtlich an einer 100er-Gruppe zu zeigen ist.

Übersteigt die Verkehrsspitze den Durchschnittswert 10%, so müssen mehr Ausgänge je Hundert geschaffen werden. Dieser Fall tritt in denjenigen 100er-Gruppen auf, die Mehrfachanschlüsse enthalten. Diese Aufgabe ist zu lösen, ohne von der üblichen Zehnereinteilung der Wähler abweichen zu müssen.

Die Staffelung sieht beispielsweise auf den ersten Schritten eine Unterteilung in zwei 50er-Gruppen vor, die über getrennte Ausgänge zu der folgenden *GW*- oder *LW*-Stufe führen. Die letzten Ausgänge sind gemeinsam für sämtliche 100 Anschlüsse erreichbar (Tafel 10).

Tafel 10.
**Staffelung der Ausgänge in einem 15er-Bündel.**

| Vorwähler Nr. | Drehschritte jedes Vorwählers | | | | | | | | | |
|---|---|---|---|---|---|---|---|---|---|---|
| | 1 | 2 | 3 | 4 | 5 | 6 | 7 | 8 | 9 | 10 |
| | Ausgang nach *GW* oder *LW* Nr. | | | | | | | | | |
| 11...10 | 1 | 3 | 5 | 7 | 9 | 11 | 12 | 13 | 14 | 15 |
| bis | 1 | 3 | 5 | 7 | 9 | 11 | 12 | 13 | 14 | 15 |
| 51...50 | 1 | 3 | 5 | 7 | 9 | 11 | 12 | 13 | 14 | 15 |
| 61...60 | 2 | 4 | 6 | 8 | 10 | 11 | 12 | 13 | 14 | 15 |
| bis | 2 | 4 | 6 | 8 | 10 | 11 | 12 | 13 | 14 | 15 |
| 01...00 | 2 | 4 | 6 | 8 | 10 | 11 | 12 | 13 | 14 | 15 |

Diese Staffelung berücksichtigt, daß die ersten Ausgänge häufiger als die letzten belegt werden, deshalb ist die Teilung auch in den ersten fünf Ausgängen vollzogen. Mit diesem Verfahren können nach Bedarf auch weniger oder mehr Ausgänge geschaffen werden, was sich durch einfaches Auszählen leicht ergibt.

Das Übergreifen der Leitungen von einem Vielfachfeld zum benachbarten ist ein weiteres Verfahren, den Verkehr zu verteilen (Tafel 11).

Tafel 11.

**Übergreifen der Ausgänge in einem Zehnerbündel.**

| Vorwähler Nr. | Zehn Drehschritte in freier Wahl | | | | | | | | | |
|---|---|---|---|---|---|---|---|---|---|---|
| | 1 | 2 | 3 | 4 | 5 | 6 | 7 | 8 | 9 | 10 |
| | Ausgang nach GW oder LW Nr. | | | | | | | | | |
| 501...500 | 51 | 52 | 53 | 54 | 55 | 56 | 57 | 58 | 59 | 60 |
| 111...110 | 1 | 52 | 53 | 54 | 55 | 56 | 57 | 58 | 59 | 60 |
| 121...120 | 1 | 2 | 53 | 54 | 55 | 56 | 57 | 58 | 59 | 60 |
| 131...130 | 1 | 2 | 3 | 54 | 55 | 56 | 57 | 58 | 59 | 60 |
| 141...140 | 1 | 2 | 3 | 4 | 55 | 56 | 57 | 58 | 59 | 60 |
| 151...150 | 1 | 2 | 3 | 4 | 5 | 56 | 57 | 58 | 59 | 60 |
| 161...160 | 1 | 2 | 3 | 4 | 5 | 6 | 57 | 58 | 59 | 60 |
| 171...170 | 1 | 2 | 3 | 4 | 5 | 6 | 7 | 58 | 59 | 60 |
| 181...180 | 1 | 2 | 3 | 4 | 5 | 6 | 7 | 8 | 59 | 60 |
| 191...190 | 1 | 2 | 3 | 4 | 5 | 6 | 7 | 8 | 9 | 60 |
| 101...100 | 1 | 2 | 3 | 4 | 5 | 6 | 7 | 8 | 9 | 10 |
| 211...210 | 11 | 2 | 3 | 4 | 5 | 6 | 7 | 8 | 9 | 10 |
| 221...220 | 11 | 12 | 3 | 4 | 5 | 6 | 7 | 8 | 9 | 10 |
| 231...230 | 11 | 12 | 13 | 4 | 5 | 6 | 7 | 8 | 9 | 10 |

In der senkrechten Spalte stehen die Wählerausgänge von drei 100er-Gruppen. Der erste Schritt erreicht den Ausgang 1, der nur einer Gruppe zugänglich ist. Der zweite Schritt greift teilweise über: für die Wähler 111...110 ist der Ausgang 52 gemeinsam mit den Wählern 501...500, andrerseits ist der Ausgang 2 gemeinsam für 121...100 und 211...210 erreichbar. Dieses Übergreifen der Vielfachleitungen verschiebt sich mit jedem Schritt um je ein weiteres Zehnt.

Die Verkehrsspitzen in jeder 100er-Gruppe treten zeitlich verschoben auf. Ein Ausgleich nach einem benachbarten Hundert ist möglich, weil dort noch Wege bzw. Ausgänge frei sein können. Denkt man sich zunächst nur das eine Hundert in Betrieb, so

sind für je 50 *VW* schon 15, je 100 *VW* sogar 19 belegbare Ausgänge auszuzählen. Allerdings wird nie diese Anzahl voll erreicht
werden, weil die Anrufe innerhalb eines Hunderts ungleich verteilt auftreten. Immerhin ist es wahrscheinlich, mehr als 10 bis
15 Anrufe durchzubringen, selbst wenn die Nachbargruppen in
Betrieb sind und deren Besetzteinfluß sich geltend macht.

Durch Staffeln und Übergreifen ist die Leistung eines Vielfachfeldes zu erhöhen. Alle drei Verfahren werden gleichzeitig
angewandt und in dieser Art als Mischen der Ausgänge bezeichnet.

Die abgehenden Leitungen, welche gemeinsam von Stufe
zu Stufe führen, bilden ein Bündel. Ein 10er- oder 20er-Bündel
ist unvollkommen, weil die Belegungsdauer jeder einzelnen
Leitung sich nicht voll ausnutzen läßt. Durch Mischen von
100 Vielfachleitungen ergibt sich ein vollkommenes Bündel, die
Benutzungsdauer jeder einzelnen Leitung steigt auf 75% der
Hauptverkehrsstunde. Mit 25% toter Zeit für Auf- und Abbau
von Verbindungen ist auch im Bestfall zu rechnen.

### 13. Mischwähler, Umsteuerwähler, Mitlaufwähler.

Eine beliebige *GW*-Stufe setzt sich aus einer zwangläufigen
und einer freien Wahl zusammen. In der Regel sind in freier
Wahl 10 Ausgänge nach der nächsten Stufe zu erreichen. Diese
Ausgänge werden über je einen Mischwähler geführt, der wie ein
II. *VW* die Zahl der verfügbaren Ausgänge vermehrt und mischt.
Da zwischen den Nummernwahlen die Einstellzeit sehr kurz ist,
arbeitet der Mischwähler mit Voreinstellung auf eine freie Leitung.

In großen Anlagen verläuft der Verbindungsaufbau über
mehrere *GW*-Stufen. Die Leitungsführung beginnt in der Vermittlung des *A*-Teilnehmers, erreicht abgehend ein Knotenamt
oder Netzgruppenamt, endet ankommend entweder in einer
fremden oder der eigenen Vermittlung, jeweils entsprechend der
Anschlußnummer des *B*-Teilnehmers. Sämtliche Verbindungen
von und nach der eigenen Vermittlung machen einen Umweg
über ein Knotenamt, der sich kürzen läßt.

Deshalb stellen die Kennziffernwahlen in der eigenen Vermittlung durch Addition einen Drehwähler ein, der als Mitläufer
arbeitet. Werden dabei Drehschritte erreicht, die den Anschlußnummern der eigenen Vermittlung entsprechen, so fängt sich
je ein Relais. Sämtliche Relais bestätigen die Kennziffer und veranlassen einen Umsteuerwähler, der als Mischwähler in der
bisherigen Verbindung eingeschaltet war, diesen Weg zu trennen
und von der ersten Kontaktreihe auf eine zweite weiterzudrehen.

In freier Wahl belegt der Umsteuerwähler eine Querverbindung innerhalb der eigenen Vermittlung, z. B. hinter dem I. $GW$ abzweigend nach einem IV. $GW$ oder $LW$. Die übrigen Wahlstufen (II., III. $GW$) und die Verbindungsleitungen werden wieder freigegegeben (Bild 83).

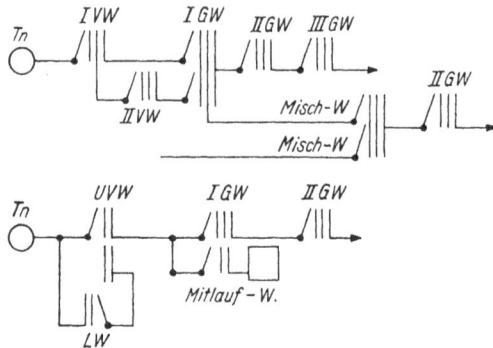

Bild 83. Anordnung von Mischwählern, Mitlaufwählern und Umsteuerwählern.

## 14. Nebenstellenanlagen.

Der Verbindungsaufbau im Innenverkehr von Nebenstellenanlagen vollzieht sich bei Wählbetrieb in gleicher Weise wie bei den üblichen 10er-, 100er-, 1000er-, 10 000er-Systemen.

Der Amtsverkehr erfordert besondere Einrichtungen. Für den ankommenden Verkehr ist eine Abfragestelle vorzusehen. welche mittels Wählscheibe oder Zahlengeber die Weiterverbindung herstellt. Im abgehenden Verkehr ist die Einschaltung auf eine Amtsleitung von jeder Nebenstelle aus möglich, entweder durch Tastendruck oder durch Wahl einer Kennziffer.

Diese Anlagen arbeiten selbsttätig im abgehenden Verkehr. Ist nur eine Amtsleitung vorhanden, so genügt bei Kleinanlagen ein Relaissatz, der die Durchschaltung vollzieht. In mittleren Anlagen mit mehr als 10 bis 200 Nebenstellen werden Amtswähler eingebaut, welche als Anrufsucher die Nebenstelle finden und auf eine Amtsleitung durchschalten. Die Anzahl der Amtswähler entspricht den Amtsleitungen; hierbei ist vorausgesetzt, daß alle Leitungen nach dem gleichen Amt führen (Bild 84).

Eine Nebenstellenanlage kann auch mit mehreren Vermittlungen verkehren, entweder mit Ämtern oder über Querverbindungen mit anderen Nebenstellenanlagen. In diesem Fall ist eine Kennziffernwahl nicht zu umgehen.

Die Einschaltung auf eine Außenleitung ist verschieden durchführbar.

In 1000er-Anlagen mit einer *GW*-Stufe werden durch eine einstellige Wahl (1,9 oder 0) die Ausgänge bestimmter Höhenschritte mit den Außenleitungen verbunden. Innerhalb des Systems fallen dadurch ein- bis dreihundert Anschlüsse aus, außerdem ist es fraglich, ob sämtliche Ausgänge am *GW* voll ausgenutzt sind.

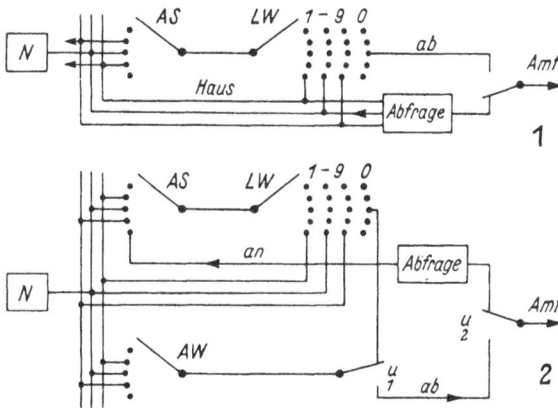

Bild 84. Verbindung von Nebenstellen mit Amt (*1*) über LW und (*2*) über AW.

In 100er-Anlagen entfallen durch eine vorgesehene 0-Wahl noch 10 Anschlüsse, über die durch zweistellige Kennziffern verschiedene Richtungen erreichbar sind. Dieses Verfahren benutzt die gleichen Wege für Innen- und Außenverkehr. Bei starkem Hausverkehr kann der Amtsverkehr nicht durchkommen.

Eine Trennung der Wege für Innen- und Außenverkehr vermeidet diesen Nachteil.

Besondere Amtswähler stellen eine Verbindung nach außen her. Eine mehrstellige Kennziffernwahl beansprucht anfänglich einen Hausweg bis zur *LW*-Stufe, dadurch wird ein Amtswähler angelassen, der den Anrufer findet, und hernach der Hausweg wieder ausgelöst.

Bei einer Rückfrage während einer Amtsverbindung wird durch Tastendruck die Umschaltung auf einen Hausweg vollzogen. Die Amtsverbindung bleibt im Wartezustand und wird gehalten, währenddessen die Nebenstelle sich eine Hausverbindung herstellt. Die Abschaltung und Rückverbindung mit Amt erfolgt wieder durch Tastendruck.

Ein Umlegen einer Amtsverbindung von einer zur anderen Nebenstelle ist ohne oder mit Hilfe der Abfragestelle ausführbar. Falls nur eine einzige Amtsleitung angelegt ist, genügt es über einen Hausweg die gewünschte Nebenstelle anzurufen und zum Eintreten in die Amtsverbindung aufzufordern. Sind mehrere Amtsleitungen vorhanden, so ist entweder die Abfragestelle zu benachrichtigen oder, wenn mehrere Abfrageplätze eingerichtet sind, durch Anhängen zu trennen. Am Abfrageplatz erscheint darauf ein Flackerzeichen, welches zur wiederholten Abfrage auffordert.

### 15. Anrufsuchersysteme.

Ein beliebiger Anruf aus einer Gruppe von Anschlüssen ist zu finden. Für eine Verbindung stehen mehrere Anrufsucher zur Verfügung.

Allgemeine Forderungen für alle Anrufsuchersysteme sind:
1. Bildung großer Teilnehmergruppen,
2. Einhaltung kleiner Suchzeiten,
3. Nachbaraushilfe aller Anrufsucher.

In kleinen Anlagen bis zu 50 Anschlüssen bilden sämtliche Teilnehmer eine einzige Gruppe, jeder Anrufsucher kann jeden Anruf annehmen. In mittleren Anlagen ist eine Aufteilung in 50er- oder 100er-Gruppen notwendig. Eine noch größere Gruppe ergäbe einen besseren Verkehrsausgleich. Die obere Grenze ist durch wirtschaftliche Erwägungen gezogen. Es vermindern sich mit wachsender Gruppengröße der Verkehrsausgleich und die Absatzmöglichkeit großer Wähler, deshalb ist es kaum lohnend Anrufsucher für mehr als 200 Anschlußleitungen herzustellen.

Die Suchzeit hängt von der Einstellgeschwindigkeit und der Bauart eines Wählers ab. Ein Wähler erreicht etwa 30...40 Schritte in der Sekunde. Für 50teilige Drehwähler ergibt sich im ungünstigsten Fall eine größte Suchzeit 1,43 s, bei 100teiligen sogar 2,46 s, wenn der Anrufer am Ende der Kontaktreihe gefunden wird. Von einem Hebdrehwähler mit 10 Heb- und 10 Drehschritten wird der hundertste Anschluß schon nach 0,75 s gefunden, mit Doppelkontakten und 200 Anschlüssen ausgerüstet erhöht sich diese Suchzeit nicht, um auch die Nummer 200 zu finden.

Eine Kürzung der Suchzeiten mit Drehwählern ist auch konstruktiv zu lösen: entweder durch Wähler mit 10er-Sprüngen und 1er-Schritten oder durch Vermehrung der parallelen Arme und Kontaktbänke, durch welche eine Gruppe und damit die Suchzeit hälftig geteilt wird.

Die Anrufsuchersysteme gliedern sich in Ausführungen mit ein- und zweibahnigen Wählern. Zu der ersten Art gehören Drehwähler, Fallwähler, Motorwähler, zu der zweiten sämtliche Hebdreh-, Schubdreh- oder Drehhebwähler.

### 1. Systeme mit Einbahnwählern.

a) Ohne Grundstellung der Sucher und Sammelanlauf. Auf einen Anruf hin laufen sämtliche $AS$ an, einer findet, die übrigen werden stillgesetzt. Da die Wähler auf beliebigen Schritten stehen, wird meistens nach kurzer Suchzeit der Anrufer gefunden.

b) Ohne Grundstellung der Sucher und Einzelanlauf in bestimmter Reihenfolge. Die meisten Verbindungen fallen dem ersten $AS$ zu, erst wenn der Gleichzeitigkeitsverkehr steigt, werden auch die nächsten der Reihe nach angelassen. Die Suchzeit bleibt dem Zufall überlassen.

c) Ohne Grundstellung der Sucher und mit Einzelanlauf geregelt durch einen Rufordner. Der Ordner ist ein Wähler, der jeden weiteren Anruf dem nächstfolgenden Sucher zuweist. Sämtliche $AS$ werden gleichmäßig benutzt, die Suchzeiten aber nicht verkürzt.

d) Mit einheitlicher Grundstellung aller Sucher und Einzelanlauf. Der erste $AS$ läuft an und findet. Nach der Auslösung dreht der $AS$ weiter bis zum letzten Wartekontakt. Der nächste Anruf läßt den zweiten $AS$ an usw., bis auch der letzte $AS$ einer Gruppe seine Wartestellung erreicht. Dadurch rücken alle $AS$ in die Grundstellungen ein. Den nächsten Anruf übernimmt wieder der erste $AS$. Der Rufordner entfällt. Sämtliche $AS$ werden gleichmäßig benutzt.

e) Mit versetzten Grundstellungen aller Sucher und Einzelanlauf. Die Grundstellungen innerhalb der 50er-Gruppe sind: 50, 10, 20, 30, 40. Jeder $AS$ ist einem anderen Zehnt zugeordnet und findet nach höchstens zehn Schritten den Anruf. Die Nachbaraushilfe leistet bei einem zweiten Anruf im gleichen Zehnt derjenige $AS$, welcher den kürzesten Anlaufweg hat. Im Durchschnitt sind die Suchzeiten kurz. Die Anrufe verteilen sich auf alle $AS$ ungefähr gleichmäßig.

### 2. Systeme mit Zweibahnwählern.

a) Mit Rufordner und Zehnersucher (Kopfleiste).

Der Rufordner teilt jeden Anruf einem Wähler zu. Der Zehnersucher findet die Höhenschritte für den $AS$. Der $AS$ hebt, dreht ein und findet den Anruf. Die Hilfswähler kehren in ihre Grundstellung zurück und stehen für den nächsten Anruf bereit.

11*

Der Zehnersucher ist durch eine Kopfleiste am Hebdrehwähler zu ersetzen, welche das Prüfen der Höhenschritte übernimmt.

b) Mit direktem und indirektem Suchvorgang.

Jeder $AS$ besitzt eine elfte Kontaktreihe, die unten angeordnet
ist und ein Eindrehen aus der Grundstellung gestattet, ohne die
Wählerarme heben zu müssen. An jedem $AS$ liegt ein bestimmtes
Zehnt eines Hunderts.

Der Erstanruf aus einem Zehnt wird von dem $AS$ angenommen, in dessen elfter Kontaktreihe die anrufende Leitung
liegt. Nach höchstens zehn Schritten ist der Anruf gefunden.
Auslösung durch Zurückdrehen.

Ein zweiter Anruf aus demselben Zehnt läßt den Rufordner
an, der einen freien $AS$ belegt. Mit Zehnersucher oder Kopfleiste werden die erforderlichen Höhenschritte ermittelt, durch
Eindrehen der Anruf gefunden.

c) Mit Anlaßkettenleitung.

Der $AS$ vollzieht die Höhenschritte durch Prüfen längs der
Kopfleiste, dann Eindrehen und Finden. Jeder $AS$ ist einem
bestimmten Zehnt zugeordnet. Sobald ein $AS$ belegt ist, werden
über eine Anlaßkette alle folgenden Anrufe aus einem Zehnt
dem Nachbar zugewiesen.

In sämtlichen Anrufsuchersystemen mit Hebdrehwählern
kehrt der $AS$ nach der Auslösung in seine Grundstellung zurück.

# IV. Vielfachschaltungen.

## A. Grundschaltungen.

### 1. Speisung.

Die Stromversorgung einer Anschlußstelle erfolgt entweder durch Orts- oder Einzelbatterien (*OB*), durch Netzanschlußgeräte oder von der Vermittlung aus einer Zentralbatterie (*ZB*). Da ohnehin über die Außenleitungen verschiedene Signale auszutauschen sind, wird vorteilhaft der *ZB*-Speisungsstrom für diese Zwecke mit herangezogen.

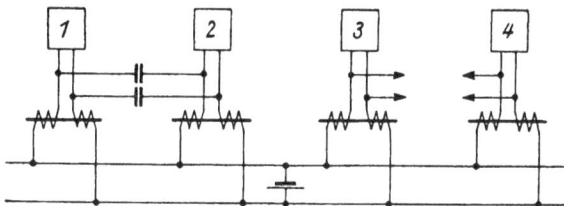

Bild 85. Anordnung von ZB-Speisungen für Anschlußstellen.

Jede Außenleitung ist durch Induktivitäten (Drosselspulen, Relaiswicklungen, Übertrager) gegen die Batteriesammelschienen zu verriegeln, um ein Übersprechen zu unterdrücken (Bild 85). Aus demselben Grunde muß der Innenwiderstand der Speiseleitungen und der Zentralbatterie hinreichend klein sein, um eine gemeinsame Speisung aller Anschlüsse zu ermöglichen.

### 2. Nummernwahl.

Über die Außenleitungen sind zu geben: Anrufzeichen, Amtszeichen, Stromschritte, Anfang und Ende der Schrittfolgen, Rufstrom, Frei- oder Besetztmeldung, die eigentliche Fernmeldung, Schlußzeichen beider Teilnehmer, Auslösung der Verbindung.

Zur Verfügung steht ein Leitungspaar; für Schaltkennzeichen kann bei ausreichenden Spannungen als dritter Zweig
die Erde mitbenutzt werden. In der Regel muß man für sämtliche Signale mit zwei Adern auskommen.

Die Signale unterscheiden sich durch Stufung, Polung,
Stromart, Frequenz, Zeit- und Schrittfolgen.

Anruf- und Schlußzeichen werden bei $OB$-Speisung durch
»An- und Abläuten«, bei $ZB$-Speisung durch Ein- und Ausschalten
des Schleifenstromes gegeben. Dazwischen reiht sich die Nummernwahl ein.

Der Nummernschalter besitzt ein Laufwerk, welches durch
Drehen der Wählscheibe aufgezogen wird und dessen Rücklauf-
geschwindigkeit durch eine Fliehkraftbremse geregelt ist. Hierbei
werden folgende Kontakte betätigt:

$nsi$ Impulskontakt erzeugt eine der gewählten Ziffer entsprechende Anzahl von Stromschritten während des ge-
regelten Rücklaufes.

$nsa$ Arbeitskontakt schaltet einmalig beim Verlassen und Erreichen der Ruhestellung (Anfang und Ende der Nummernwahl).

$nsr$ Rücklaufkontakt findet sich bei neueren Nummernschaltern.
Der Anlaufweg zwischen dem ersten Fingerloch und dem
Anschlag ist soweit verlängert, daß beim Rücklauf überzählige Stromschritte entstehen würden, die durch den
Rücklaufkontakt unterdrückt werden. Dieser tote Gang
dehnt die notwendige Pause zwischen den einzelnen Abläufen, um eine Addition schnell sich folgender Impulsreihen
zu verhüten.

Die genannten Kontakte können entsprechend den Schalt-
bedingungen Ruhe-, Arbeits-, Wechsel- oder Doppelkontakte
sein. In der Regel ist $nsi$ ein Ruhekontakt, der sich während der
Wahl mehrmals öffnet. $nsa$ ein Doppelarbeitskontakt und $nsr$
ein Kurzschlußkontakt.

Die Schrittreihen unterscheiden sich bei Gleichstromwahl
durch große, die einzelnen Schritte durch kleine Zeitabstände.

Diese Schaltungsmerkmale werden durch Verzögerungsrelais
ausgewertet, welche kurzzeitige Schaltvorgänge übergehen, aber
auf längere Schaltpausen ansprechen.

Die Impulsgabe läßt sich galvanisch, induktiv oder kapazitiv
übertragen (Bild 86).

Teil 1. $OB$-Speisung. Anruf durch Schließen des Hakenumschalters $HU$. Nummernwahl durch mehrmaliges Öffnen von

*nsi*. Während der Impulsgabe schließt *nsa* das Sprechgerät kurz, um den Schleifenwiderstand zu vermindern und Knackgeräusche im Fernhörer zu verhüten. Schlußzeichen durch Öffnen von *HU*.

Teil 2. *ZB*-Speisung. Gleiche Arbeitsweise wie bei Teil 1.

Teil 3. *OB*-Speisung mit Erde als dritte Ader. Anrufzeichen: Relais *A* zieht an. Nummernwahl: *A* fällt mehrmals kurzzeitig ab. Schlußzeichen: *A* ist dauernd abgefallen.

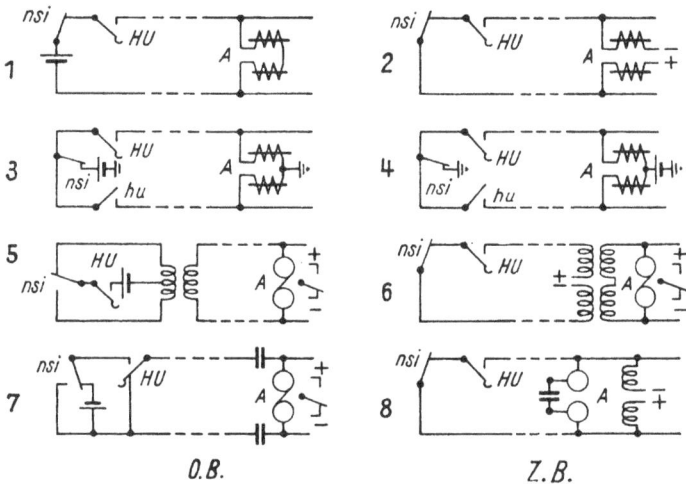

Bild 86. Nummernwahl mit verschiedener Übertragung der Stromschnitte.

Teil 4. *ZB*-Speisung mit geerdeter Mitte der Batterie. Anrufzeichen: *A* zieht an. Nummernwahl: *A* pendelt. Schlußzeichen: *A* fällt endgültig ab. Die Benutzung beider Adern in Parallelschaltung für die Impulsgabe erhöht die Reichweite der Übertragung.

Teil 5. *OB*-Speisung. Ein- und Ausschalten des Gleichstromes erzeugt mittels des Übertragers Stromstöße verschiedener Richtung. Das gepolte Empfangsrelais *A* schlägt abwechselnd nach der Plus- oder Minusseite um. Anrufzeichen: *HU* wird geschlossen, *A* schlägt nach Plus um, Nummernwahl: *nsi* schaltet mehrmals um, *A* pendelt zwischen Plus- und Minusseite. Schlußzeichen: *Hu* wird geöffnet, *A* schlägt endgültig nach Minus in die Ruhestellung um.

Teil 6. *ZB*-Speisung. Die Arbeitsweise ist ähnlich der Anordnung in Teil 5. Der Impulskontakt polt aber nicht die Stromrichtung um, sondern schaltet den Speisungsstrom nur aus und ein. Auch hierbei entstehen gerichtete Stromstöße, welche das gepolte Relais steuern.

Teil 7. *OB*-Speisung. Vor dem gepolten Empfangsrelais liegen Kondensatoren, welche abwechselnd geladen und entladen werden. Anrufzeichen: *HU* schließt, durch einen Ladungsstromstoß schlägt *A* nach der Plusseite um. Nummernwahl: Durch mehrmaliges Laden und Entladen der Kondensatoren pendelt *A* zwischen Minus- und Plusseite. Schlußzeichen: *Hu* schließt die Schleife kurz, die Entladung bringt das Relais *A* nach Minus in die Grundstellung.

Teil 8. *ZB*-Speisung. Anrufzeichen: *Hu* schließt und entlädt den Kondensator. *A* schlägt von Minus nach Plus um. Nummernwahl: *nsi* öffnet mehrmals, also pendelt *A*. Schlußzeichen: *Hu* öffnet und ladet den Kondensator, *A* wendet sich endgültig nach Minus. Hierbei muß der Schleifenwiderstand kleiner als der Vorwiderstand zur Batteriespeisung sein, um große Ausgleichströme zu erhalten.

In allen Fällen genügt ein einziges Relais für den Empfang dieser verschiedenen Signale. Die beschriebenen Verfahren sind anwendbar, wenn zwischen Geber und Empfänger nur mäßige Entfernungen liegen. Bei großen Entfernungen ist der Gleichstrom- durch Wechselstrombetrieb zu ersetzen. Ohne Verstärker werden diese Signale mit Niederfrequenz (50 oder 100 Hz), mit Verstärkern mit Mittelfrequenz (zwischen 150 und 1000 Hz) gegeben. Die gesamte Übertragung gliedert sich dann in drei Abschnitte:

1. Gleichstromwahl zwischen dem Anschluß einer Orts- und Fernvermittlung,

2. Wechselstromwahl über die Leitungen zwischen zwei Fernvermittlungen,

3. Gleichstromwahl zwischen einer Fern- und Ortsvermittlung.

Die Signale sind also zweimal umzusetzen, um Anrufzeichen, Nummernwahl und Schlußzeichen durchzugeben. Als Merkmal für eine Belegung kann bei Gleichstrom die Leitung unter Strom stehen, ohne die Nachrichtendurchgabe zu stören. Ein Wechselstrom würde während des Gesprächszustandes stören, weil seine Frequenz hörbar ist. Deshalb muß das Belegungs- und Schlußzeichen vorher und nachher kurzzeitig erfolgen. Der Haken- oder Gabelumschalter schließt (Anruf) und öffnet (Schluß) die Gleichstromschleife. Dieses Dauersignal ist in zwei kurzzeitige Einzelsignale zu übersetzen.

Die Schaltung setzt eine Nummernwahl nur in einer Übertragungsrichtung voraus. Auf der Gebeseite endet die zweiadrige ZB-Leitung und werden ihre Signale umgesetzt. Auf der Empfangsseite sind zwei Übersetzerschaltungen für den Übergang auf ein zwei- oder dreiadriges System gezeigt (Bild 87, Teil 1).

Anrufzeichen: *HU* schließt, *A* dauernd angezogen.

Übersetzung: *A* zieht zuerst, darauf zieht *V* an. Durch deren Kontakte *a* und *v* wird die Belegung durch einen kurzen Wechselstromschritt gemeldet.

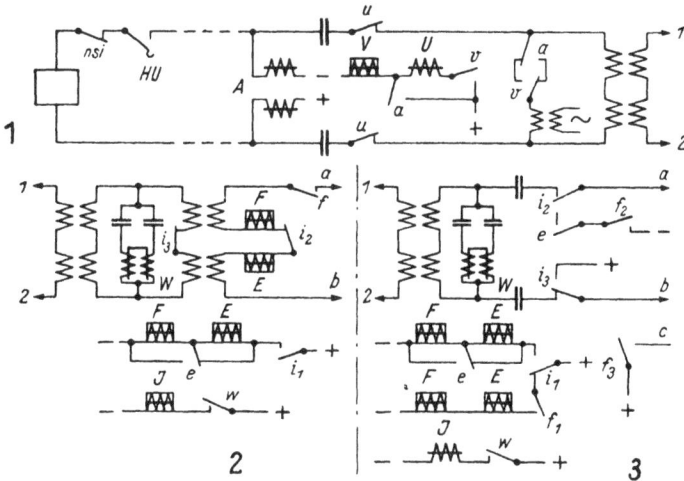

Bild 87. Nummernwahl über Fernleitungen: (*1*) Umsetzer Gleichstrom-Wechselstrom, (*2*) Umsetzer Wechselstrom-Gleichstrom für zweiadrige Verbindungen und (*3*) für dreiadrige Verbindungen.

Nummernwahl: *A* fällt mehrmals ab und gibt mit *a* eine Wechselstromschrittreihe. Gleichzeitig zieht *U* an und verhütet durch *u* die rückwärtige störende Übertragung. Nach jeder Wahlreihe fällt *U* wieder ab.

Schlußzeichen: *A* fällt dauernd ab.

Übersetzung: Ein langer Wechselstromschritt wird mit *a* und *v* gegeben, bis *V* mit Verzögerung abfällt. Die Freigabe ist gemeldet.

Auf der Empfangsseite liegt ein Wechselstromrelais *W*, welches auf alle Signale anspricht. Den Übergang auf ein zweiadriges System zeigt Bild 87, Teil 2.

Belegung: $W$ zieht kurzzeitig an und schaltet $J$ ein und aus. Durch $i_1$ kommt $F$ und hält sich bis zum ständigen Schluß der $ZB$-Speisung.

Minus »$a$« $i_2$ $f$ $\ddot{U}$ $F$ $E$ $\ddot{U}$ »$b$« Plus.

Damit bleiben dauernd $F$ und $E$ angezogen. Die Gleichstromschleife ist geschlossen.

Nummernwahl: $A$, $a$, $W$, $w$, $J$, $i$ pendeln.

Freigabe: $W$ und $J$ ziehen langzeitig an. Dadurch schließt $i_1$ und öffnet $i_2$, $F$ fällt ab, $E$ bleibt erregt bis $W$ und $J$ abfallen. Die Gleichstromschleife ist endgültig unterbrochen.

Den Übergang auf ein dreiadriges System zeigt Bild 87, Teil 3.

Die Nummernwahl wird mit Arbeitsstromschritten über die $a$-Ader weitergegeben, die Belegung erfolgt durch Einschalten der $c$-Ader.

Belegung: $W$, $J$ und $F$ ziehen folgezeitig an, $f_3$ belegt über die $c$-Ader den abgehenden Weg. $W$ und $J$ fallen ab; $F$ hält sich verzögert bis sich $F$ und $E$ über $f_1$ fangen.

Nummernzahl: $A$, $a$, $W$, $w$, $J$, $i$ pendeln.

Freigabe: $W$ und $J$ ziehen langzeitig an, bis $F$ abfällt. Schließlich fallen $W$, $J$ und $E$ ab. Die $c$-Ader wird durch $f$ geöffnet.

### 3.' Sprechstellen.

Diese Schaltungen (Bild 88) vereinigen die Lösung folgender Aufgaben:

1. Gegenseitiger Anruf durch Gleich- oder Wechselstrom.
2. Gegenseitiger Sprechverkehr mit $OB$- oder $ZB$-Speisung.
3. Nach Bedarf mit oder ohne Nummernwahl.

Teil 1: Anruf mit Batteriestrom und Gleichstromwecker. Sprech- und Hörkreis nur induktiv gekoppelt. Gesonderte $OB$-Speisung.

Teil 2: Mitbenutzung der Mikrophonbatterie für den Rufstrom. Ersatz der getrennten Arbeitskontakte durch einen Doppelarbeitskontakt am Hakenumschalter.

Teil 3: $OB$-Stelle mit Paralleleinschaltung des Induktorrufstromes. Der Wellenkontakt $i$ schaltet das Sprechgerät während des Anrufes aus.

Teil 4. $OB$-Stelle mit Reiheneinschaltung des Induktorrufstromes. Der Wellenkontakt $i$ schließt das Sprechgerät während des Anrufes kurz.

Teil 5. *ZB*-Stelle. Die eigene Einsprache wird mitgehört. Der Weckerkreis bleibt parallel zur Sprechleitung eingeschaltet. Nach Bedarf für *W*-Betrieb mit Nummernschalter (*nsi. nsa*).

Teil 6. *ZB*-Stelle mit Nummernschalter. Rückhördämpfung der Einsprache. Funkentstörung des Impulskontaktes.

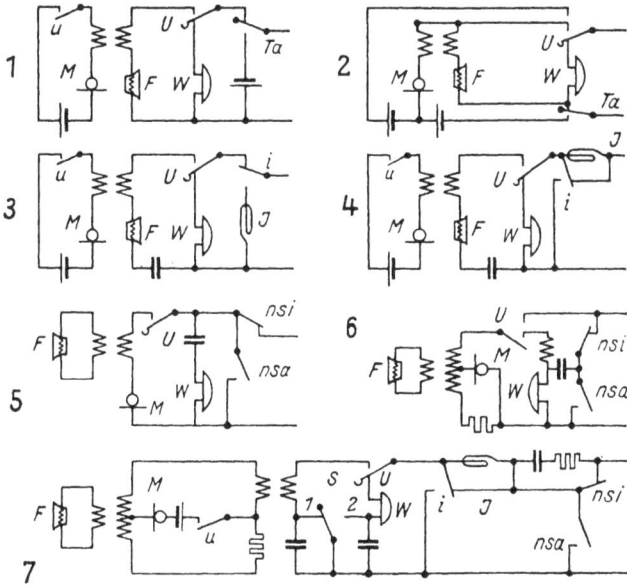

Bild 88. Schaltungen von Sprechstellen.

Teil 7. *OB-ZB-W*-Stelle für jede Betriebsart. Rückhördämpfung der Einsprache. Funkentstörung des Impulskontaktes. Umschalter *S*: nach 1 legen für Schlußzeichengabe bei *ZB*-Betrieb, nach 2 legen für Schlußzeichengabe bei *OB*-Betrieb.

## 4. Schrittgeber für freie Wahlen.

Für den Vortrieb sämtlicher Schrittschaltwerke ist eine Stromschrittgabe (Impulsgabe) notwendig. Zwangläufige Schritte werden durch Nummernwahl, freie Schritte durch periodische Schrittgeber gesteuert. Eine freie Impulsgabe ist durch mechanische Selbstunterbrecher am Wähler selbst, durch selbständige Pendelunterbrecher, durch Relaisunterbrecher oder Fortschaltekreise möglich und beträgt etwa 25 bis 35 Schritte je Sekunde (Bild 89).

Eine Steigerung der Schrittzahlen ist schwer möglich, weil auf jeden Schritt eine Pause als Prüfzeit auf »Frei« oder »Besetzt« folgen muß. Diese beträgt etwa 10 ms für neutrale oder 3 ms für gepolte Prüfrelais.

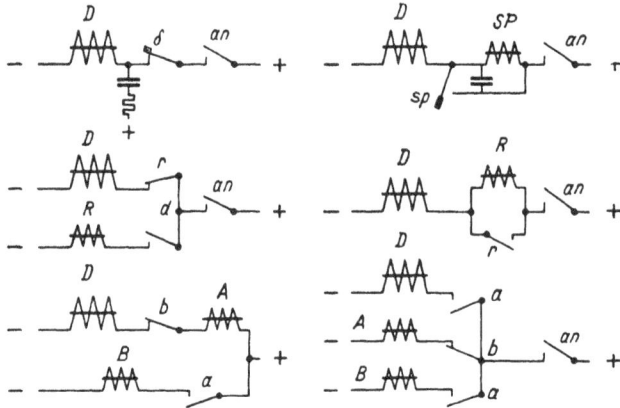

Bild 89. Schrittgeber für freie Wahlen. 1. mit Selbstunterbrecher, 2. mit Pendel-unterbrecher, 3. und 4. mit Fortschaltekreis, 5. und 6. mit Relaisunterbrecher.

### 5. Besetztprüfung.

In Vielfachschaltungen ist jede Leitung über mehrere Verbindungswege erreichbar. Um unzulässige Doppelbelegungen zu vermeiden, ist vorher eine Besetztprüfung vorzunehmen.

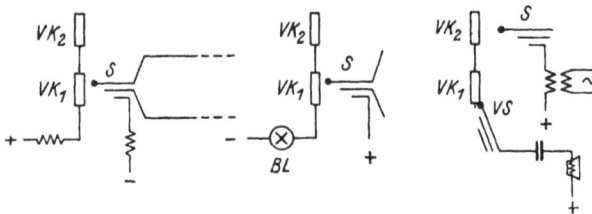

Bild 90. Besetztprüfung von Anschlußleitungen.

Der Besetztprüfung dient eine besondere $c$-Ader, welche neben der $a$- und $b$-Ader verlegt ist. Diese Anordnung ist nur bei kurzen Entfernungen angängig; längere Strecken erfordern eine Mitbenutzung der $a$- und $b$-Ader, um die Verlegung einer besonderen Leitung zu sparen.

Im Handbetrieb wird durch Stöpseln einer Klinke eine Gleich- oder Wechselspannung an die stromlose Ader gelegt oder ein vorhandenes Plus- oder Minuspotential der c-Ader verändert. Wird die gleiche Leitung noch einmal verlangt, so erfolgt die Besetztprüfung durch Berühren einer offenen Klinkenhülse mit der Stöpselspitze. Im Fernhörer des Abfrageapparates ertönt ein Knacken oder Summen als Besetztanzeige. Andernfalls können über jeder Klinke Besetztlampen angebracht sein, welche beim Stöpseln einer Verbindungsklinke sämtlich aufleuchten. Von Vorteil ist die bessere Kennzeichnung besetzter Leitungen durch Besetztlampen, nachteilig der größere Raumbedarf und Aufwand (Bild 90).

### 6. Belegen.

Im Wählbetrieb werden zunächst Wähler auf Leitungen durch Zwangswahl oder Freiwahl eingestellt. Nur freie Leitungen dürfen belegt werden. Es ergeben sich daher folgende Einzelvorgänge:

1. Prüfung der Leitung auf »frei« oder »besetzt«.
2. Sperrung gegen spätere Belegungsversuche.
3. Durchschalten der ankommenden Leitung.

Das Prüfverfahren benutzt einen besonderen Stromkreis mit einem Prüfrelais, welches bei Zwangswahl nach beendeter, bei Freiwahl vor beginnender Wählereinstellung angeschaltet wird. Der Anzug oder Abfall des Prüfrelais entscheidet, ob die Leitung frei oder besetzt ist. Bei Freiwahl wird der Wähler hierdurch stillgesetzt oder fortgeschaltet. Als Schaltkennzeichen dient der Spannungszustand der Prüfader: hohe, niedrige oder keine Spannung; auch die Polung ist ein Kennzeichen, falls gepolte Relais oder neutrale mit Gleichrichterelementen verwendet werden.

Die Sperrung eines Prüfstromkreises erfolgt durch Änderung oder Umpolung der Spannung; weitere Prüfrelais, welche angeschaltet sind oder werden, ziehen an oder fallen ab, entsprechend unterbleibt eine Doppelbelegung.

Das Sperrverfahren ist vorwärts oder rückwärts möglich. Vorwärts geht die Sperrung vom belegenden Wähler aus, rückwärts von der belegten Leitung, welche an einem Wähler oder einer Teilnehmerstelle enden kann.

Der Prüfstromkreis kann als besondere c-Ader verlegt sein oder unter Benutzung der a- und b-Ader gebildet werden. Eine Rückleitung über Erde für Prüfstromkreise ist in Gleichstromkreisen üblich. Bei Wechselstromübertragungen mit Abschluß durch Übertrager an beiden Enden ist ausschließlich die Leitungsschleife benutzbar. Da aber beide Adern bereits durch andere

Vorgänge (Wählen, Frei- oder Besetztzeichen, Schlußzeichen) beansprucht werden, ist ein Dauerstromkreis unmöglich. Es können daher nur kurzzeitige Signale für Belegung und Freigabe in den

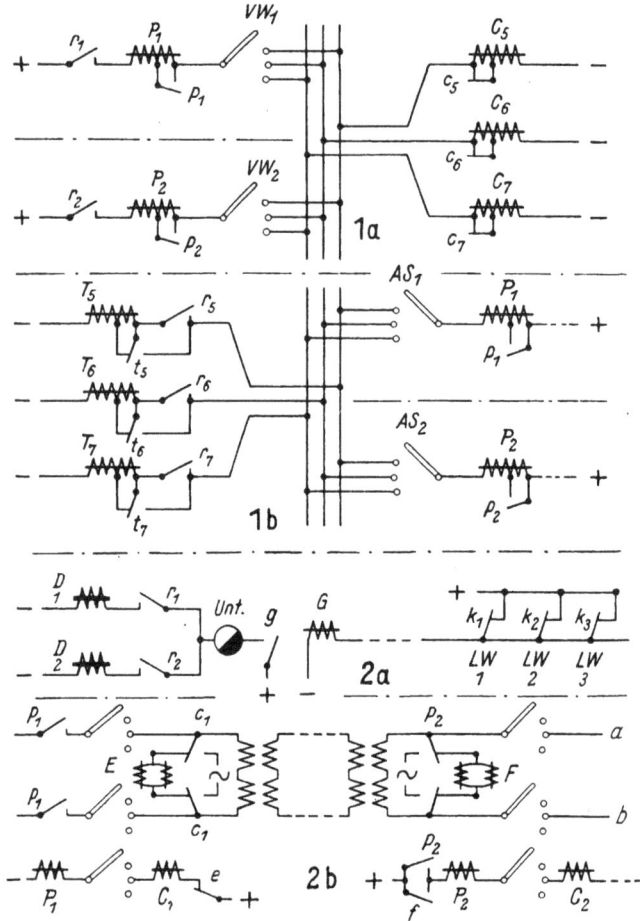

Bild 91. Prüfen und Sperren von Leitungen.

Zwischenpausen gegeben werden. Leider entfällt damit die Sicherheit des getrennt verlaufenden Prüfstromkreises, weil Fehlsignale auftreten können. Aus wirtschaftlichen Gründen verbietet sich aber die Verlegung einer dritten Ader bei langen Strecken (Bild 91).

Teil 1 *a* und 1 *b*. Sperrung vorwärts.

Zwei oder mehr Wähler prüfen vorwärts. Zuerst prüft $P_1$ und zieht an. Kennzeichen: Volle Spannung für Freisein. Die hochohmige Wicklung von $P_1$ wird kurzgeschlossen, außerdem kann $C$ seine hochohmige Wicklung freigeben. An der *c*-Ader liegt jetzt eine geringe Spannung. Das später prüfende Relais $P_2$ erhält Fehlstrom und zieht nicht an.

Zwei oder mehr Sucher prüfen rückwärts. Zuerst prüft $P_1$ und zieht an. Kennung: Ohne Spannung unbelegt, volle Spannung belegt durch Anruf. Die hochohmige Wicklung von $P$ schließt sich kurz und vermindert die Spannung. Weitere Prüfrelais anderer Wähler erhalten Fehlstrom von der belegten oder keine Spannung von unbelegten Leitungen.

Teil 2 *a* und 2 *b*. Sperrung rückwärts.

Mehrere Wähler $D_1$, $D_2$, $D_3$ können beliebig die nächste Wahlstufe mit den Wählern $LW_1$ bis $LW_3$ belegen. Jeder belegte Wähler öffnet einen Kontakt *k*, so daß bei Belegung aller das Abschalterelais $G$ stromlos wird und *g* sich öffnet. Kein Wähler $D$ kann anlaufen und vergeblich prüfen.

Ein Wähler $W_I$ kann eine Fernleitung nach Wähler $W_{II}$ belegen. Ist $W_{II}$ belegt, so hat sein Prüfrelais $P_2$ angezogen und legt rückwärts als Sperrsignal dauernd Wechselstrom an die Fernleitung. Der Prüfstromkreis über $C$ wird durch *e* unterbrochen, weil $E$ anzieht. Eine Belegung dieser Leitung unterbleibt.

## 7. Rufstromgabe.

Nach dem Aufbau eines Verbindungsweges ist die verlangte Stelle zu rufen. Für den Ruf wird in der Regel eine Frequenz von 10...25 Hz und eine Spannung von 40...80 V benötigt.

Außerdem sind zur Benachrichtigung der Teilnehmer besondere Hörzeichen erwünscht:

Amtszeichen als Bestätigung für die Annahme eines Anrufs und Aufforderung zur Ansage oder Wahl einer Verbindung.

Freizeichen oder Rufzeichen als Anzeige für die erfolgende Rufstromgabe.

Besetztzeichen, falls die verlangte Leitung bereits belegt ist oder der Aufbau einer Verbindung mangels freier Wege nicht zustandekommen kann.

Mahnzeichen, falls während einer bestehenden Verbindung ein Anrufer auf Freiwerden wartet.

Diese Signale sind sämtlich im Fernhörer vernehmbare Summertöne, welche sich durch Tonhöhe (z. B. 150 oder 450 Hz)

und Schrittfolgen (z. B. Dauer- oder unterbrochener Ton) unterscheiden.

Im Handbetrieb wird der erste und wiederholte Ruf mittels
eines in der Schnurschaltung befindlichen Abfrage-Ruf-Schalters
(Kelloggschalter) gegeben. Im Wählbetrieb erfolgt die Einschaltung
des Rufstromes nach der Freiprüfung von selbst. Verlangt werden
folgende Ausführungen:

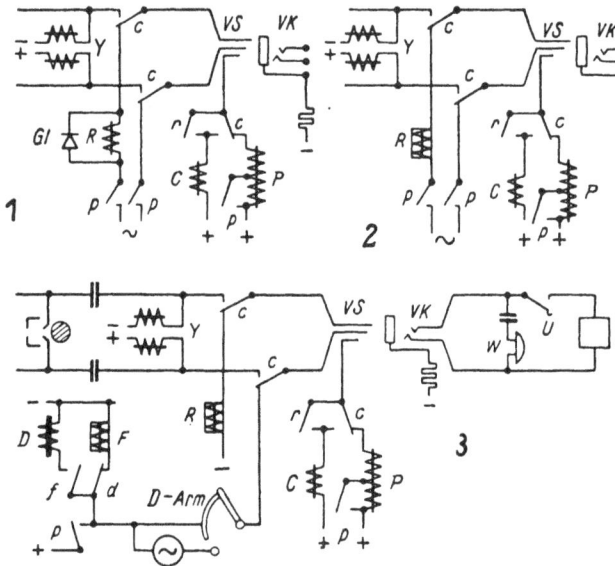

Bild 92. Rufstromgabe.

1. Nur einmaliger kurzzeitiger Ruf,
2. Dauerruf bis zur Meldung der gerufenen Stelle,
3. mehrmaliges Rufen in fünf oder zehn Sekundenabständen.

Im Bild 92 sind diese drei Schaltungen in einem Schnur-
system liegend gezeigt. Nach Belieben können die Verbindungsorgane Stöpsel und Klinke durch einen Wähler ersetzt werden,
womit der Nachweis erbracht ist, daß die selbsttätige Rufstromgabe im Hand- und Wählbetrieb gleich gut verwendbar ist.

## 8. Trennung und Auslösung.

Ist eine bestehende Verbindung zu trennen, so ist zunächst
von beiden Teilnehmern ein Schlußzeichen zu geben. Dieses
Zeichen kann durch Betätigen eines Kurbelinduktors oder durch

Senken des Hakenumschalters mittels Wechselstrom oder Gleichstrom übermittelt werden.

Bei Handbetrieb spricht eine Fallklappe an oder schaltet ein
Relais als Zeichen eine Lampe ein. Eine Überwachungslampe
brennt, solange eine Verbindung besteht, ihr Erlöschen gilt als

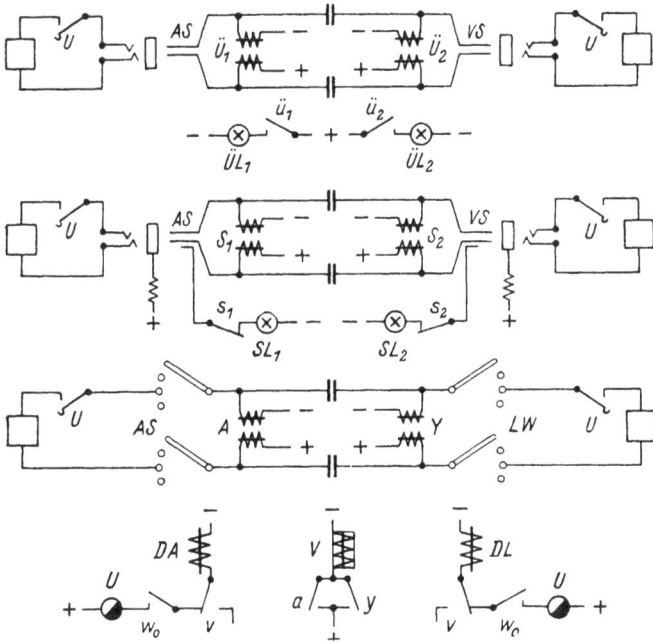

Bild 93. Trennung und Auslösung von Verbindungen.

Schlußmeldung. Eine Schlußlampe dagegen leuchtet erst infolge
der Schlußzeichengabe auf, um nach Trennung der Verbindung
wieder zu erlöschen (Bild 93).

Bei Wählbetrieb wird ein Auslöserelais mittelbar geschaltet,
wodurch selbsttätig der Abbau des gesamten Verbindungsweges
mit Auslösen oder Heimlauf der beteiligten Wähler eingeleitet
wird. Im Gesprächszustand sind die Hakenumschalter geschlossen,
die Wählerarme stehen auf den Kontakten nach den Anschlußleitungen, die Speiserelais $A$ und $Y$ und das Auslöserelais $V$ haben
angezogen. Sobald beide Teilnehmer das Schlußzeichen durch
Auflegen geben, fallen zuerst $A$ und $Y$, darnach $V$ ab und die
Drehmagnete $D_{LW}$ und $D_{AS}$ werden mit dem Schrittgeber ver-

bunden. Die vorderen geschlossenen Wellenkontakte $w_0$ öffnen sich, sobald die Wähler die Grundstellung erreicht haben. Die Verbindung ist getrennt.

Soll die Auslösung nur von einem Teilnehmer abhängig sein, so entfällt entweder der $y$- oder $a$-Kontakt. Wird verlangt, daß auf das erste Schlußzeichen hin ausgelöst wird, ohne das zweite abzuwarten, so sind die Kontakte $a$ und $y$ hintereinander zu schalten.

### 9. Steuerschalter.

Bei selbsttätigen Verbindungen ergeben sich Vorgänge in bestimmter Reihenfolge.

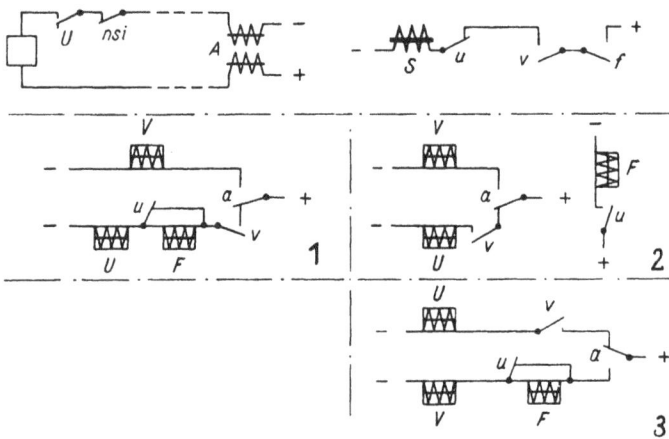

Bild 94. Fortschaltekreis eines Steuerschalters.

Diese Schaltfolgen lassen sich mittels eines Steuerschalters oder einer Relaisgruppe beherrschen. Als Steuerschalter werden mehrarmige Wähler oder Walzenschalter verwendet, welche in jeder Stellung mehrere Schaltungen gleichzeitig vollziehen.

Ein Steuerschalter arbeitet mit einem Schrittgeber zusammen, jeder einzelne Schritt entspricht einem Vorgang, nach dessen Erledigung der Steuerschalter zu einem weiteren Schritt angereizt wird.

Der Ablauf von Nummernwahlen bietet hierfür ein Beispiel: kurze Zeitabstände kennzeichnen eine Schrittfolge, zwischen den Wahlen liegen längere Zeiten. Durch Zeitrelais sind diese

Unterschiede zu erfassen und eine Umsteuerung zu veranlassen, um den nächstfolgenden Vorgang vorzubereiten oder einzuleiten.

Die Arbeitsweise der Schaltung nach Bild 94 ist: Abheben des Mikrotelephons: Linienrelais $A$ und Auslöserelais $V$ ziehen an. Nummernwahl: $A$ pendelt. Mit dem ersten Impuls ziehen zuerst $U$, dann $F$ an. Nach dem letzten Schritt fällt zuerst das Umsteuerrelais $U$, dann das Fortschalterelais $F$ ab. Vorübergehend bildet sich ein Stromkreis

Minus  $S$   $u$   $f$   $v$   Plus,

so daß der Steuerumschalter $S$ einen Schritt ausführt. Die Schaltung der drei Relais $U$, $V$ und $F$ in Hinter- oder Nebeneinanderschaltung ergibt drei Nebenschaltungen (Bild 94: Teil 1, 2 und 3), welche nach Belieben mit der Stammschaltung vereinbar sind.

## B. Aufbauschaltungen.

### 1. Anrufschaltungen.

Eine Teilnehmerstelle ruft die Vermittlung an: der Hakenumschalter schließt die Schleife, bei $OB$-Speisung wird ein Kurbelinduktor betätigt, bei $ZB$-Speisung genügt das Abheben, ein Anrufzeichen kommt (Fallklappe, Wecker, Glühlampe), der Abfragestöpsel eines beliebigen Schnurpaares wird mit der Teilnehmerklinke verbunden, das Anrufzeichen verschwindet.

Von vielen Anordnungen sind einige angegeben (Bild 95).

Teil 1 und 2. $OB$-Betrieb. Anrufrelais $R$ mit Haltewicklung. Abschaltung der Haltewicklung (1) durch Klinkentrennkontakt oder (2) durch ein Trennrelais.

Teil 3 und 4. $ZB$-Betrieb mit Speisung über das Anrufrelais $R$. Nach Einsetzen des Abfragestöpsels $AS$ in die Teilnehmerklinke $TK$ wird die Anruflampe $Al$ (3) durch einen Klinkentrennkontakt oder (4) durch ein Trennrelais $T$ ausgeschaltet.

Teil 5 und 6. $ZB$-Betrieb mit Speisung während des Gesprächs aus dem Schnurpaar. Das Anrufrelais $R$ schaltet die Anruflampe $Al$ ein, jedoch wird (5) durch Klinkentrennkontakt oder (6) durch Trennrelais $T$ das Relais $R$ und hierdurch erst $Al$ abgeschaltet.

12*

Teil 7 und 8. *ZB*-Betrieb. Nur ein Stufenrelais mit Mittelerregung $T_m$ und Vollerregung $T_v$, welches in der ersten Stufe die Anruflampe ein- und in der zweiten ausschaltet. Die Speisung erfolgt entweder (7) über das Relais oder (8) aus dem Schnurpaar.

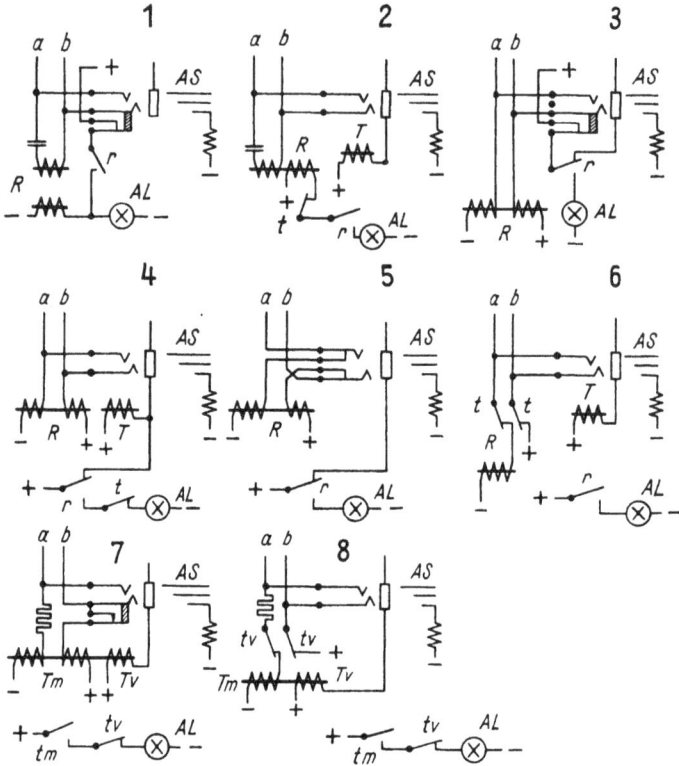

Bild 95. Anrufschaltungen für handbediente Vermittlung.

## 2. Schnurpaarschaltungen.

Durch Schnurpaare sind die Klinken zweier Außenleitungen zu verbinden. Zwischen Abfrage- und Verbindungsstöpsel liegen der Abfragerufschalter (Kelloggschalter) und die Schlußzeichen. Die Bedienung eines Schnurpaares ist:

Abfragen. *AS* wird mit *TK* verbunden, den Schalter *ARS* in die feststehende Abfragestellung kippen. Der Abfrageapparat ist mit dem Anrufer verbunden.

Ruf. *VS* mit der verlangten *TK* verbinden, den Schalter *ARS* in die entgegengesetzte Rufstellung kippen, wonach er in die Mittelstellung wieder zurückfedert. Hierdurch wird die ankommende Seite abgeschaltet und abgehend Rufstrom gegeben.

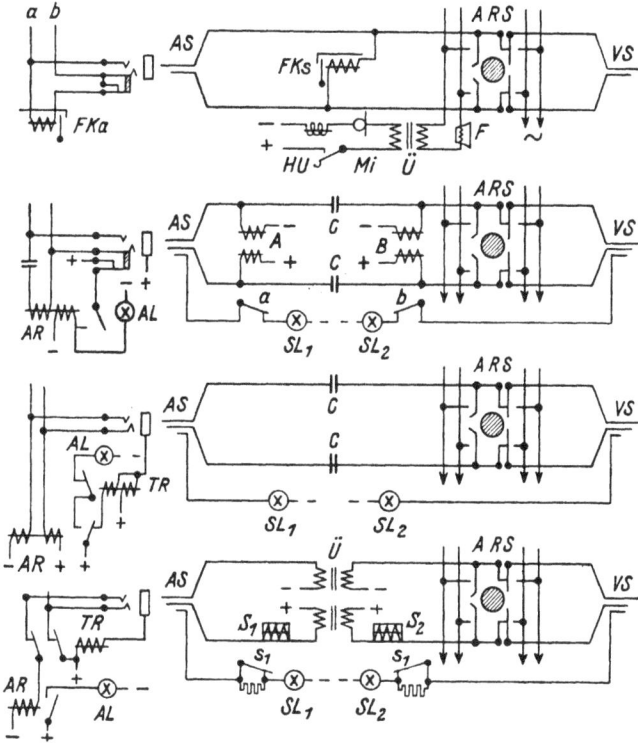

Bild 96. Schnurpaarschaltungen.

Meldung. Zunächst brennt die zweite Schlußlampe, bis sich der gerufene Teilnehmer meldet. Bis dahin ist nach Bedarf der Ruf zu wiederholen.

Trennung. Beide Schlußlampen leuchten auf. Beide Stöpsel sind herauszuziehen. Beide Schlußlampen erlöschen.

Flackerzeichen. Durch Wippen mit dem Haken- oder Gabelumschalter kann sich in Störungsfällen jeder Teilnehmer bemerkbar machen. Die Schlußlampe flackert. Der Kippschalter wird auf Abfragestellung gelegt.

Die Schaltungsanordnungen (Bild 96) gelten (1) für *OB*-Betrieb mit gemeinsamer Fallklappe und Abläuten durch den Teilnehmer, (2) für *OB*-Speisung mit Schlußzeichengabe durch Anhängen des Mikrotelephons, (3) für *ZB*-Speisung über Anrufrelais und Schlußlampenschaltung durch die Anruforgane, (4) für *ZB*-Speisung aus dem Schnurpaar und Schlußlampenschaltung durch Schlußrelais.

### 3. Einschnurschaltungen.

Eine Verbindungsleitung zwischen einem *A*- und *B*-Platz diene dem ankommenden Verkehr. Der Anruf erfolge durch Anschalten einer Batteriespeisung über den Verbindungsstöpsel eines Schnurpaares vom *A*-Platz (Bild 97).

Eine Überwachungslampe meldet den Anruf. Es folgen: Abfrage, Besetztprüfung, Verbinden, Rufen. Die Lampe erlischt bei Meldung des angerufenen Teilnehmers und leuchtet als Schlußlampe wieder auf. Ebenso erlischt und leuchtet auf die Schlußlampe am *A*-Platz. Das zugehörige Schlußrelais liegt dabei in der *b*-Ader des hier nicht gezeigten Schnurpaares. Die Speisung erfolgt aus der Schnur über *VS* und *VK* zum Teilnehmer.

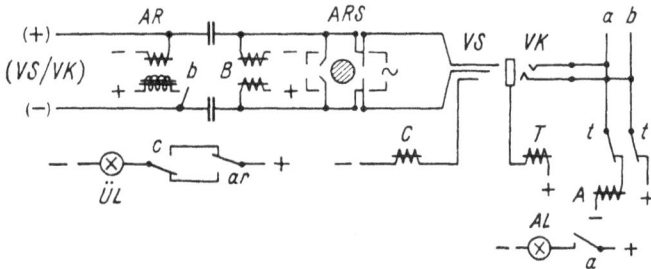

Bild 97. Einschnurschaltung für ankommenden Verkehr mit Gleichstromanruf.

Diese Schaltung ist nur für eine Verkehrsrichtung gedacht. In Nebenstellenanlagen ist aber über eine Amtsleitung in beiden Richtungen zu verbinden (Bild 98).

Ankommend läuft der wiederholte Anruf mit Wechselstrom ein. Die Anruflampe leuchtet und über das Dauerrelais *D* entsteht ein Haltestromkreis. Durch Umlegen von *ARS* auf Abfrage kommt das Halterelais *H* und schließt durch *h* die Außenschleife. Nach Verbindung von *VS* mit *TK* ziehen *E* und *C* an, *H* fällt ab, *e* ersetzt die Brücke über *AR*, *c* schaltet *Al* aus. Bis zur Meldung nach dem Ruf brennt die Schlußlampe *SL*. Das Speiserelais *B* überwacht die Verbindung und schaltet *SL* aus und ein. Durch Trennung von *VS* und *TK* fällt zuerst *E*, dann *AR* und zuletzt *C* ab.

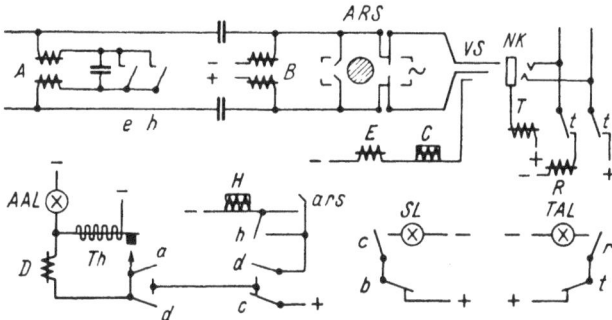

Bild 98. Einschnurschaltung für den Verkehr in beiden Richtungen, ankommend mit Wechselstromanruf, abgehend mit Gleichstromanruf.

Abgehend ist eine Verbindung von einer Nebenstelle zum Amt einfach durch Einschalten von *VS* in *TK* zu tätigen. Die Relais *B*, *C* und *E* ziehen gleichzeitig an. Als Schlußzeichen leuchtet *SL*.

Der Thermokontakt *Th* soll bei vergeblichen Anrufen das Dauerrelais *D* kurzschließen, um ein Dauerbrennen der Anruflampe zu vermeiden.

### 4. Freie Vorwärtswahl.

Die Einzelvorgänge einer freien Wahl sind: Belegung, Anlauf, Prüfen, Sperren, Stillsetzen, Durchschalten. Nach der Freigabe kann der Wähler entweder stehen bleiben oder in eine bestimmte Grundstellung heimlaufen.

(Bild 99) Anruf oder Belegung: *R* zieht an.

Anlauf: Minus *D* Unterbrecher *t* *r* Plus. Der Anlauf unterbleibt, falls die Wählerarme zufällig auf einem freien Ausgang stehen.

Prüfen: Plus *r* *T* *R* *c*-Arm *c* *a* *Wi* Minus.

Sperren und Stillsetzen: *t* öffnet den Stromkreis von *D* und schließt *T* teilweise kurz.

Durchschalten: *t*-Kontakte schalten durch. *R* fängt sich im Prüfstromkreis, *A* zieht an.

Belegung: *a* gibt *C* frei und schaltet um, bevor *c* öffnet.

Auslösung: $A$ fällt schnell, $C$ verzögert ab. Kurzzeitig ist der Prüfstromkreis geöffnet: $R$ fällt schnell, $T$ verzögert ab. Kein Heimlauf des Wählers.

Belegung der Außenleitung durch einen $LW$: über $c$-Ader $r_1 T$ nach Plus: $t_1$ und $t_3$ schalten $R$ ab. Speisung über $R$ nach Belegung des Wählers unterbunden.

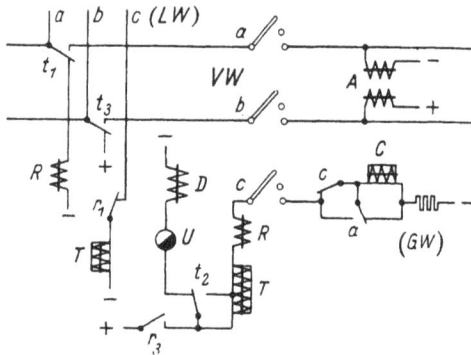

Bild 99. Freie Vorwärtswahl ohne Heimlauf in eine Grundstellung.

(Bild 100) Anruf oder Belegung: $R$ zieht an.

Anlauf: Minus $D$ Unterbrecher $t$ $r$ $w_0$ bwz. $w_1 \ldots _{10}$ Plus.

Prüfen: Plus $w_1 \ldots w_{11}$ $r$ $T$ $c$-Arm $c$ $a$ $Wi$ Minus.

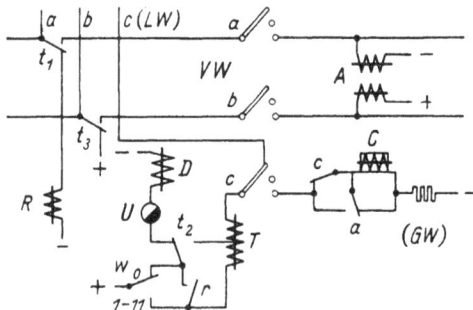

Bild 100. Freie Vorwärtswahl mit Heimlauf in eine Grundstellung.

Sperren, Stillsetzen, Durchschalten und Belegen: $t$-Kontakte schalten um, $R$ fällt ab, $A$ zieht an, $a$ schaltet um, $C$ zieht an.

Auslösung: $A$ fällt zuerst, später $C$ ab: $T$ fällt ab.

Heimlauf: Minus $D$ $U$ $t$ $w_1 \ldots _{10}$ Plus.

Stillsetzen: $w$ schaltet in der Grundstellung zurück.

(Bild 101) Mischwähler mit Voreinstellung. Sämtliche Wähler stehen auf einem freien Ausgang. Wird ein Wähler belegt und schaltet durch, so rücken alle übrigen auf die nächste freie Leitung vor. Sind alle Mischwähler belegt, so erfolgt rückwärtige Sperrung durch Abschalten der Relais $R$, die entweder in der $a/b$-Schleife oder $c$-Ader liegen.

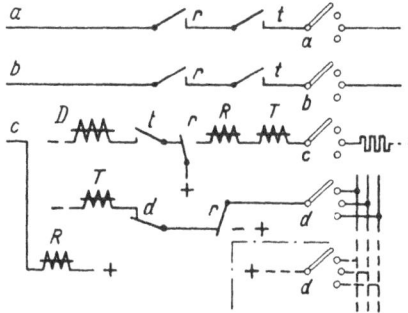

Bild 101. Mischwählerschaltung mit Voreinstellung.

Belegung: Über die ankommende $c$-Ader wird $R$ erregt.

Prüfen: Plus $r$ $T$ $R$ $c$-Arm $c$-Ader $Wi$ Minus.

Sperrung und Durchschaltung: Durch $t$-Kontakte Voreinstellung: Plus $r$. $d$-Arm des eigenen Wählers $d$-Ader über die $d$-Arme der übrigen Wähler $r$ $d$ $t$ Minus.

Fortschaltung: Minus $D$ $t$ $r$ Plus.

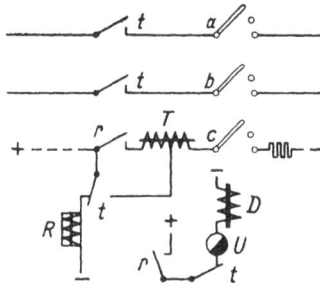

Bild 102. Mischwählerschaltung ohne Voreinstellung.

(Bild 102) Mischwähler ohne Voreinstellung für doppelte Vorwahl.

Belegung: Über die ankommende $c$-Ader wird $R$ erregt.

Anlauf: Minus $D$ Unterbrecher $r$ $t$ Plus.

Prüfen: Plus $r_3$ $T$ $c$-Ader $Wi$ Minus.

Sperrung, Abschaltung von $R$, Stillsetzen und Durchschalten durch $t$-Kontakte.

Der Anlauf unterbleibt, falls der Wähler auf einem freien Ausgang steht. Nach der Freigabe durch Unterbrechung der $c$-Ader bleibt der Wähler stehen.

### 5. Freie Rückwärtswahl.

Bei einer freien Rückwärtswahl wird eine ankommende Leitung belegt und zunächst ein Anreiz gegeben, der eine Gruppe von Anrufsuchern erreicht. Die Reihenfolge der Anläufe kann in verschiedener Weise geordnet sein. Diese Ordnung leitet den Anreiz einem bestimmten Suchwähler zu, darauf erfolgen als Einzelvorgänge: Anlauf, Prüfen, Sperren, Stillsetzen und Durchschalten. Nach der Freigabe (Auslösung) kann der Sucher stehen bleiben oder heimlaufen.

Der Anreiz für den Anlauf beginnt mit dem Anruf oder der Belegung von außen und endet mit dem Durchschalten nach innen. Ein- und Ausschalten der Anlaßleitung nach den Suchwählern bedingen zwei Relais, die folgezeitig ansprechen oder ein Stufenrelais mit einer Ruhestellung, einer Mittelerregung für Einschalten und Vollerregung für Ausschalten (Bild 103). Wird die Außenleitung umgekehrt ankommend belegt, so muß die Anlaßleitung gleichzeitig abgeschaltet werden, damit nach Meldung der angerufenen Stelle kein Anrufsucher zwecklos anläuft. Als besondere Bedingung wird verlangt, daß die gesamte Verbindung mit allen Wahlstufen auslösbar ist, selbst wenn nur einer der beiden Teil-

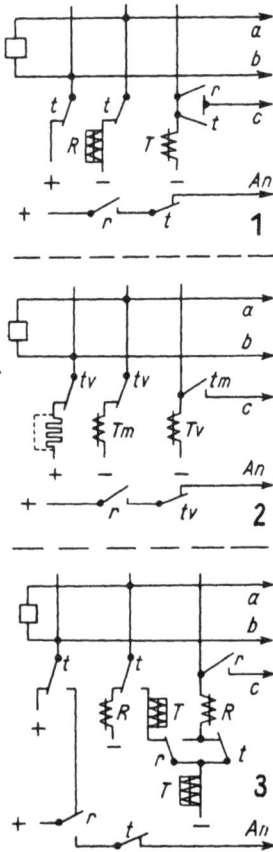

Bild 103. Schaltanordnung der Teilnehmerrelais für Rückwärtswahlen mit Anrufsuchern.

nehmer das Schlußzeichen gibt. In dieser Schaltfolge zieht $R$ nach dem Anruf an, $R$ und $T$ sind nach dem Durchschalten erregt, nach der Auslösung fällt zuerst $R$ ab und $T$ erst dann, wenn von dieser Seite auch die Schleife geöffnet ist.

Die Fortsetzung der $a$-, $b$- und $c$-Ader nach den Wählerarmen, dem Linien- und Prüfrelais zeigt Bild 104, in welchem als Ergänzung zu Bild 103 für Anlassen und Stillsetzen vier verschiedene Anordnungen angegeben sind, die sich nach Belieben mit den vorstehenden Schaltungen vereinigen lassen.

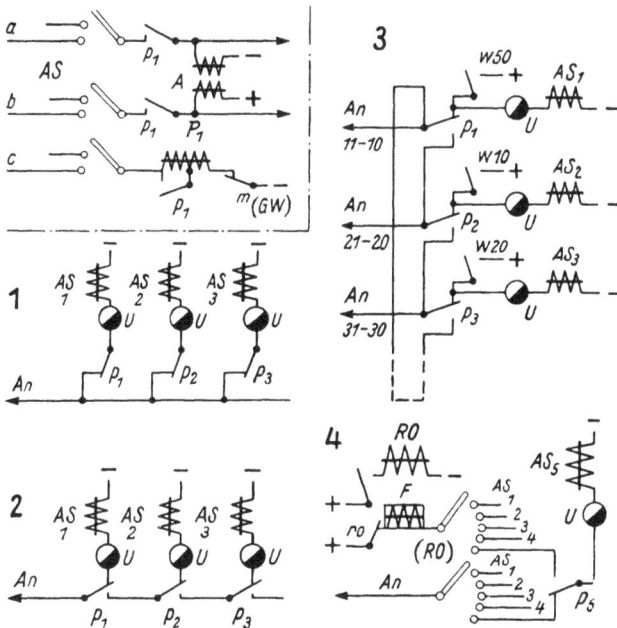

Bild 104. Anlaßschaltungen für Rückwärtswahlen mit Anrufsuchern.

Teil 1: Sammelanlauf aller $AS$; der zuerst findende $AS$ wird durch Öffnung von $p$ stillgesetzt, die übrigen durch Ausschalten der Anlaßleitung.

Teil 2: Einzelanlauf eines $AS$; sein Kontakt $p$ schaltet den Wähler ab und leitet weitere gleichzeitige Anrufe dem zweiten $AS$ zu, dessen Kontakt $p$ wieder dem dritten usw. bis zum letzten $AS$.

Teil 3: Einzelanlauf mit versetzten Grundstellungen. Jede Zehnergruppe besitzt eine eigene Anlaßleitung und wird von dem $AS$ bedient, dessen Grundstellung diesen Anschlüssen benachbart ist. Sein Prüfrelais weist mit $p$ weitere gleichzeitige Anrufe dem Nachbarwähler zu; falls auch dieser belegt ist, leistet der nächste freie Nachbaraushilfe.

Teil 4: Einzelanlauf geregelt durch einen Rufordner $RO$, der nach dem Stillsetzen des angelaufenen $AS$ die Anlaßleitung auf den nächsten freien $AS$ weiterschaltet.

Die dritte Anordnung arbeitet mit Heimlauf der Wähler. Die vierte bedarf einer rückwärtigen Sperrung des Rufordners, damit dieser Hilfswähler nicht durchdreht, wenn alle $AS$ einer Gruppe bereits belegt sind.

Die Arbeitsweise aller Anordnungen ist:

Belegung: $R$ bzw. $Tm$ wird erregt.

Anlauf: Plus $r$ bzw. $tm$, $t$ bzw. $tv$, Anlaßleitung $An$ $p$ Unterbrecher $D$ Minus.

Prüfung: Über $c$-Ader, bis $T$ und $P$ sich binden.

Sperrung, Stillsetzen und Durchschalten durch $p$-Kontakte.

Abschalten der Anlaßleitung durch $t$ bzw. $tv$.

Die Freigabe der $AS$ erfolgt gleichzeitig mit der anschließenden Wahlstufe, die z. B. eine Gruppen- oder Leitungswahl sein kann. Diesem Wähler ist der beliebige Kontakt $m$ zugeordnet, der sich während der Auslösung vorübergehend öffnet, die $c$-Ader über $P$ und $T$ abschaltet und so den $AS$ freigibt.

Die Vereinigung der Teilnehmerrelais (Bild 103) und der Anlaufverfahren (Bild 104) ergibt bereits zwölf verschiedene Anrufsuchersysteme.

## 6. Zwangläufige Wahlen.

Die Belegung eines Leitungswählers kann durch Schließung des Speisungsstromkreises über $a$- und $b$-Ader, durch den Prüfstromkreis über eine $c$-Ader oder wie bei Langstrecken über eine der beiden Schleifen erfolgen.

Bildet der Leitungswähler die einzige Wahlstufe, so werden beide Teilnehmerstellen von ihm gespeist. Dem Linienrelais fällt mithin die Aufgabe zu, die Stromschritte auf den Wähler zu übertragen und die Auslösung einzuleiten.

Liegen vorher noch Gruppenwahlstufen mit Speisung der anrufenden Stelle, so kann darauf verzichtet werden, daß auch die angerufene Stelle die Auslösung bewirkt. Andernfalls ist das Linienrelais während der Nummernwahl mit der ankommenden, nach dem Durchschalten mit der abgehenden Seite zu verbinden.

Die Einzelvorgänge einer einstelligen Wahl sind:

Belegung des Wählers, Vorbereitung für die Nummernwahl, Einerschritte des Wählers mit abgeschaltetem Prüfkreis, Prüfung der Außenleitung, Besetztzeichen oder Belegung der Leitung, Rufstromgabe, Abschaltung des Rufstromes und Durchschaltung des Speisestromes. Nach der Schlußzeichengabe soll der Drehwähler wieder die Grundstellung erreichen.

Die gebräuchlichen Hebdrehwähler setzen mit zwei Kraftmagneten die Zehnerwahl in Hebschritte, die Einerwahl in Drehschritte um. Als zusätzliche Einrichtung ist eine Umsteuerung vorgesehen, welche nach der Zehnerwahl anspricht und die Umschaltung für die kommende Einerwahl vorbereitet.

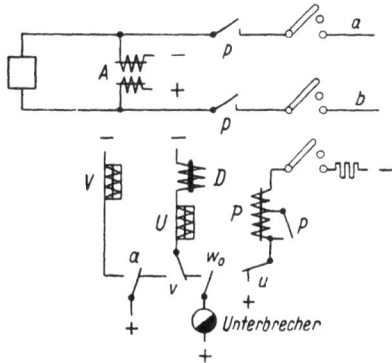

Bild 105. Einerwahl mittels Drehwähler mit Belegung über a- und b-Ader.

(Bild 105). Einerwahl mittels Drehwähler. Doppelseitige Speisung. Ohne Rufstromgabe. Belegung durch Linienrelais $A$. Auslösung abhängig vom Schlußzeichen des $A$- und $B$-Teilnehmers.
Belegung: zuerst wird $A$, dann $V$ erregt.
Nummernwahl: $A$ fällt mehrmals ab, $V$ hält sich verzögert:

$$\text{Minus} \quad D \quad U \quad v \quad a \quad \text{Plus.}$$

Prüfen: Nach der Einstellung schließt sich wieder $u$ und $P$ kann bei Freisein der Leitung anziehen. Es folgen: Sperrung und Durchschaltung.
Auslösung: zuerst fällt $A$ ab, mit Verzögerung auch $V$.
Heimlauf: Minus $D$ $U$ $v$ $w_0$ Unterbrecher Plus.
Der Prüfkreis wird wieder unterbrochen, weil $U$ anzieht.
Stillsetzen in der Grundstellung durch Öffnung von $w_0$.
(Bild 106). Einerwahl mittels Drehwähler. Belegung über die $c$-Ader von einer Vorstufe ($VW$ oder $AS$) kommend. Auslösung abhängig vom Schlußzeichen beider Teilnehmer.
Belegung: über $c$-Ader $w_0$ $a$ $Wi$ Minus.

Speisung über $a$- und $b$-Ader: $A$ zieht an und gibt $C$ frei.
Nummernwahl und Drehen: Minus $D$ $u$ $c$ $a$ Plus.
Es folgen wieder: Prüfung, Sperrung und Durchschaltung.
Auslösung: zuerst fällt $A$, dann verzögert $C$ ab, weil $w_0$ durch Drehen des Wählers sich öffnete; $U$ unterbricht den Prüfkreis.
Heimlauf: Minus $D$ $U$ $c$ Unterbrecher Plus.

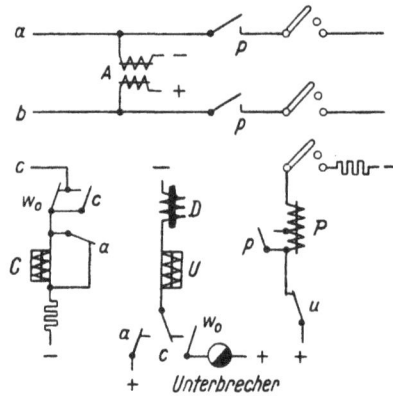

Bild 106. Einerwahl mittels Drehwähler mit Belegung über die $c$-Ader.

(Bild 107). Einerwahl mittels Drehwähler. Getrennte Speisung des $A$- und $B$-Teilnehmers. Ohne Rufstromgabe. Verschiedene Auslösungsbedingungen:

Teil 1. Nur vom Schluß des Anrufers abhängig.

Teil 2. Beide Teilnehmer müssen auflegen.

Teil 3. Der zuerst auflegende Teilnehmer bewirkt den Heimlauf.

Verschieden sind nur die Schaltungen der $c$-Ader. Der Abfall des Belegungsrelais $C$ wird durch Kurzschließen bewirkt. Beteiligt sind die Kontakte (1) $a$ oder (2) $a$ und $y$ oder (3) $a$, $y$ und $p$. Die übrigen Vorgänge bieten nichts Neues.

(Bild 108). Zehner- und Einerwahl mittels Hebdrehwähler. Gemeinsame Speisung. Unmittelbare Leitungswahl ohne Vorstufe und ohne Rufstromgabe.

Belegung: zuerst $A$, dann $U$ und $V$ erregt. Für die Steuerung von Heben auf Drehen und für die Prüfkreisabschaltung während des Drehens sind zwei Hilfsrelais erforderlich.

Zehnerwahl: Minus $H$ $V$ $v$ $u$ $a$ Plus. Nachher fällt verzögert $V$ ab.

Einerwahl: Minus $D$ $U$ $v$ $u$ $a$ Plus. Darauf fällt auch $U$ ab. Prüfung, Sperrung und Durchschalten folgen.

Auslösung: Minus $M$ $k$ $u$ $a$ Plus. In der Grundstellung öffnet sich $k$. Diese Anordnung entspricht einem Strowger-Wähler

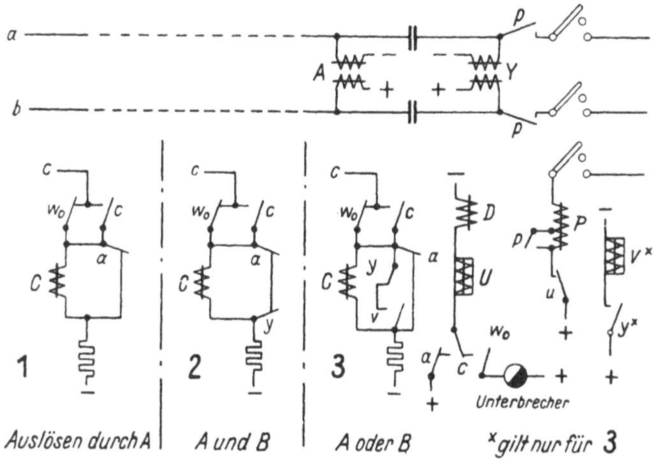

Bild 107. Drehwähler als Leitungswähler mit Anordnung für verschiedene Auslösebedingungen.

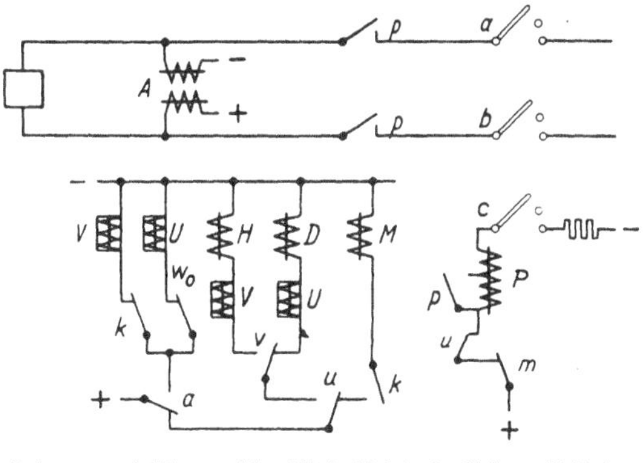

Bild 108. Zehner- und Einerwahl mittels Hebdrehwähler mit Belegung über a- und b-Ader.

mit besonderen Auslösemagneten $M$. Für Viereckwähler mit einer Auslösung durch den Drehmagneten ist die Schaltung entsprechend dem nächsten Bild zu ändern. Es entfällt $M$, hinzu kommt der Unterbrecher und ein weiterer Kopfkontakt.

(Bild 109). Zehner- und Einerwahl mittels Hebdrehwähler. Gemeinsame Speisung. Belegung über die c-Ader von einer Vorstufe kommend. Auslösung abhängig vom Schluß beider Teilnehmer.

Belegung: über c-Ader  $k$   $C$   $Wi$  Minus. Alsdann zieht $A$ an, gibt $C$ frei und $c$ schaltet $V$ ein.

Zehnerwahl: Minus  $H$   $V$   $v$   $a$   $c$  Plus. Umsteuern durch Abfall von $V$.

Einerwahl: Minus  $D$   $U$   $k$   $v$   $a$   $c$  Plus. Darauf fällt auch $U$ wieder ab.

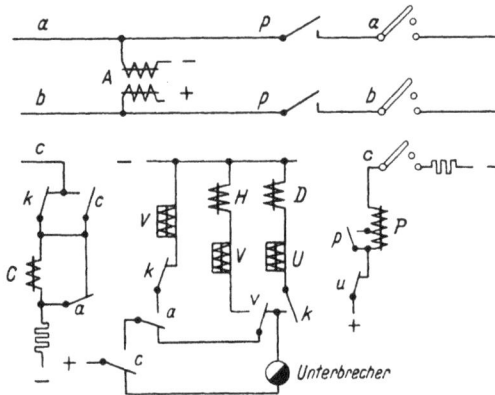

Bild 109. Zehner- und Einerwahl mittels Hebdrehwähler mit Belegung über die c-Ader.

Prüfung, Sperren und Durchschalten folgen.

Auslösung: $A$ fällt ab, $a$ schließt $C$ kurz, $c$ unterbricht die c-Ader nach der Vorstufe, in Reihe mit $D$ liegend zieht $U$ an, $u$ schaltet den Prüfkreis ab.

Minus  $D$   $U$   $k$  Unterbrecher  $c$  Plus.

Sämtliche Kopfkontakte schalten in der Grundstellung wieder zurück.

(Bild 110). Zehner- und Einerwahl mittels Hebdrehwähler. Speisung des $A$-Teilnehmers vom I. $GW$, des $B$-Teilnehmers vom $LW$. Rufstromeinrichtung.

Belegung: über c-Ader vom I. $GW$ kommend $k$   $C$  Minus. Ferner ziehen $V$ und $C$ an.

Zehnerwahl: vom I. *GW* kommen über die *a*-Ader Arbeits-
stromschritte. *A* zieht mehrmals an.

Heben: Minus *H V w₀ v a p c* Plus.

Umsteuerung: nach dem letzten Hebschritt fällt *V* ab.

Einerwahl: *A* zieht mehrmals an. *U* hält den Prüfkreis geöffnet.

Drehen: Minus *D U v a p c* Plus.

Umsteuerung: nach dem letzten Drehschritt fällt *U* ab.

Prüfung: Plus *c u P u v c*-Arm *c*-Ader *Wi* Minus.

Sperrung und Einschalten des Rufstromes durch *p*-Kontakte.

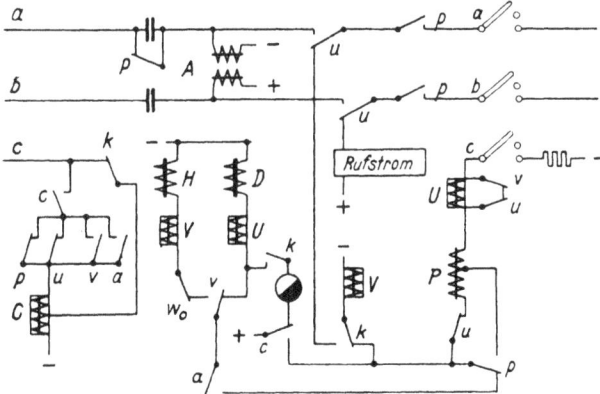

Bild 110. Hebdrehwähler in Leitungswählerschaltung.

Rufstromkreis: Minus *V k u p a*-Arm *a*-Ader Wecker
Kondensator *b*-Ader *b*-Arm *p u* Rufstromübertrager Plus.

Meldung: die Außenschleife schließt sich für Gleichstrom,
*V* zieht an, *v* gibt *U* frei, *u*-Kontakte schalten den Rufstrom ab
und die Speisung über *A* nach dem *B*-Teilnehmer durch, *C* hält
sich über *a* und *c*.

Auslösung: vom *A*-Teilnehmer ausgehend wird die *c*-Ader
vom I. *GW* nach dem *LW* unterbrochen. *C* fällt zuerst, darnach *P*
und *U* ab. Der Viereckwähler löst aus.

Minus *D U k* Unterbrecher *c* Plus.

Vom *B*-Teilnehmer ausgehend wird die Schleife über *a*-
und *b*-Ader unterbrochen. *A* fällt zuerst, darauf *C*, *P* und *U* ab.
Die *c*-Ader wird rückwärts vom *LW* nach dem I. *GW* unterbrochen. Der Viereckwähler löst aus.

## 7. Gruppenwahlen.

Die Einordnung einer Gruppenwahl bedingt anschließend eine Freiwahl oder Mischwahl, um einen Ausgang nach der nächsten Wahlstufe zu belegen. Die Speisung des $A$-Teilnehmers übernimmt der I. $GW$, für die folgenden $GW$-Stufen und den $LW$ werden die Nummernwahlen von diesem übertragen. Die Speisung des $B$-Teilnehmers erfolgt vom $LW$ aus. Diese Unterteilung ist notwendig,

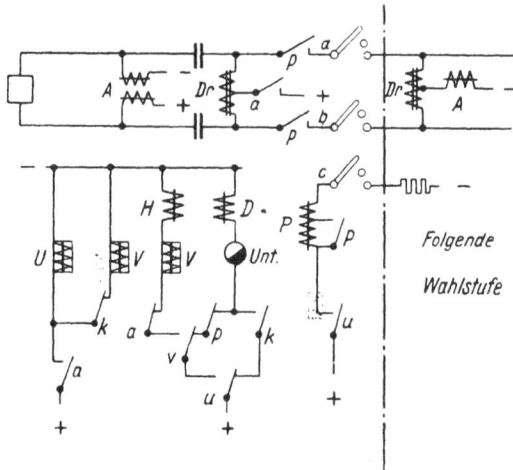

Bild 111. Hebdrehwähler als I. Gruppenwähler mit Belegung ohne Vorstufenwahl.

weil zwischen I. $GW$ und $LW$ so lange Strecken liegen können, daß eine beiderseitige Speisung von einer Wahlstufe unmöglich wird. Nur für mittlere Anlagen, bei denen sämtliche Wähleinrichtungen in einem Raum oder Gebäude vereinigt sind, wird von dieser Regel abgewichen. Allerdings ergeben sich Schwierigkeiten, wenn später ein solches Netz mit außerhalb liegenden Betriebsstellen zu einer Betriebsgemeinschaft zu vereinigen ist und die $GW$-Stufen sich vermehren.

(Bild 111). Unmittelbarer Anschluß ohne Vorstufe. Zwangläufige und freie Wahl mittels Hebdrehwähler. Speisung nur für den $A$-Teilnehmer. Übertragung weiterer Nummernwahlen.

Belegung: $A$ zieht an, hierdurch $U$ und $V$ als Vorbereitung für die Umsteuerungen.

Erste Nummernwahl: $A$ fällt mehrmals ab, $U$ und $V$ halten sich.

Heben: Minus  $H$   $V$   $a$   $v$   $u$  Plus.

Umsteuerung von Heben auf Drehen:  $V$  fällt verzögert ab.

Drehen: Minus  $D$  Unterbrecher  $p$   $v$   $u$  Plus.

Prüfung bei jedem Drehschritt: Plus  $u$   $P$   $c$-Arm  $c$-Ader
 $Wi$  Minus.

Sperrung, Stillsetzen und Durchschalten durch  $p$-Kontakte.

Weitere Nummernwahlen:  $A$  fällt mehrmals ab,  $U$  hält sich.

Übertragung: Plus  $a$   $Dr$   $p$  über  $a$- und  $b$-Ader  $Dr$   $A$ 
Minus.

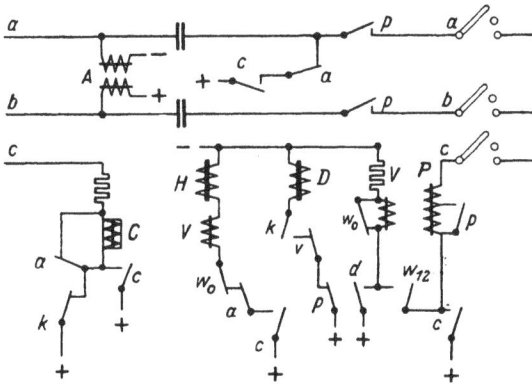

Bild 112. Hebdrehwähler als I. Gruppenwähler mit Belegung über eine Vorstufenwahl.

Die symmetrische Übertragung der Stromschritte über beide Adern wird bei großen Entfernungen angewendet. Allerdings ist es dann nicht mehr möglich, die Adern für getrennte Schaltkennzeichen zu verwenden.

Auslösung:  $A$  fällt zuerst ab, dann verzögert  $U$  und  $P$ . Die Auslösung überträgt sich auf die folgende Wahlstufe durch Unterbrechung mit  $a$  und  $p$ . Auslösestromkreis:

Minus  $D$  Unterbrecher  $k$   $u$  Plus.

(Bild 112). Erste Gruppenwahl mit Vorstufe ( $VW$  oder  $AS$ ). Speisung des  $A$-Teilnehmers. Zwangläufige und freie Wahl mittels Hebdrehwähler. Übertragung weiterer Nummernwahlen. Auslösung abhängig vom  $A$-Teilnehmer und Übertragung rückwärts nach der Vorstufe und vorwärts nach der folgenden Wahlstufe.

Belegung: Minus von der Vorstufe über  $c$-Ader  $Wi$   $a$   $k$  Plus.

Speisung:  $A$  zieht an,  $a$  gibt  $C$  frei,  $C$  zieht an und hält sich über  $c$ .

13*

Erste Nummernwahl: $A$ pendelt, beim ersten Hebschritt zieht $V$ an.

Heben: Minus $H$ $V$ $w_0$ $a$ $c$ Plus.

Umsteuerung: $V$ fällt nach dem letzten Hebschritt ab. Beim ersten Hebschritt legen die Kopfkontakte $k$ sich um.

Drehen: Ein Fortschalterkreis bildet sich zwischen $D$ und $V$, welches beim ersten Drehschritt durch Öffnen des Wellenkontaktes $w_0$ seine Abfallverzögerung verliert.

Minus $D$ $k$ $v$ $p$ Plus; Minus $Wi$ $V$ $d$ Plus.

Prüfung: Plus $c$ $P$ $c$-Arm $c$-Ader ($Wi$) Minus.
Sperrung, Stillsetzen und Durchschalten durch $p$-Kontakte.

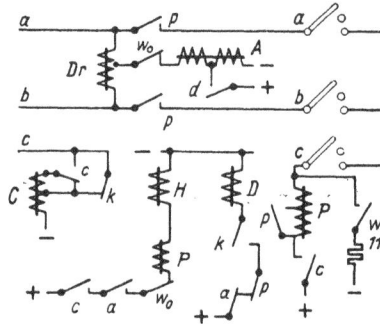

Bild 113. Hebdrehwähler als II. Gruppenwähler.

Weitere Nummernwahlen: Plus $c$ $a$ $p$ $a$-Arm $a$-Ader nach der folgenden Wahlstufe, über deren $A$-Relais Minus.

Durchdrehen: Falls alle Ausgänge schon belegt sind, fängt sich der Wähler auf dem elften Schritt.

Minus $Wi$ $V$ $w_{11}$ $c$ Plus.

Auslösung: Zuerst fällt $A$, später $C$ und $P$ ab; Fortschaltekreis:

Minus $D$ $k$ $v$ $p$ Plus; Minus $Wi$ $V$ $d$ Plus.

(Bild 113). II. Gruppenwahl. Belegung und Übertragung der Nummernwahl vom I. $GW$. Auslösung abhängig vom I. $GW$ und Weitergabe an die nächste Wahlstufe.

Belegung: Plus vom I. $GW$ $k$ $C$ Minus.

Der Haltekontakt $c$ schaltet um.

Nummernwahl: $A$ zieht mehrmals an, gleichzeitig auch $P$ mit Abfallverzögerung bis zum Ende der Stromschritte sich haltend.

Heben: Minus $H$ $P$ $w_0$ $a$ $c$ Plus.

Umsteuerung: $P$ fällt ab. Ein Fortschaltekreis bildet sich.

Drehen: Minus $D$ $k$ $p$ $a$ Plus; Minus $A$ $d$ Plus.

Prüfung, Sperrung, Stillsetzen und Durchschalten durch $p$-Kontakte.

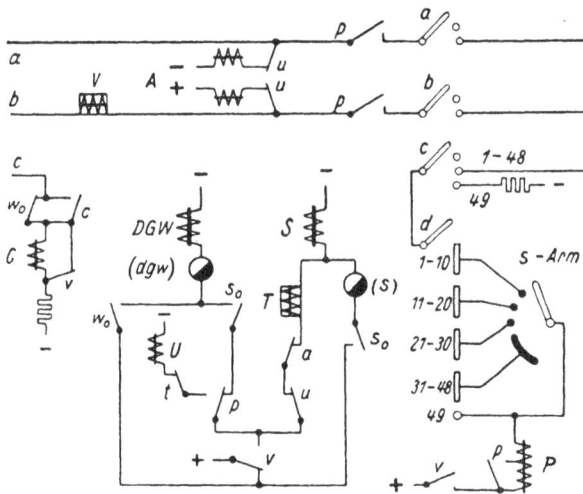

Bild 114. Drehwähler als I. Gruppenwähler.

Durchdrehen: Kein Ausgang frei, der Wähler fängt sich durch $P$-Relais auf dem elften Schritt.

$$\text{Minus} \quad Wi \quad w_{11} \quad P \quad c \quad \text{Plus.}$$

Auslösung: $c$-Ader vom I. nach II. $GW$. unterbrochen. $C$ und $P$ fallen ab. Fortschaltekreis zwischen $D$ und $A$ löst den Wähler aus. Die $a$-, $b$- und $c$-Ader vom II. $GW$ nach der nächsten Stufe ist unterbrochen.

(Bild 114). Drehgruppenwähler. Belegung über Vorstufe ($VW$, $AS$). Speisung des $A$-Teilnehmers vom $DGW$ bis zur Durchschaltung nach dem $LW$. Steuerung des $DGW$ durch einen Hilfswähler $S$ (1-, 2-, 3- oder 0-Wahl). Auslösung vom $LW$ aus rückwärts.

Belegung: $A$ und $V$ ziehen zuerst, dann $C$ an.

Nummernwahl: $A$ fällt mehrmals ab. Der Hilfswähler $S$ bereitet den Prüfkreis mit seinem Arm $s$ vor.

Minus $S$ $T$ $a$ $u$ $v$ Plus.

Gruppenwahl: nach dem ersten Schritt von $S$ schließen die Wellenkontakte des Hilfswählers $s_0$ und der $DGW$ beginnt den Prüflauf:

Minus $DGW$ Unterbrecher $s_0$ $p$ $v$ Plus.

Prüfung: Plus $P$ $c$ $s$-Arm $d$-Arm $c$-Arm $c$-Ader nach $LW$ Schritt 1—48 Minus.

Sperrung, Stillsetzen des $DGW$ und Durchschaltung durch $p$-Kontakte. Sobald $S$ sich eingestellt und $DGW$ einen Ausgang belegt hat, zieht $U$ an.

Minus $U$ $t$ $p$ $v$ Plus.

Die Speisung von $A$ wird abgeschaltet und erfolgt nun vom $LW$. Das Auslöserelais $V$ fällt ab, wenn der $A$-Teilnehmer auflegt. Die $v$-Kontakte öffnen den Prüfkreis, schließen $C$ kurz und bringen den Heimlauf von $DGW$ und $S$.

Minus $DGW$ Unterbrecher $w_0$ $v$ Plus.

Minus $S$ Unterbrecher $s_0$ $v$ Plus.

Die $c$-Ader nach der Vorstufe wird vorübergehend durch $c$ geöffnet und löst dadurch die Vorstufe aus.

Durchdrehen: falls kein Ausgang frei war, dreht der $DGW$ durch bis Kontakt 49, fängt sich im Blindprüfkreis, bis der Teilnehmer auf das Besetztzeichen hin wieder auflegt.

# V. Übertragungslehre.

## A. Fernmeldeleitungen.

### 1. Leitungseigenschaften.

Jedes Leitungspaar besitzt vier Eigenschaften. Längs der Leitung liegen Widerstand und Selbstinduktion, quer zu den Leitern Ableitung und Kapazität verteilt. Diese Werte werden für Fernmeldeleitungen bezogen auf ein Kilometer angegeben:

$R$ Widerstand in Ohm/km,
$L$ Induktivität in Henry/km,
$G$ Ableitung in Siemens/km.
$C$ Kapazität in Farad/km.

Sämtliche Größengleichungen setzen diese Einheiten voraus; praktisch sind Zehnerpotenzen zur Umrechnung einzusetzen, weil die bezogenen Werte in der Größenordnung Ohm, Millihenry, Mikrosiemens und Nanofarad liegen.

Die Doppelader bietet ausreichend beständige Eigenschaften. Einadrige Übertragungen mit Erdrückleitung besitzen dagegen veränderliche Eigenschaften, weil der Erdstrom je nach Bodenfeuchtigkeit oder sonstigen in der Erde liegenden metallischen Leitungen in unbestimmbarem Abstand verläuft. Vom Schleifenabstand hängen aber Induktivität und Kapazität ab, deren Werte entsprechend der Witterung sich beträchtlich ändern.

Für einen mathematischen Ansatz wird ferner eine homogene Leitung vorausgesetzt. Die Verteilung der vier Eigenschaften längs und quer zur Leitung ist darnach völlig gleichmäßig gedacht. Diese Voraussetzungen erfüllt kein Kabel. Die Fertigung und Verlegung von Fernkabeln nimmt Monate in Anspruch, die Zieheisen für die Drahtstärken weiten sich und werden ausgewechselt, die Bleipressen arbeiten mit geringen, unvermeidlichen Druckschwankungen, das Einziehen und Auslegen verursacht Zug-, Dreh- und Biegebeanspruchungen, alles Einflüsse, welche selbst bei gewissenhafter technischer Arbeit einem mathematisch und physikalisch idealen Kabel entgegenstehen.

## 2. Berechnung der Leitungswerte.

a) O h m s c h e r  W i d e r s t a n d  von Leitungspaaren bei Gleichstrom:

Kupferdraht $\qquad R = \dfrac{47}{d^2}$ (Ω/km)

Bronzedraht $\qquad R = \dfrac{48}{d^2}$ (Ω/km)

Aluminiumdraht $\qquad R = \dfrac{72}{d^2}$ (Ω/km)

Eisentelegraphendraht $\quad R = \dfrac{335}{d^2}$ (Ω/km).

b) W e c h s e l s t r o m w i d e r s t a n d  bei Stromverdrängung für einfache Leiter:

$$R_w = R \left( 1 + \frac{x^4}{3} - \frac{4}{45} x^8 + \frac{11}{420} x^{12} \right) \, [\Omega]$$

wobei $x = 0,05\, d \, \sqrt{f \dfrac{\mu}{\rho}}$ ist: $d$ Drahtdurchmesser in $mm$, $\mu$ Permeabilität, $\rho$ bezogener Widerstand für Gleichstrom.

| $x$ | 0,2 | 0,4 | 0,6 | 0,8 | 1,0 | 1,2 | 1,4 | 1,8 | 2,0 | 3,0 |
|---|---|---|---|---|---|---|---|---|---|---|
| $R_w/R$ | 1,000 | 1,008 | 1,041 | 1,121 | 1,25 | 1,46 | 1,66 | 2,07 | 2,27 | 3,26 |

Wechselstromwiderstand von Leitungsschleifen (Leitungspaaren):

$$R_w = R \left[ 1 + F(x) + p \, \frac{G(x)}{\dfrac{a^2}{d^2} - \dfrac{R}{4\,\omega} H(x)} \right]$$

$d$ Leitungsdurchmesser in Millimetern,
$a$ Leiterachsenabstand in Zentimetern,
$R$ Gleichstromwiderstand in Ohm,
$p = 1$ für Doppeladern, $p = 0$ für Einzeladern.
Sternvierer: Stamm $p = 5$, Vierer $p = 1,6$.
$DM$-Vierer: Stamm $p = 2$, Vierer $p = 3,5$.

| x   | F (x)   | G (x)   | H (x)  |
|-----|---------|---------|--------|
| 0,0 | 0       | 0       | 0,0417 |
| 0,5 | 0,00033 | 0,00098 | 0,042  |
| 1,0 | 0,00519 | 0,01519 | 0,053  |
| 1,5 | 0,0258  | 0,0691  | 0,092  |
| 2,0 | 0,0782  | 0,1724  | 0,169  |
| 2,5 | 0,1765  | 0,295   | 0,263  |
| 3,0 | 0,318   | 0,405   | 0,348  |
| 3,5 | 0,492   | 0,499   | 0,416  |
| 4,0 | 0,678   | 0,584   | 0,466  |
| 4,5 | 0,862   | 0,669   | 0,503  |
| 5,0 | 1,042   | 0,755   | 0,530  |

Gültig für niedere und mittlere Frequenzbereiche.

c) A b l e i t u n g  für Kabelleitungen $G = 0{,}5\,\mu\text{S/km}$,
für Freileitungen $G = 0{,}2\ldots 2 \cdot \mu\text{S/km}$.

d) I n d u k t i v i t ä t.

Die gegenseitige Induktivität zweier Leitungspaare mit den Abständen $r_1$, $r_2$, $R_1$, $R_2$, deren Drahtdurchmesser klein gegen die Abstände sind, ist (Bild 115)

$$M = 2 \cdot \log \frac{R_1\,R_2}{r_1\,r_2} \cdot 10^{-7}\ [\text{mH/km}]$$

einzusetzen sind: $R_1$, $R_2$, $r_1$, $r_2$ in cm.

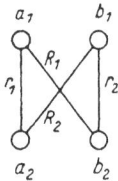

Bild 115. Leiterabstände zweier Paare.

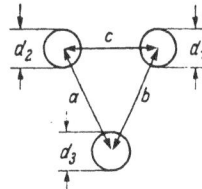

Bild 116. Zwei Leiter mit gemeinsamer Rückleitung.

Für zwei Leitungen und eine gemeinsame Rückleitung mit den Abständen $a$, $b$ und $c$ und den Drahtdurchmessern $d_1$, $d_2$ und $d_3$ wird je nach Wahl der gemeinsamen Rückleitung (Bild 116)

$$M_3 = 2 \left( \log \frac{20\,ab}{c\,d_3} + \frac{1}{4} \right) 10^{-7}\,[\mathrm{m\,H/km}]$$

$$M_2 = 2 \left( \log \frac{20\,ac}{b\,d_2} + \frac{1}{4} \right) 10^{-7}\,[\mathrm{m\,H/km}]$$

$$M_1 = 2 \left( \log \frac{20\,bc}{a\,d_1} + \frac{1}{4} \right) 10^{-7}\,[\mathrm{m\,H/km}]$$

einzusetzen sind: $a$, $b$, $c$ in cm. $d_1$, $d_2$ $d_3$ in mm, $l$ in km.

Selbstinduktion eines Leitungspaares mit dem Achsenabstand $a$ in cm und den Durchmessern $d_1$ und $d_2$ in mm ist (Bild 117)

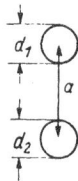

Bild 117. Leitungspaar.  Bild 118. Einadrige Kabelleitung.

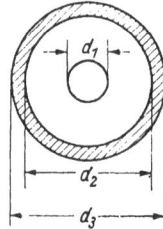

$$L = 4 \left( \log \frac{20\,a}{\sqrt{d_1\,d_2}} + \frac{1}{4} \right) 10^{-7}\,[\mathrm{m\,H/km}]$$

bei gleichen Drahtdurchmessern wird ($a$ in cm, $d$ in mm)

$$L = 4 \left( \log \frac{20\,a}{d} + \frac{1}{4} \right) 10^{-7}\,[\mathrm{m\,H/km}].$$

Selbstinduktion eines einadrigen Kabels mit konzentrischer Hin- und Rückleitung (Bild 118), den Permeabilitäten $\mu_1$, $\mu_2$, $\mu_3$ und den Durchmessern $d_1$, $d_2$, $d_3$ in mm wird

$$L = 2 \left( \frac{\mu_1}{4} + \mu_2 \log \frac{d_2}{d_1} + \mu_3 \, \frac{d_3 - d_2}{d_1} \right) 10^{-7}\,[\mathrm{m\,H/km}]$$

als Einschränkung gilt: $d_3 < 1{,}25\,d_2$.

e) K a p a z i t ä t.

Schleifenkapazität eines Freileitungspaares:

$$C = \frac{\varepsilon \cdot 10^3}{4\,c^2 \log (20\,k/d)} = \frac{12}{\log (20\,a/d)}\,[n\,F/\mathrm{km}].$$

Schleifenkapazität eines Kabelleitungspaares:

$$C = \frac{\varepsilon \cdot 10^3}{4\, c^2 \log \dfrac{40\, a\, (D^2 - a^2)}{d\, (D^2 + a^2)}} = \frac{12}{\log \dfrac{20\, a}{d}}\,[\text{nF/km}].$$

Kapazität einer Einzelleitung gegen Erde:

$$C = \frac{\varepsilon \cdot 10^3}{2\, c^2 \log (20\, h/d)} = \frac{128}{\log (20\, h/d)}\ [\text{nF/km}].$$

Hierin bedeuten: $\varepsilon$ Dielektrizitätskonstante, $c = 300\,000$, $a$ Abstand in cm, $h$ Höhe in cm, $d$ Drahtdurchmesser in mm, $F$ vom verdrallten Paar beanspruchte Querschnitt in cm², $D$ Durchmesser der Bleimmantels in mm.

Tafel 12.

### Werte gebräuchlicher Leitungen.

| Bezeichnung | Draht-stärke mm | $R$ Ω/km | $G$ µS/km | $L$ mH/km | $C$ nF/km |
|---|---|---|---|---|---|
| Freileitung Eisen | 2 | 85,0 | | 11,0 | 5,4 |
| | 3 | 37,0 | 0,5…2 | 7,5 | 6,0 |
| | 4 | 21,0 | | 5,0 | 6,4 |
| | 5 | 13,4 | | 4,5 | 6,8 |
| Freileitung Bronze | 2 | 12,0 | | 2,2 | 5,4 |
| | 3 | 5,9 | 0,5…2 | 2,0 | 6,0 |
| | 4 | 3,3 | | 1,85 | 6,4 |
| | 5 | 2,1 | | 1,7 | 6,8 |
| Freileitung Hartkupfer | 2 | 11,6 | | 2,2 | 5,4 |
| | 3 | 5,2 | 0,5…2 | 2,0 | 6,0 |
| | 4 | 2,9 | | 1,85 | 6,4 |
| | 5 | 1,9 | | 1,7 | 6,8 |
| Teilnehmer-kabel Weichkupfer | 0,6 | 130,0 | | | 33,0 |
| | 0,8 | 73,2 | 0,2…1 | 0,7 | 33,5 |
| | 0,9 | 57,9 | | | 34,0 |
| | 1,0 | 46,8 | | | 34,5 |
| Verbindungs-kabel Weichkupfer | 1,2 | 32,5 | | 0,7 | 35,0 |
| | 1,4 | 23,8 | 0,2…1 | 0,65 | 36,0 |
| | 1,5 | 20,8 | | 0,6 | 37,0 |
| | 2,0 | 11,7 | | 0,6 | 41,0 |

### 3. Übertragung von Wechselströmen.

Zu übertragen sind Wechselströme mit nur einer bestimmten Frequenz über eine beliebige Leitung. Als Einführung sei zunächst ein zeichnerisches Verfahren besprochen, welches den Weg zur genauen Lösung ebnet.

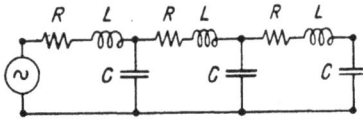

Bild 119. Ersatzschaltung für ein Leitungspaar mit Widerstand, Induktivität und Kapazität.

Die Ersatzschaltung für die natürliche Verteilung der Leitungswerte bildet ein Kettenleiter, dessen wesentliche Bestandteile Widerstände, Induktivitäten und Kapazitäten sind. Die angelegte Spannung hat eine bestimmte Frequenz und sei frei von Oberwellen. Die Ableitung ist vernachlässigt (Bild 119).

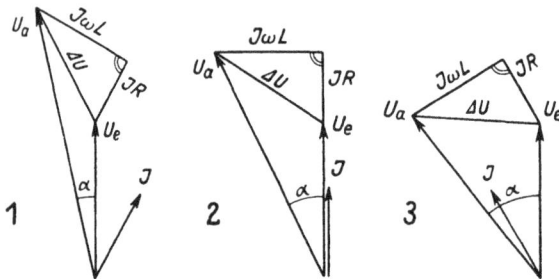

Bild 120. Phasendrehung und Spannungsabfall der Spannung längs einer Leitung mit Widerstand und Induktivität bei induktiver, ohmischer und kapazitiver Belastung.

Allgemein sind in einem Stromkreis, bestehend aus Quelle, Leitung und Last, drei typische Fälle gegeben: induktiver, ohmischer und kapazitiver Abschluß.

Das Ergebnis ist: verschiedener Spannungsabfall bei induktiver, ohmischer und kapazitiver Last; die Phasenverschiebung der Spannung gegen den Strom an der Quelle und an dem Abschluß der Leitung ist verschieden. Die Phasendrehung der Spannungen ändert sich stetig längs der Leitung (Bild 120).

Erläutert sei: eine Phasenverschiebung bezeichnet einen Zeitwinkel zwischen zwei elektrischen Größen am gleichen Orte der Leitung, eine Phasendrehung bezeichnet einen auf eine Strecke der Leitung bezogenen Winkel für nur eine elektrische Größe.

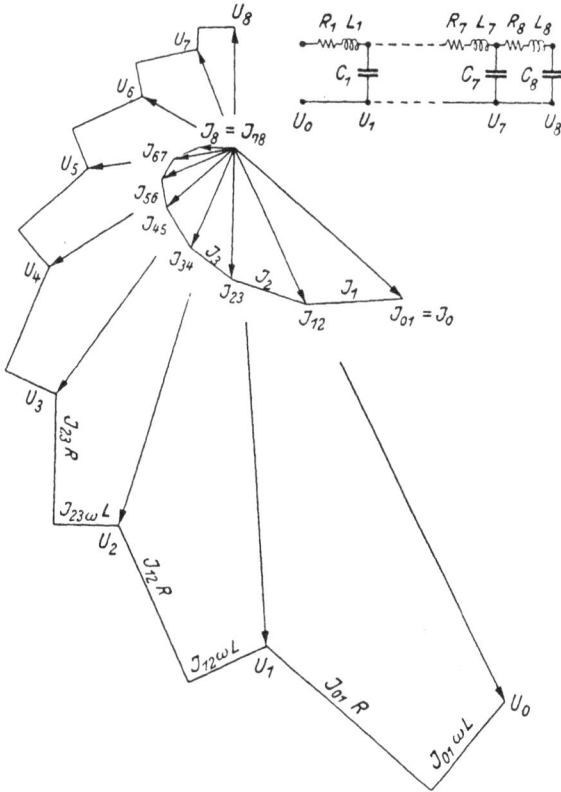

Bild 121. Spannungen und Ströme eines mehrgliedrigen Kettenleiters.

Die natürliche Leitung bildet aber keine Reihenschaltung von Widerstand und Induktivität, sondern eine stetige längs verteilte Paarung beider Eigenschaften. So ist es dann zu verstehen, daß die Zwischenwerte der Spannungen vom Anfang bis zum Ende der Strecke sich stetig drehen. Zwischen Anfang und Ende besteht eine Phasendrehung.

Hierauf aufbauend entsteht schrittweise das Gesamtbild der Spannungen und Ströme des Kettenleiters, wobei abwechselnd Spannungs- und Stromdreiecke zu zeichnen sind. Der Aufbau der Spannungs- und Stromdiagramme ist:

Gegeben sei $U_8$, dann ist $J_8 = U_8 \, \omega \, C$. Zeichne $U_8 \perp J_8$.

Von »7« nach »8« fließt $J_{78} = J_8$, die Spannungsabfälle sind $J_{78} \, R$ und $J_{78} \, \omega \, L$. Dieses rechtwinklige Dreieck ($J_{78} \, R \parallel J_8$) ergibt die Zwischenspannung $U_7$, dann ist $J_7 = U_7 \, \omega \, C$. Zeichne $J_7 \perp U_7$ und bilde die geometrische Summe $[J_7 + J_8]$.

Von »6« nach »7« fließt $J_{67} = [J_7 + J_8]$, die Spannungsabfälle sind $J_{67} \, R$ und $J_{67} \, \omega \, L$. Dieses Dreieck ($J_{67} \, R \mid J_{67}$) ergibt die Zwischenspannung $U_6$, dann ist $J_6 = U_6 \, \omega \, C$. Zeichne $J_6 \perp U_6$ und bilde die geometrische Summe $[J_6 + J_7 + J_8]$.

Von »6« nach »5« gehe man in gleicher Weise vor, bis sich über »5, 4, 3, 2, 1« die gesuchten Anfangswerte $U_0$ und $J_0$ ergeben (Bild 121).

Ersichtlich ist, daß Spannungen und Ströme vom Anfang nach dem Ende zu abnehmen; die Phasenverschiebung zwischen Spannung und Strom ändert sich längs der gesamten Strecke; eine Phasendrehung haben sowohl Spannungen als auch Ströme; die Phasendrehungen wachsen mit der Leitungslänge unbegrenzt.

Die Verluste auf Fernmeldeleitungen sind immer so groß, daß trotz ihrer Kapazität nur Spannungsabnahmen auftreten.

Die Spannung an jedem Punkt der Leitung bedingt eine Stromableitung; der Strom an jedem Punkt der Leitung bedingt einen Spannungsabfall. Weder Spannung, noch Strom zeigen eine der Leistungslänge verhältnisgleiche Abnahme. Nur die Phasendrehungen wachsen bei gleichmäßigen Leitungen verhältnisgleich der Länge.

## 4. Telegraphen-Gleichungen.

Gegeben ist eine gleichmäßige Leitung mit den vier auf 1 km bezogenen Leitungswerten $R$, $L$, $G$ und $C$ und einer beliebigen Länge $l$ km. Die Übertragungsrichtung läuft von $A$ nach $E$. Die Frequenz ist beliebig, aber bestimmt angenommen, die Lösung gilt somit allgemein für Gleich- und Wechselstromübertragungen. Am Anfang der Leitung liegt eine feste Spannung $U_a$, die Stromquelle ist unendlich ergiebig, also ohne Spannungsabfälle durch eine Stromentnahme $J_a$ gedacht.

Gesucht sind Spannungen und Ströme im eingeschwungenen Zustand. Die Schwingfähigkeit der Leitung beruht auf ihrer Induktivität und Kapazität. Nach Einschalten einer Leitung läuft eine Stoßwelle zum Ende und wird von dort zurückgeworfen. Nach Ablauf dieses Vorganges ist die Leitung eingeschwungen.

Entsprechend dem Bild 122 ist in beliebigem Abstand $x$ vom Anfang der Leitung der Spannungsabfall und die Stromableitung längs der unendlich kurzen Strecke $d\,x$:

$$- \partial\,U_x = J_x\,(R + j\,\omega\,L)\,\partial\,x = J_x \cdot r\,e^{j\varphi}\,\partial\,x$$
$$- \partial\,J_x = U_x\,(G + j\,\omega\,C)\,\partial\,x = U_x \cdot g\,e^{j\varphi}\,\partial\,x.$$

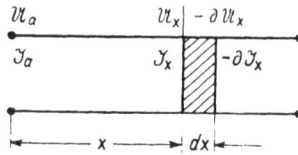

Bild 122. Homogene Leitung.

Wird $\Re = R + j\,\omega\,L$ und $\mathfrak{G} = G + j\,\omega\,C$ eingesetzt, so entstehen die Differentialgleichungen:

$$-\frac{\partial\,U_x}{\partial\,x} = \mathfrak{J}_x\,\Re, \qquad -\frac{\partial\,\mathfrak{J}_x}{\partial\,x} = \mathfrak{U}_x\,\mathfrak{G}.$$

Für diese Funktionen der Spannungen und Ströme ist das Änderungsgesetz abzuleiten:

$$-\frac{\partial^2\,\mathfrak{U}_x}{\partial\,x^2} = \frac{d\,\mathfrak{J}_x}{d\,x}\cdot\Re, \qquad -\frac{\partial^2\,\mathfrak{J}_x}{\partial\,x} = \frac{d\,\mathfrak{U}_x}{d\,x}\cdot\mathfrak{G}$$

$$\frac{\partial^2\,\mathfrak{U}_x}{\partial\,x^2} = \mathfrak{U}_x\,\Re\,\mathfrak{G}, \qquad \frac{\partial^2\,\mathfrak{J}_x}{\partial\,x} = \mathfrak{J}_x\,\Re\,\mathfrak{G}.$$

Für die Integration gelten folgende Überlegungen:

1. Zwei Gleichungen mit je zwei Gliedern sind anzusetzen, weil eine doppelte Abhängigkeit zwischen Spannung und Strom vorliegt.

2. Die Leitungswerte bilden eine Exponentialfunktion, wie es sich aus der Ableitung des Änderungsgesetzes ergibt.

3. Das positive und negative Vorzeichen der Exponenten entspricht dem eingeschwungenen Zustand, der aus einer hinlaufenden und rücklaufenden Teilwelle entstanden ist.

Die Ansatzgleichungen für die Integration sind:

$$\mathfrak{U}_x = a_1\,e^{\gamma x} + a_2\,e^{-\gamma x}$$
$$\mathfrak{J}_x = b_1\,e^{\gamma x} + b_2\,e^{-\gamma x}$$

hierin ist:

$$\gamma = \sqrt{\Re\,\mathfrak{G}} = \sqrt{(R + j\,\omega\,L)\,(G + j\,\omega\,C)}.$$

Bestimmung der Integrationskonstanten
$a_1$ $a_2$ $b_1$ $b_2$.

Für $x = 0$ wird $\mathfrak{U}_x = \mathfrak{U}_1$ und $\mathfrak{J}_x = \mathfrak{J}_1$ und es ergeben sich die Summen:

$$\mathfrak{U}_1 = a_1 + a_2$$
$$\mathfrak{J}_1 = b_1 + b_2.$$

Nach den Summen seien die Differenzen gebildet.

$$\frac{d\,\mathfrak{U}_x}{d\,x} = a_1\,\gamma\,e^{\gamma x} - a_2\,\gamma\,e^{-\gamma x} = -\,\mathfrak{J}_x\,\mathfrak{R}$$

$$\frac{d\,\mathfrak{J}_x}{d\,x} = b_1\,\gamma\,e^{\gamma x} - b_2\,\gamma\,e^{-\gamma x} = -\,\mathfrak{U}_x\,\mathfrak{G}$$

$$-\,\mathfrak{J}_x\,.\,\mathfrak{R} = (a_1 - a_2)\,\gamma$$
$$-\,\mathfrak{U}_x\,.\,\mathfrak{G} = (b_1 - b_2)\,\gamma.$$

Eine Hilfsgröße $\mathfrak{Z}$ sei eingeführt, um die Formeln übersichtlich zu gestalten.

$$\mathfrak{Z} = \frac{\mathfrak{R}}{\gamma} = \frac{\gamma}{\mathfrak{G}} = \sqrt{\frac{\mathfrak{R}}{\mathfrak{G}}} = \sqrt{\frac{R + j\,\omega\,L}{G + j\,\omega\,C}}.$$

Damit werden die Differenzen erhalten:

$$-\,\mathfrak{J}_1\,\mathfrak{Z} = a_1 - a_2$$
$$-\,\mathfrak{U}_1\,\frac{1}{\mathfrak{Z}} = b_1 - b_2.$$

Durch Addition und Subtraktion ergeben sich die gesuchten Konstanten:

$$a_1 = \tfrac{1}{2}\,(\mathfrak{U}_1 - \mathfrak{J}_1\,\mathfrak{Z}) \quad \text{und} \quad a_2 = \tfrac{1}{2}\,(\mathfrak{U}_1 + \mathfrak{J}_1\,\mathfrak{Z})$$
$$b_1 = \tfrac{1}{2}\left(\mathfrak{J}_1 - \frac{\mathfrak{U}_1}{\mathfrak{Z}}\right) \quad \text{und} \quad b_2 = \tfrac{1}{2}\left(\mathfrak{J}_1 + \frac{\mathfrak{U}_1}{\mathfrak{Z}}\right).$$

Diese Konstanten sind in die Ansatzgleichungen einzusetzen:

$$\mathfrak{U}_x = \tfrac{1}{2}\,(\mathfrak{U}_1 - \mathfrak{J}_1\,\mathfrak{Z})\,e^{\gamma x} + \tfrac{1}{2}\,(\mathfrak{U}_1 + \mathfrak{J}_1\,\mathfrak{Z})\,e^{-\gamma x}$$
$$\mathfrak{J}_x = \tfrac{1}{2}\left(\mathfrak{J}_1 - \frac{\mathfrak{U}_1}{\mathfrak{Z}}\right)e^{\gamma x} + \tfrac{1}{2}\left(\mathfrak{J}_1 + \frac{\mathfrak{U}_1}{\mathfrak{Z}}\right)e^{-\gamma x}.$$

In der endgültigen Form lautet die Lösung:

$$\mathfrak{U}_x = \mathfrak{U}_1 \frac{e^{\gamma x} + e^{-\gamma x}}{2} - \mathfrak{J}_1 \mathfrak{Z} \frac{e^{\gamma x} - e^{-\gamma x}}{2}.$$

$$\mathfrak{J}_x = \mathfrak{J}_1 \frac{e^{\gamma x} - e^{-\gamma x}}{2} - \frac{\mathfrak{U}_1}{\mathfrak{Z}} \frac{e^{\gamma x} - e^{-\gamma x}}{2}.$$

Bezogen auf eine bestimmte Leitungslänge $x = l$ km wird

$$\mathfrak{U}_e = \mathfrak{U}_a \frac{e^{\gamma l} + e^{-\gamma l}}{2} - \mathfrak{J}_a \mathfrak{Z} \frac{e^{\gamma l} - e^{-\gamma l}}{2}$$

$$\mathfrak{J}_e = \mathfrak{J}_a \frac{e^{\gamma l} - e^{-\gamma l}}{2} - \frac{\mathfrak{U}_a}{\mathfrak{Z}} \frac{e^{\gamma l} - e^{-\gamma l}}{2}.$$

Im allgemeinen sind aber die Endwerte $\mathfrak{U}_e$ und $\mathfrak{J}_e$ durch das Empfangsgerät vorgeschrieben und hierfür die Anfangswerte $\mathfrak{U}_a$ und $\mathfrak{J}_a$ zu berechnen. Diese Umformung ist leicht ausgeführt: man vertausche Anfang und Ende und beachte, daß dabei die Leitungslänge wegen der Richtungsumkehr negativ einzusetzen ist:

$$\mathfrak{U}_a = \mathfrak{U}_e \frac{e^{\gamma l} + e^{-\gamma l}}{2} + \mathfrak{J}_e \mathfrak{Z} \frac{e^{\gamma l} - e^{-\gamma l}}{2}$$

$$\mathfrak{J}_a = \mathfrak{J}_e \frac{e^{\gamma l} + e^{-\gamma l}}{2} + \frac{\mathfrak{U}_e}{\mathfrak{Z}} \frac{e^{\gamma l} - e^{-\gamma l}}{2}.$$

Erwähnt sei noch, daß die Rechnung mit komplexen Exponenten geeignete Funktionentafeln (vgl. S. 258 ff.) voraussetzt, mit deren Gebrauch die Gleichungen in folgender Form zu lösen sind:

$$\mathfrak{U}_a = \mathfrak{U}_e \operatorname{\mathfrak{Cof}} \gamma \, l + \mathfrak{J}_e \mathfrak{Z} \operatorname{\mathfrak{Sin}} \gamma \, l$$

$$\mathfrak{J}_a = \mathfrak{J}_e \operatorname{\mathfrak{Cof}} \gamma \, l + \frac{\mathfrak{U}_e}{\mathfrak{Z}} \operatorname{\mathfrak{Sin}} \gamma \, l.$$

## 5. Wellenwiderstand $\mathfrak{Z}$.

Die Leitungsgleichungen gestatten an sich die Berechnungen der Spannungen und Ströme für beliebige Leitungen, Stromarten und Betriebsfälle, soweit die bezogenen Werte $R$, $L$, $G$, $C$ nicht frequenzabhängig sind.

Andrerseits will man das Verhalten einer Übertragung ohne langwierige Rechnungen übersehen können und sucht Kenngrößen, die sich schnell berechnen oder messen lassen.

Die Leitungsgleichungen enthalten die Größe:

$$\mathfrak{Z} = \sqrt{\frac{R + j\,\omega\,L}{G + j\,\omega\,C}}\ [\Omega].$$

Als Grenzfall sei die Leitung unendlich lang. Für $x \to \infty$ werden $\mathfrak{U}_x$ und $\mathfrak{J}_x$ gleich Null und man erhält

$$0 = \mathfrak{U}_1\,\frac{e^{\gamma x}}{2} - \mathfrak{J}_1\,\mathfrak{Z}\,\frac{e^{\gamma x}}{2}$$

oder

$$\mathfrak{U}_1 = \mathfrak{J}_1\,\mathfrak{Z} = \mathfrak{J}_1\,\sqrt{\frac{R + j\,\omega\,L}{G + j\,\omega\,C}} = \mathfrak{J}_1\,\sqrt{\frac{\mathfrak{R}}{\mathfrak{G}}}.$$

B e i s p i e l: Freileitung, $2 \times 5$ mm Bronzedraht.

$$R = 2\,\frac{\Omega}{km},\ L = 2\,\frac{m\,H}{km},\ G = 1\,\frac{\mu\,S}{km},\ C = 0{,}007\,\frac{\mu\,F}{km},\ \omega = 500\,O_s{}^{-1}$$

$$\mathfrak{R} = r\,.\,e^{j\varphi_1},\ r = \sqrt{R^2 + \omega^2\,L^2},\ \operatorname{tg}\varphi_1 = \frac{\omega\,L}{R}.$$

$$\mathfrak{G} = g\,.\,e^{j\varphi_2},\ g = \sqrt{G^2 + \omega^2\,C^2},\ \operatorname{tg}\varphi_2 = \frac{\omega\,C}{G}.$$

$$\mathfrak{Z} = \sqrt{\frac{r}{g}\,(e^{j\varphi_1 - j\varphi_2})} = \sqrt{\frac{10{,}2}{35{,}0}\,.\,10^6\,(e^{78^0 41'j - 88^0 25'j})}$$

$$\mathfrak{Z} = 540\,e^{-9^0 44'j}\ [\Omega].$$

Dieser Wellenwiderstand ist fast reell, der Strom $9^0\ 44'$ voreilend. Die mittlere Kreisfrequenz $\omega = 5000\,s^{-1}$ entspricht abgerundet $f = 800$ Hz.

Bei einer Spannung $U_a = 0{,}5$ V wird $J_a = 0{,}93$ mA.

Für die unendlich lang gedachte Leitung bestimmt $\mathfrak{Z}$ bei gegebener Wellenspannung den Strom der eindringenden Welle. Deshalb heißt $\mathfrak{Z}$: der Wellenwiderstand.

Eine zurückkehrende Welle entfällt, wenn $x \to \infty$ wird. Damit werden $\mathfrak{U}_x = 0$, $\mathfrak{J}_x = 0$ und $e^{-\gamma x} = 0$. Abgesehen von diesem streng richtigen Fall sind bei endlichen Leitungen annähernd gleiche Voraussetzungen gegeben, wenn $e^{\gamma'} > |\mathfrak{Z}|$ wird. Die sehr kleinen Werte $U_e$ und $J_e$ verursachen eine geringfügige, zurückgeworfene Welle, die außerdem auf dem Wege vom Ende zum Anfang verhältnisgleich der eindringenden Welle abnimmt. Die Vernachlässigung der rücklaufenden Welle ist dann zulässig.

Die Bedeutung des Wellenwiderstandes für Leitungen mit endlicher Länge ist aus der Betrachtung von drei Sonderfällen zu erkennen:

1. Leitungsende offen: $R_e \rightarrow \infty$.
2. Leitungsende kurzgeschlossen: $R_e = 0$.
3. Abschlußwiderstand: $R_e = \mathfrak{Z}$.

Innerhalb dieser Grenzen liegen alle praktisch vorkommenden Abschlußwiderstände. Die Leitung endet in der Regel an einem Übertrager oder das Ende bildet den Anfang einer anschließenden Leitung.

1. L e e r l a u f f a l l: $\mathfrak{J}_e = 0$, $x = l$, $\gamma\, x = \gamma\, l = g$.

Aus den Leitungsgleichungen ergibt sich durch Einsetzen dieser Werte:

$$\mathfrak{U}_a = \mathfrak{U}_e\, \frac{e^g + e^{-g}}{2}$$

$$\mathfrak{J}_a = \frac{\mathfrak{U}_a}{\mathfrak{Z}}\, \frac{e^g - e^{-g}}{2}.$$

Durch Division erhält man den Eingangsscheinwiderstand $\mathfrak{R}_0$ bei Leerlauf:

$$\mathfrak{R}_0 = \frac{\mathfrak{U}_a}{\mathfrak{J}_a} = \mathfrak{Z}\, \frac{e^g + e^{-g}}{e^g - e^{-g}}.$$

Danach ist $\mathfrak{Z} < \mathfrak{R}_0$ und der Bruchwert liegt über Eins. Mit wachsendem $g = \gamma\, l$ wird allmählich $\mathfrak{R}_0$ kleiner und im Grenzfall $\mathfrak{R}_0 = \mathfrak{Z}$ und der Bruchwert gleich Eins.

2. K u r z s c h l u ß f a l l: $\mathfrak{U}_e = 0$, $x = l$, $\gamma\, x = \gamma\, l = g$.

Aus den Leitungsgleichungen ergibt sich durch Einsetzen dieser Werte:

$$\mathfrak{U}_a = \mathfrak{J}_e\, \mathfrak{Z}\, \frac{e^g - e^{-g}}{2}$$

$$\mathfrak{J}_a = \mathfrak{J}_e\, \frac{e^g + e^{-g}}{2}.$$

Durch Division erhält man den Eingangsscheinwiderstand $\mathfrak{R}_k$ bei Kurzschluß:

$$\mathfrak{R}_k = \frac{\mathfrak{U}_a}{\mathfrak{J}_a} = \mathfrak{Z}\, \frac{e^g - e^{-g}}{e^g + e^{-g}}.$$

Danach ist $\mathfrak{Z} > \mathfrak{R}_k$ und der Bruchwert liegt unter Eins. Mit wachsendem $g = \gamma\, l$ wird allmählich $\mathfrak{R}_k$ größer und im Grenzfall $\mathfrak{R}_k = \mathfrak{Z}$ und der Bruchwert gleich Eins.

14*

3. A n p a s s u n g s f a l l: $\mathfrak{R}_e = \mathfrak{Z}$, $\mathfrak{U}_e = \mathfrak{J}_e\,\mathfrak{R}_e = \mathfrak{J}_e\,\mathfrak{Z}$.
Die Leitungsgleichungen ergeben für $x = l$ und $\gamma\,x = g$:

$$\mathfrak{U}_a = \mathfrak{J}_e\,\mathfrak{Z}\,\frac{e^g + e^{-g}}{2} + \mathfrak{J}_e\,\mathfrak{Z}\,\frac{e^g - e^{-g}}{2}$$

$$\mathfrak{J}_a = \mathfrak{J}_e\,\frac{e^g + e^{-g}}{2} + \mathfrak{J}_e\,\frac{e^g - e^{-g}}{2}.$$

Durch Division ergibt sich bei Anpassung:

$$\mathfrak{R}_a = \frac{\mathfrak{U}_a}{\mathfrak{J}_a} = \mathfrak{Z}.$$

Dieser Betriebsfall verdient besondere Beachtung, weil längs der gesamten Leitung der Quotient aus Spannung und Strom gleichbleibt:

$$\mathfrak{R}_a = \mathfrak{Z} = \mathfrak{R}_e = \frac{\mathfrak{U}_a}{\mathfrak{J}_a} = \frac{\mathfrak{U}_x}{\mathfrak{J}_x} = \frac{\mathfrak{U}_e}{\mathfrak{J}_e}.$$

Betrachtet man die Leitung als eine Stromquelle und den Abschlußwiderstand als Verbraucher, so läßt sich der Satz anwenden: die Nutzleistung wird am größten, wenn innerer und äußerer Widerstand gleich groß werden.

Es ist daher zur Regel geworden, den Abschluß einer Fernleitung dem Wellenwiderstand anzupassen.

Die Rückwirkung der Belastung auf die Stromquelle ist bei elektrisch langen Fernmeldeleitungen gering; zwischen Leerlauf und Kurzschluß am Ende schwankt die Stromstärke am Leitungsanfang nur wenig.

## 6. Die Leitungsmaße γ, β, α.

Eine weitere Kenngröße enthalten die Leitungsgleichungen:

$$\gamma = \sqrt{(R + j\,\omega\,L)\,(G + j\,\omega\,C)}.$$

Dieses Maß $\gamma$ enthält einen reellen und einen imaginären Anteil. Als Exponent ist seine Größe bestimmend für die Übertragung der Wellen auf Leitungen und heißt deshalb das Übertragungsmaß.

Der reelle Anteil $\beta$ verursacht die Abnahme der Spannungen und Ströme durch die Verlustgrößen $R$ und $G$.

Der imaginäre Anteil $\alpha$ verursacht die Phasendrehungen der Spannungen und Ströme durch die verlustfreien Größen $L$ und $C$.

$$\gamma = \beta + j\,\alpha.$$

Durch Quadrieren der neuen Beziehung entsteht:

$$\beta + j\alpha = \sqrt{(R + j\omega L)(G + j\omega C)}$$

$$\beta^2 + 2j\alpha\beta - \alpha^2 = (RG - \omega^2 LC) + j\omega(LG + RC).$$

In dieser Gleichung sind auf beiden Seiten die reellen und die imaginären Glieder unter sich gleich. Also ist

$$\beta^2 - \alpha^2 = RG - \omega^2 LC.$$

Andrerseits gilt auch die geometrische Beziehung:

$$\gamma = \sqrt{\beta^2 + \alpha^2}$$

$$\beta^2 + \alpha^2 = \sqrt{(R^2 + \omega^2 L^2)(G^2 + \omega^2 C^2)}.$$

Durch Addition und Subtraktion ergeben sich $2\beta^2$ und $2\alpha^2$ und hieraus die Anteile des Übertragungsmaßes $\gamma$:

$$\beta = \sqrt{\tfrac{1}{2}\sqrt{(R^2 + \omega^2 L^2)(G^2 + \omega^2 C^2)} + \tfrac{1}{2}(RG - \omega^2 LC)}$$

$$\alpha = \sqrt{\tfrac{1}{2}\sqrt{(R^2 + \omega^2 L^2)(G^2 + \omega^2 C^2)} - \tfrac{1}{2}(RG - \omega^2 LC)}.$$

Die Leitungsmaße $\gamma$, $\beta$ und $\alpha$ sind Potenzexponenten der Basis $e = 2{,}71828\ldots$ und gelten als bezogene Maße für 1 km Doppelleitung. Eine Dimension besitzen sie nicht, sie sind reine Zahlen. Es ist üblich, für eine bestimmte Leitungslänge von $l$ km zu schreiben:

$$\gamma l = g, \quad \beta l = b, \quad \alpha l = a.$$

Der reelle Anteil $\beta$ oder $b$ heißt das Dämpfungsmaß, der imaginäre Anteil $\alpha$ oder $a$ heißt das Phasen- oder Drehungsmaß.

Für die Dämpfung bestehen Einheiten mit verschiedenen Benennungen. Bezogen auf die Basis $e$ der natürlichen Logarithmen gilt als Einheit: das Neper (Kurzzeichen: N)

$$b = 1\,[\mathrm{N}].$$

Bezogen auf die Basis 10 der B r i g g i schen Logarithmen gilt als Einheit: das Bel (Kurzzeichen: b), meistens ist eine um eine Zehnerpotenz kleinere Einheit gebräuchlich: das Dezibel (Kurzzeichen: db).

$$b = 1\,[\mathrm{db}].$$

Für Umrechnungen beider Dämpfungsmaße gilt:

1 Neper = 8,7 Dezibel,
1 Dezibel = 0,115 Neper.

Für die Phasendrehung wird als Einheit der Winkel in Graden oder sein Bogenmaß angegeben.

Beispiel: Sprechstellenkabel, $2 \times 0.8$ mm Cu, $R = 74.4\,\Omega$, $L = 0.6$ mH/km, $G = 0.6\,\mu$S/km, $C = 0.037\,\mu$F/km. $\omega = 5000$ s$^{-1}$. Gesucht: $\gamma$, $\beta$, $\alpha$.

$$\gamma = \sqrt{(R + j\,\omega\,L)\,(G + j\,\omega\,C)} = \sqrt{r\,e^{j\varphi_1} \cdot g\,e^{j\varphi_2}}$$

$$r = \sqrt{R^2 + \omega^2 L^2} = \sqrt{5535 + 25 \cdot 10^6 \cdot 0.36 \cdot 10^{-6}} = 74.5,$$

$$g = \sqrt{G^2 + \omega^2 C^2} = \sqrt{0.36 \cdot 10^{-12} + 25 \cdot 10^6 \cdot 1369 \cdot 10^{-18}} =$$
$$= 185 \cdot 10^{-6}$$

$$\cos\varphi_1 = \frac{R}{r} = \frac{74.4}{74.5} \approx 1 \qquad \varphi_1 = 0^0$$

$$\cos\varphi_2 = \frac{G}{g} = \frac{0.6 \cdot 10^{-6}}{185 \cdot 10^{-6}} \approx 0 \qquad \varphi_2 = 90^0$$

$$\gamma = \sqrt{74.5\,e^{0^0 j} \cdot 185\,e^{90^0 j}} = 0.117 \cdot e^{45^0 j}$$

$$\beta = \sqrt{\tfrac{1}{2}\gamma^2 + \tfrac{1}{2}\,(RG - \omega^2 L\,C)}$$

$$\gamma^2 = r\,g = 74.5 \cdot 185 \cdot 10^{-6} = 13\,782 \cdot 10^{-6}$$

$$RG - \omega^2 L\,C = 74.4 \cdot 0.6 \cdot 10^{-6} - 25 \cdot 10^{-6} \cdot 0.6 \cdot 10^{-3} \cdot 37 \cdot 10^{-9} =$$
$$= 10^{-6}\,(44.6 - 555.0) = -510.4 \cdot 10^{-6}$$

$$\beta = \sqrt{6891 \cdot 10^{-6} - 205 \cdot 10^{-6}} = 818 \text{ mN/km}$$

$$\alpha = \sqrt{6891 \cdot 10^{-6} + 205 \cdot 10^{-6}} = 0.841\,\frac{1}{\text{km}}.$$

Als Sonderfälle seien erwähnt: Gleichstromübertragung mit $f = 0$:

$$\alpha = \sqrt{\tfrac{1}{2}\,R\,G - \tfrac{1}{2}\,R\,G} = 0$$

$$\beta = \sqrt{\tfrac{1}{2}\,R\,G + \tfrac{1}{2}\,R\,G} = \sqrt{R\,G}.$$

Hochfrequenzübertragung: $R \ll \omega\,L$, $G \ll \omega\,C$:

$$\alpha \approx \sqrt{\tfrac{1}{2}\,\omega^2 L\,C + \tfrac{1}{2}\,\omega^2 L\,C} = \omega\,\sqrt{L\,C}$$

$$\beta \approx \sqrt{\tfrac{1}{2}\,\omega^2 L\,C - \tfrac{1}{2}\,\omega^2 L\,C} = 0.$$

## 7. Leitungsdämpfung.

Das Dämpfungsmaß ist eine vielgebrauchte Kenngröße, weil hiermit das Verhältnis eines Anfangs- zum Endwert erfaßt werden kann. Der Einfluß der Dämpfung auf die Übertragung ist durch Betrachten von drei Belastungsfällen zu erkennen:

1. bei offenem Leitungsende,

2. bei kurzgeschlossenem Leitungsende,

3. bei angepaßtem Abschlußwiderstand.

Innerhalb dieser Grenzen liegen alle praktisch vorkommenden Belastungsfälle. Die Leitungsgleichungen lassen sich mit alleiniger Berücksichtigung der Dämpfung in der folgenden reellen Form schreiben:

$$U_a = U_e \frac{e^b + e^{-b}}{2} + J_e Z \frac{e^b - e^{-b}}{2}$$

$$J_a = J_e \frac{e^b + e^{-b}}{2} + \frac{U_e}{Z} \frac{e^b - e^{-b}}{2}.$$

1. Leerlauffall: $J_e = 0$, $R_e \to \infty$.

Hierbei wird das Verhältnis der Spannungen erhalten:

$$U_a = U_e \frac{e^b + e^{-b}}{2}.$$

Der Wert des Bruches wird für $b > 2,5$ Neper fast gleich $\frac{1}{2} e^b$:

$$U_a = U_e \tfrac{1}{2} e^b \text{ oder } e^b = \frac{2 U_a}{U_e}$$

$$b = ln \frac{2 U_a}{U_e}.$$

2. Kurzschlußfall: $U_e = 0$, $R_e = 0$.

Hierbei wird das Verhältnis der Ströme erhalten:

$$J_a = J_e \frac{e^b + e^{-b}}{2}.$$

Für Werte von $b > 2,5$ Neper gilt annähernd:

$$J_a = J_e \tfrac{1}{2} e^b \text{ der } e^b = \frac{2 J_a}{J_e}$$

$$b = ln \frac{2 J_a}{J_e}.$$

3. A n p a s s u n g s f a l l: $U_e = J_e R_e = J_e Z$.

Das Verhältnis der Spannungs- und der Stromwerte wird:

$$U_a = U_e \left( \frac{e^b + e^{-b}}{2} + \frac{e^b - e^{-b}}{2} \right) = U_e e^b$$

$$J_a = J_e \left( \frac{e^b + e^{-b}}{2} + \frac{e^b - e^{-b}}{2} \right) = J_e e^b,$$

$$e^b = \frac{U_a}{U_e} = \frac{J_a}{J_e}$$

oder die Leitungsdämpfung ist, falls umgekehrt die Spannungen und Ströme bekannt sind, zu berechnen aus:

$$b = ln \; \frac{U_a}{U_e} = ln \; \frac{J_a}{J_e}.$$

Für die Leistungsdämpfung wird bei einem Leitungsabschluß mit $R_e = Z$ und $N_a = U_a J_g$, bzw. $N_e = U_e J_e$ erhalten:

$$e^{2b} = \frac{N_a}{N_e} \quad \text{und} \quad b = \tfrac{1}{2} ln \; \frac{N_a}{N_e} \; [\text{N}].$$

Im Sprechverkehr mit den gebräuchlichen Mikrotelephonen, also ohne Verstärker anzuwenden, ist folgende Bewertung für die Sprachwiedergabe leicht zu merken:

1 ausgezeichnet, 2 gut, 3 befriedigend, 3,5 ausreichend.

Bei diesen Dämpfungswerten in Neper ist allerdings nur die Lautheit berücksichtigt, die Verständlichkeit kann trotzdem durch Verzerrungen beeinträchtigt sein.

B e i s p i e l: Wie groß wird für $b = 2{,}5$ N die Endspannung $U_e$, wenn $U_a = 0{,}755$ V ist? ($R_e = Z$).

$$U_e = U_a \cdot e^{-b} = 0{,}775 \cdot 0{,}082 = 0{,}0636 \; \text{V}.$$

B e i s p i e l: Eine Sprechleitung hat 810 mN/km. Welche Länge ergibt sich für $b = 1{,}5$ N?

$$l = \frac{b}{\beta} = \frac{1{,}5}{810 \cdot 10^{-3}} = 18{,}5 \; \text{km}.$$

B e i s p i e l: Wie groß ist der Wirkungsgrad einer befriedigenden Sprechverständigung? ($b = 3 \, N$).

$$\eta = \frac{N_e}{N_a} \; 100\% = e^{-2b} \; 100\% = e^{-6} \cdot 100\% = 0{,}25\%.$$

### 8. Kurzformeln für Mittelfrequenz.

Unter bestimmten Voraussetzungen ist es zulässig Näherungsformeln anzuwenden. Aus der Gleichung

$$\gamma = \beta + j\alpha$$

ergibt sich durch Quadrieren die Beziehung:

$$\beta^2 + 2j\alpha\beta - \alpha^2 = (RG - \omega^2 LC) + j\omega(LG + RC).$$

In dieser Gleichung sind auf beiden Seiten die reellen und
die imaginären Glieder unter sich gleich. Also ist

$$2j\alpha\beta = j\omega(LG + RC)$$

$$2\alpha\beta = \omega LG + \omega RC.$$

1. Bei Leitungen mit überwiegendem Einfluß der Induk-
tivität und Kapazität ($\omega L \gg R$, $\omega C \gg G$) oder wenn als Stichwert

$$\omega L > 3R$$

ist, ergibt sich unter Vernachlässigung von $R$ und $G$ das Drehungsmaß

$$\alpha = \sqrt{\tfrac{1}{2}\sqrt{\omega^0 L^2 C^2} + \tfrac{1}{2}\omega^2 LC} = \omega\sqrt{LC}$$

und das Dämpfungsmaß wird

$$\beta = \frac{\omega LG + \omega RC}{2\omega\sqrt{LC}} = \frac{R}{2}\sqrt{\frac{C}{L}} + \frac{G}{2}\sqrt{\frac{L}{C}}.$$

Oft ist es statthaft, auch diese Formel noch weiter zu kürzen:

$$\beta = \frac{R}{2}\sqrt{\frac{C}{L}} \quad \text{und} \quad \alpha = \omega\sqrt{LC}.$$

2. Bei Leitungen mit überwiegendem Einfluß von Wider-
stand und Kapazität ($R \gg \omega L$, $\omega C \gg G$) oder wenn als Stichwert

$$\omega L < 0,3R$$

ist, ergibt sich unter Vernachlässigung von $L$ und $G$ das Drehungsmaß

$$\alpha = \sqrt{\tfrac{1}{2}\sqrt{R^2\omega^2 C^2}} = \sqrt{\frac{\omega CR}{2}}$$

und das Dämpfungsmaß wird

$$\beta = \frac{\omega CR}{2\sqrt{\dfrac{\omega CR}{2}}} = \sqrt{\frac{\omega CR}{2}}$$

Beispiel: Freileitung, $2 \times 4$ mm Cu,

$R = 3{,}16 \ \Omega/\text{km}, \ L = 1{,}9 \ \text{mH/km}, \ G = 1 \, \mu\text{S/km},$

$C = 6{,}4 \ \text{nF/km}, \ \omega = 5000 \ \text{s}^{-1}.$ Gesucht: $\alpha, \beta$.

Stichwert: $\dfrac{\omega L}{R} = \dfrac{5000 \cdot 1{,}9 \cdot 10^{-3}}{3{,}16} > 3$

$$\alpha = \omega \sqrt{L\,C} = 5000 \sqrt{1{,}9 \cdot 6{,}4 \cdot 10^{-12}}$$

$$\alpha = 0{,}0174 \ \frac{1}{\text{km}}.$$

$$\beta = \frac{R}{2}\sqrt{\frac{C}{L}} + \frac{G}{2}\sqrt{\frac{L}{C}} = 1{,}58 \sqrt{\frac{6{,}4}{1{,}9} \cdot 10^{-6}} + 0{,}5 \cdot 10^{-6} \sqrt{\frac{1{,}9}{6{,}4} \cdot 10^{6}}$$

$$\beta = 3{,}17 \ \text{mN/km}.$$

Beispiel: Kabelleitung, $2 \times 1{,}5$ mm Cu,

$R = 21 \ \Omega/\text{km}, \ L = 0{,}6 \ \text{mH/km}, \ G = 0{,}5 \, \mu\text{S/km}.$

$C = 39 \ \text{nF/km}, \ \omega = 10\,000 \ \text{s}^{-1}.$ Gesucht: $\alpha, \beta$.

Stichwert: $\dfrac{\omega L}{R} = \dfrac{10^4 \cdot 0{,}6 \cdot 10^{-3}}{21} < 0{,}3.$

$$\alpha = \beta = \sqrt{\frac{\omega C R}{2}} = \sqrt{0{,}5 \cdot 10^4 \cdot 3{,}9 \cdot 10^{-8} \cdot 21}$$

$$\alpha = 0{,}064 = 3{,}67^{0}/\text{km}$$

$$\beta = 0{,}064 = 64 \ \text{mN/km}.$$

## 9. Drehungsmaß und Laufzeit.

Das Drehungsmaß (Phasenmaß, Winkelmaß) gibt die Phasendrehung der Wellen längs einer Strecke an und führt zur Berechnung der Wellenlänge. Eine volle Umdrehung der Spannungs- oder Stromphase um $\alpha = 360^{0}$ bzw. $2\pi$ entspricht einer vollen Schwingung. Die entsprechende Leitungslänge heißt die Wellenlänge und bezieht sich auf die jeweils aufgedrückte Frequenz

$$\alpha\,l = 2\pi$$

$$\lambda = \frac{2\pi}{\alpha} \ [\text{km}].$$

Die Wellenlänge einer Leitung mit dem Drehungsmaß $\alpha = 0{,}841$ km$^{-1}$ und der Kreisfrequenz $\omega = 5000$ s$^{-1}$ würde sein

$$\lambda = \frac{2\pi}{\alpha} = \frac{6{,}282}{0{,}841} = 7{,}47 \text{ km.}$$

Die Kreisfrequenz $\omega = 5000$ s$^{-1}$ ist abgerundet für eine mittlere Frequenz $f \approx 800$ Hz eingesetzt. Die Fortpflanzung der Wellen auf Leitungen hängt von den Leitungseigenschaften ab. Die Wellengeschwindigkeit ergibt sich aus dem Verhältnis der Wellenlänge zur Wellenzeit einer vollen Schwingung:

$$v = \frac{\lambda}{T} = \frac{2\pi}{\alpha} \cdot \frac{1}{T} = \frac{2\pi f}{\alpha} = \frac{\omega}{\alpha} \left[ \frac{\text{km}}{\text{s}} \right].$$

Die Laufzeit einer Welle längs einer Strecke von 1 km Länge ist

$$t = \frac{l}{v} = \frac{\alpha l}{\omega} = \frac{a}{\omega} \text{ [s].}$$

Mit Berücksichtigung der abgeleiteten Kurzformeln für das Drehungsmaß ergibt sich bei starkdrähtigen Freileitungen als Laufgeschwindigkeit

$$v = \frac{\omega}{\alpha} = \frac{\omega}{\omega \sqrt{LC}} = \frac{1}{\sqrt{LC}} \left[ \frac{\text{km}}{\text{s}} \right]$$

und als Laufzeit

$$t = \frac{\alpha l}{\omega} = \frac{\omega \sqrt{LC}}{\omega} l = l \sqrt{LC} \text{ [s]}$$

und bei dünndrähtigen glatten Kabelleitungen als Laufgeschwindigkeit

$$v = \frac{\omega}{\alpha} = \sqrt{\frac{2}{\omega CR}} \cdot \omega = \sqrt{\frac{2\omega}{CR}} \left[ \frac{\text{km}}{\text{s}} \right]$$

und die Laufzeit

$$t = \frac{\alpha l}{\omega} = \frac{l}{\omega} \sqrt{\frac{\omega CR}{2}} = l \sqrt{\frac{CR}{2\omega}} \text{ [s].}$$

Beispiel: Freileitung $2 \times 4$ mm. $R = 2{,}9$ $\Omega$/km. $L = 1{,}85$ mH/km. $C = 6{,}4$ nF/km, $\omega = 5000$ s$^{-1}$. $l = 200$ km.

$$\frac{\omega L}{R} = \frac{5 \cdot 10^3 \cdot 1{,}85 \cdot 10^{-3}}{2{,}9} > 3. \qquad \alpha = \omega \sqrt{LC} = 17{,}2 . 10^{-3} \text{ km}^{-1}$$

$$v = \frac{1}{\sqrt{LC}} = \frac{1}{\sqrt{1{,}85 \cdot 6{,}4 \cdot 10^{-12}}} = 291\,000\ \frac{\mathrm{km}}{\mathrm{s}} \ . \ .$$

$$t = \frac{l}{v} = l\,\sqrt{LC} = 0{,}69\ \mathrm{ms}.$$

In den meisten Fällen ist nicht eine Einzelfrequenz, sondern ein Frequenzgemisch zu übertragen. Entweder löst sich eine Rechteckwelle (Gleichstromschritt) nach einer Fourierreihe in viele Einzelfrequenzen auf oder es ist ein Wechselstrom nicht sinusförmig (Oberwellen) oder ist eine Frequenzgruppe (Sprechstrom) gegeben. Die Laufgeschwindigkeit und Laufzeit einer Gruppe ist daher nicht eindeutig bestimmt, sondern bildet eine Funktion, von der die Gruppengeschwindigkeit abzuleiten ist:

$$v_0 = \frac{d\omega}{d\alpha}\ \left[\frac{\mathrm{km}}{\mathrm{s}}\right].$$

Ebenso wird für die Gruppenlaufzeit als Beziehung angesetzt:

$$t_0 = \frac{d\alpha}{d\omega} \cdot l\ [\mathrm{s}].$$

Je nach Beschaffenheit erhält man für Freileitungen fast gleichbleibende Geschwindigkeiten und Zeiten oder für Kabel beachtliche Unterschiede.

B e i s p i e l : Kabelleitung $2 \times 0{,}8$ mm. $R = 73{,}2\ \Omega/\mathrm{km}$. $L = 0{,}7$ mH/km. $C = 33{,}6$ nF/km. $l = 50$ km. $\omega_1 = 2000\ \mathrm{s}^{-1}$, $\omega_2 = 15\,000\ \mathrm{s}^{-1}$.

$$\frac{\omega L}{R} < 0{,}3 \qquad \alpha = \sqrt{\frac{\omega C R}{2}} \qquad \omega_2 - \omega_1 = 13\,000\ \mathrm{s}^{-1}$$

$$t_0 = \tfrac{1}{2}\,\omega^{-\frac{1}{2}} \cdot \sqrt{\frac{C R}{2}}$$

$$t_{\max} = t_1 - t_2 = \frac{\alpha_1 - \alpha_2}{\omega_1 - \omega_2} \cdot l = \sqrt{\frac{33{,}5 \cdot 10^{-9} \cdot 73{,}2}{2 \cdot 13\,000}} \cdot 50 = 0{,}48\ \mathrm{ms}.$$

Eine weitere Einschränkung ist noch zu nennen. Diese Berechnung der Geschwindigkeit und Laufzeit bezieht sich nur auf hinlaufende Wellen. Unberücksichtigt bleiben der Rückwurf und das Einschwingen der Wellen bis zum Beharrungszustand. Diese Berechnung gilt für alle Fälle, in denen kein Rückwurf auftritt oder die rücklaufende Welle durch Dämpfung oder Echosperren unterdrückt wird.

## 10. Einschalten einer Gleichspannung.

Die Fortpflanzung elektrischer Energie längs Leitungen erfolgt als Strömung oder Schwingung. Die Strömung überwiegt auf verlustreichen Leitungen, die Schwingungen werden bis auf einen aperiodischen Ausgleich unterdrückt. Die Schwingung überwiegt auf verlustarmen Leitungen, die Strömung wird bis auf eine periodisch wirkende Dämpfung unterdrückt.

Einschwingvorgänge sind an verlustarme Leitungen gebunden und klar erkennbar, wenn eine Leitung völlig verlustfrei gedacht ist. Streng genommen müssen Widerstand und Ableitung verschwinden und nur Induktivität und Kapazität in gleichmäßiger Verteilung als Leitungseigenschaften übrigbleiben.

Das Einschalten einer Gleichspannung erzeugt eine Rechteckwelle.

Das Verhalten der Rechteckwelle klärt alle ähnlichen Vorgänge, welche durch plötzliches Einschalten einer endlichen Spannung mit einem von Null verschiedenen Wert entstehen.

Diese Einschwingvorgänge zeigen die folgenden Bildreihen.

Als Stromquelle dient eine unendlich ergiebige Batterie mit der festen Spannung $U$. Die Doppelleitung hat eine endliche Länge. Widerstand und Ableitung sind gleich Null.

Bild 123. Rückwurf von Rechteckwellen am offenen Leitungsende.

Drei Sonderfälle sind zu betrachten:
1. offenes Leitungsende,
2. kurzgeschlossenes Leitungsende,
3. angepaßter Abschlußwiderstand.

Innerhalb dieser Grenzen liegen alle praktisch vorkommenden Abschlußwiderstände.

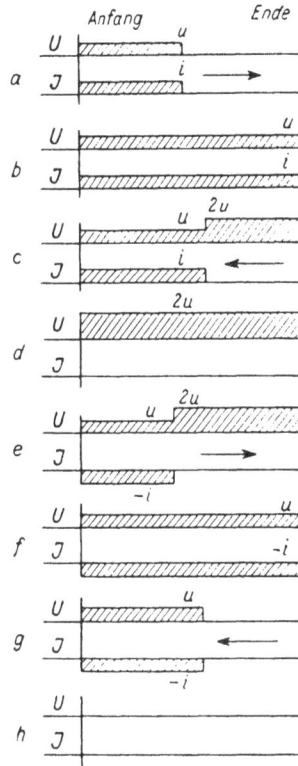

1. L e e r l a u f f a l l: $R_e = 0$ (Bild 123).

$a$: Anlegen der Spannung $U$. Ablauf einer rechteckigen Spannungswelle $U$ und Stromwelle $J$. Stromstärke $J = U/Z$. Wellenwiderstand $Z = \sqrt{L/C}$.

$b$: Beide Wellen erreichen das offene Ende. Rückwurf beider Wellen.

$c$: Beim Rückwurf verwandelt sich kinetische in potentielle Energie. Die Strömung staut sich als Ladung: $U$ springt auf $2\,U$, $J$ wird Null. Rücklauf beider Wellen zum Anfang.

$d$: Beide Wellen erreichen die Batterie. Die ganze Strecke steht unter Spannung $2\,U$ und ist stromlos, aber geladen. Gegenstehend sind $U$ und $2\,U$. Rückwurf beider Wellen.

$e$: Abbau der Ladung. Ablauf einer Spannungswelle $2\,U - U$ und einer Stromwelle $-J$, Stromstärke entsprechend dem Wellenwiderstand.

$f$: Beide Wellen erreichen das offene Ende. Rückwurf beider Wellen.

$g$: Nach dem Rückwurf wird als Beharrungszustand die Entladung fortgesetzt. $U$ und $J$ fallen auf Null. Rücklauf beider Wellen zum Anfang.

$h$: Beide Wellen erreichen die Batterie. Die Leitung ist leer. Eine Periode ist abgelaufen, Beginn der nächsten Periode. Das Einschwingen verlustfreier Leitungen ergibt unendlich viele Perioden.

Auf Leitungen mit Verlusten entstehen keine ungedämpften, sondern gedämpfte Einschwingvorgänge. Der Rückwurf der Welle erfolgt mit weniger als $2\,U$, weil die ankommende Energie bereits geschwächt ist.

Das offene Leitungsende ergibt einen Rückwurf mit erhöhter Spannung. Im Sprechbetrieb heißt dieser Vorgang das Echo.

2. K u r z s c h l u ß f a l l: $R_e = 0$ (Bild 124).

$a$: Anlegen der Spannung $U$. Diese Bildreihe zeigt das Leitungsende in der Mitte gezeichnet, der Pluspol ist links, der Minuspol rechts zu finden. Die vorgehende Bildreihe ist einpolig dargestellt, weil das Ende offen war; hier ist jedoch ein Übertritt der Wellen von der Plus- auf die Minusader zu erwarten, sodaß beide Adern zu zeichnen sind. Die Spannung besteht aus zwei Teilwellen mit den Potentialen $+\frac{1}{2}\,U$ und $-\frac{1}{2}\,U$, der Strom aus zwei Teilwellen $+J$ und $-J$ in symmetrischem Gleichlauf längs der Leitung.

$b$: Beide Wellen erreichen das kurzgeschlossene Ende. Der Rückwurf beginnt.

*c*: Beim Rückwurf verwandelt sich potentielle in kinetische Energie. Der Potentialunterschied bricht zusammen: *U* fällt auf Null, *J* springt auf 2 *J*, Durchlauf beider Wellen zum Anfang.

*d*: Beide Wellen erreichen die Batterie. Die ganze Strecke steht unter dem Strom 2 *J* und ist spannungslos.

Die Batteriespannung erzeugt nun eine weitere gleichartig verlaufende Rechteckwelle, welche sich dem vorhandenen Zustand überlagert. Nach Ablauf dieser Periode ist der Strom sprunghaft auf 4 *J* gestiegen und die Leitung abermals spannungslos.

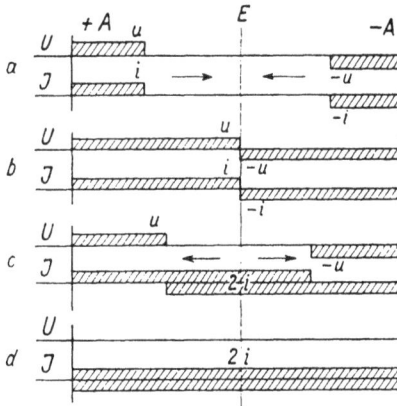

Bild 124. Rückwurf von Rechteckwellen am kurzgeschlossenen Leitungsende.

Diese Vorgänge wiederholen sich periodisch, wobei der Strom auf der am Ende kurzgeschlossenen Leitung sich dem Wert unendlich nähert.

Die verlustarme Leitung mit gedämpften Schwingungen ergibt wegen der Verluste eine rücklaufende Welle mit weniger als 2 *J*.

Das kurzgeschlossene Leitungsende ergibt einen Rückwurf mit erhöhtem Strom oder wieder ein Echo.

3. A n p a s s u n g s f a l l: $R_e = Z$.

Die am Ende ankommenden Wellen erreichen den Abschlußwiderstand:

$$U = J Z = J R_e.$$

Weder Überspannungen noch Überströme können auftreten, weil der Abschluß die Schwingung als Strömung aufnimmt. Ein Rückwurf oder Echo fehlt in diesem Sonderfall.

Betriebsmäßig ist jede Leitung mit einem endlichen von Null verschiedenen Widerstand belastet, weil Übertrager oder Relais den Abschluß bilden.

Ein Rückwurf mit Überspannung erfolgt, wenn $R_e > Z$ ist, mit Überstrom, wenn $R_e < Z$ ist. Eine Verdopplung oder voller Rückwurf erfolgt hierbei nicht, nur teilweiser, schwächerer Rückwurf tritt auf. Die Anpassung bildet den idealen Betriebsfall ohne Rückwurf, der bevorzugt angewandt wird.

## 11. Wellenrückwurf.

Das Ende einer gleichmäßigen Leitung ist irgendwie belastet. Die Abschlußschaltung kann aus Relais, Kondensatoren, Übertragern oder Verstärkeranordnungen gebildet sein. Eine Fortsetzung durch den Anschluß einer weiterführenden Leitung ist auch möglich.

Die ankommenden Wellen treffen daher auf einen Abschlußwiderstand $\Re = R \cdot e^{\varphi j}$ oder einem Wellenwiderstand $\mathfrak{Z}_2 = Z_2\, e^{j\varphi_2}$, die Leitung selbst besitzt den Wellenwiderstand $\mathfrak{Z}_1 = Z_1\, e^{j\varphi_1}$.

In den meisten Fällen wird die Anpassung $\mathfrak{Z}_1 = \Re_e$ oder $\mathfrak{Z}_1 = \mathfrak{Z}_2$ nicht erfüllt sein und ein Wellenrückwurf auftreten. Beiderseits der Stoßwelle müssen die Ströme $\mathfrak{J}_1$ und $\mathfrak{J}_2$ gleich groß sein:

$$\mathfrak{J}_1 = \frac{\mathfrak{U}_a - \mathfrak{U}_r}{\mathfrak{Z}_1} = \frac{\mathfrak{U}_a + \mathfrak{U}_r}{\mathfrak{Z}_2} = \mathfrak{J}_2.$$

Die ankommende Spannung ist $U_a$ und der Spannungsstau $U_r$. Durch Umformung ergibt sich

$$\mathfrak{U}_a\,(\mathfrak{Z}_2 - \mathfrak{Z}_1) = \mathfrak{U}_r\,(\mathfrak{Z}_2 + \mathfrak{Z}_1)$$

$$\mathfrak{U}_a\,\frac{\mathfrak{Z}_2 - \mathfrak{Z}_1}{\mathfrak{Z}_2 + \mathfrak{Z}_1} = \mathfrak{U}_r = \mathfrak{p}\,\mathfrak{U}_a$$

$$\mathfrak{p} = \frac{\mathfrak{Z}_2 - \mathfrak{Z}_1}{\mathfrak{Z}_2 + \mathfrak{Z}_1} = \frac{\Re_e - \mathfrak{Z}_1}{\Re_e + \mathfrak{Z}_1}.$$

Der Rückwurffaktor $\mathfrak{p}$ gibt als komplexer Wert nach Betrag und Phase die rücklaufende Welle an. Ein positiver Faktor bedeutet Spannungserhöhung, ein negativer Spannungssenkung am Leitungsabschluß. Als Sonderfälle seien angeführt:

1. Leerlauf (Ende offen) mit $\Re_e \to \infty$ und $\mathfrak{p} = 1$.
   Die Überspannung erreicht die doppelte Höhe.

2. Anpassung am Ende mit $\Re_e = \mathfrak{Z}$ und $\mathfrak{p} = 0$.
   Kein Rückwurf der ankommenden Welle.

3. Kurzschluß am Ende mit $\Re_e = 0$ und $\mathfrak{p} = -1$.
   Die Spannung bricht zusammen.

An der Sprungstelle bildet sich eine Welle mit der Spannung

$$\mathfrak{U}_1 = \mathfrak{U}_a + \mathfrak{U}_r = \mathfrak{U}_a\,(1 + \mathfrak{p}) = \mathfrak{U}_a\,\frac{2\,\mathfrak{Z}_2}{\mathfrak{Z}_2 + \mathfrak{Z}_1}$$

und dem Strom

$$\mathfrak{J}_1 = \frac{\mathfrak{U}_a - \mathfrak{U}_r}{\mathfrak{Z}_1} = \frac{\mathfrak{U}_a}{\mathfrak{Z}_1}\,(1 - \mathfrak{p}) = \frac{2\,\mathfrak{U}_a}{\mathfrak{Z}_2 + \mathfrak{Z}_1}.$$

Der Wirkungsgrad einer Sprungstelle ergibt sich aus dem Verhältnis der durchgehenden zur ankommenden Leistung

$$\eta = \frac{N_2}{N_1} = \frac{(U_a + U_r)^2}{Z_2} \cdot \frac{Z_1}{U_a^2} = (1 + p)^2\,\frac{Z_1}{Z_2} = \frac{4\,Z_1\,Z_2}{(Z_1 + Z_2)^2}.$$

B e i s p i e l : Freileitung 2 mm, $R = 12\,\Omega/\text{km}$, $L = 2,2\,\text{mH/km}$, $C = 5,4\,\text{nF/km}$; anschließend eine Kabelleitung 0,9 mm, $R = 57,8\,\Omega/\text{km}$, $L = 0,7\,\text{mH/km}$, $C = 34\,\text{nF/km}$.

$$\omega = 5000\ \text{s}^{-1}. \quad \mathfrak{Z}_1 = 765 \cdot e^{-23^0\,10'j}\,\Omega. \quad \mathfrak{Z}_2 = 570 \cdot e^{-23^0\,15'j}\,\Omega.$$

$$\mathfrak{p} = \frac{\mathfrak{Z}_2 - \mathfrak{Z}_1}{\mathfrak{Z}_2 + \mathfrak{Z}_1} = \frac{570\,e^{-43^0\,15'j} - 765\,e^{-23^0\,10'j}}{570\,e^{-43^0\,15'j} + 765\,e^{-23^0\,10'j}} = -\,\frac{305 + 104\,j}{1103 - 706\,j}$$

$$\mathfrak{p} = -\,0,02 + 0,106\,j = -\,0,1062\,e^{88^0\,50'j}.$$

Für Gleichstrombetrieb mit Rechteckwellen genügt es, statt des Wellenwiderstandes den Betrag $Z = \sqrt{L/C}$ einzusetzen.

$$Z_1 = \sqrt{\frac{2,2 \cdot 10^{-3}}{5,4 \cdot 10^{-9}}} = 633\,\Omega. \quad Z_2 = \sqrt{\frac{0,7 \cdot 10^{-3}}{34 \cdot 10^{-9}}} = 454\,\Omega$$

$$p = \frac{633 - 454}{633 + 454} = 0,164.$$

Man vergleiche beide Ergebnisse, um einzusehen, daß bei Wechselstromübertragung der Betrag $Z$ nicht aus Bequemlichkeit dem komplexen Wellenwiderstand $\mathfrak{Z}$ vorzuziehen ist.

## 12. Verzerrungen durch Leitungen.

Spannungen und Ströme setzen sich aus einer Summe beliebiger Einzelschwingungen zusammen. Eine Übertragung erfolgt verzerrungsfrei, wenn die Summe aller Schwingungen nach Größe und Zeit verhältnisgleich empfangen wird. Eine Verzerrung kann auf einer frequenzabhängigen Änderung zusammengehöriger Schwingungen beruhen.

D ä m p f u n g s v e r z e r r u n g . Die Leitungsdämpfung $b$ ist frequenzabhängig. In der Regel werden tiefe Frequenzen mehr, hohe weniger gedämpft. Diese Verzerrung ist bei Freileitungen schwach, bei Kabelleitungen stark ausgeprägt. Ein Ausnahmefall verursacht keine Dämpfungsverzerrung, wenn die Leitungswerte im Verhältnis

$$R : L = G : C$$

stehen. Diese Bedingung ist künstlich durch Erhöhung der Induktivität (Pupin- und Krarupverfahren) erfüllbar.

Phasenverzerrung. Die Phasendrehung $a$ ist frequenzabhängig. Die Phasendrehung tiefer und hoher Frequenzen ist verschieden und ergibt eine zeitliche Verschiebung von Schwingungen tiefer gegen solche hoher Frequenz.

Laufzeitverzerrung. Die Laufzeit hängt vom Phasenmaß, der Leitungslänge und der Frequenz ab. Tiefe Frequenzen kommen später, hohe früher an. Eine Entzerrung ist durch eine Abschlußschaltung möglich, deren Eigenschaften ein umgekehrtes Phasenmaß ergeben: für tiefe Frequenzen kleinere, für hohe größere Laufzeit. Dieser Phasenausgleich erhöht natürlich die gesamte Laufzeit.

Rückwurfverzerrung. Der Rückwurffaktor ist frequenzabhängig. Diese Verzerrung bleibt, bis der Einschwingvorgang beendet ist. Eine Anpassung mit $\mathfrak{Z} = \mathfrak{R}_e$ beseitigt diese Verzerrung. Eine vollkommene Anpassung ist unmöglich, der Frequenzgang einer Nachbildschaltung stimmt nur in guter Annäherung mit der Leitung überein. Sind zwei Leitungen mit erheblich verschiedenen Wellenwiderständen $\mathfrak{Z}_1$ und $\mathfrak{Z}_2$ zu verbinden, so hilft die Zwischenschaltung eines Anpassungsübertragers. Die Wicklungen entsprechen den Bedingungen $\mathfrak{R}_1 = \mathfrak{Z}_1$ und $\mathfrak{R}_2 = \mathfrak{Z}_2$, ferner muß der Wirkungsgrad des Übertragers höher als der Wirkungsgrad der Sprungstelle sein.

Abschlußverzerrung. Die Abschlußschaltung auf der Empfangsseite kann einen reellen oder komplexen Widerstand besitzen.

Im Gleichstrombetrieb ergeben sich Einschaltvorgänge. Der vorwiegend induktive Abschluß erzeugt eine Gegenspannung, die allmählich verschwindet. Anfänglich wird die ankommende Welle wie am Ende einer offenen Leitung zurückgeworfen. Allmählich beginnt der Abfluß des Stromes bis zu einem dem ohmischen Widerstand entsprechenden Grenzwert

$$J = \frac{U_a - U_r}{Z} = \frac{U_a}{R} \left(1 - e^{-\frac{R}{L} t}\right).$$

Der kapazitive Abschluß verhält sich umgekehrt und wirkt anfänglich wie eine am Ende kurzgeschlossene Leitung

$$J = \frac{U_a - U_r}{Z} = \frac{2\,U_a}{Z} \cdot e^{-\frac{t}{c\,z}}.$$

Im Wechselstrombetrieb entstehen Einschwingvorgänge, deren Zeit von der Frequenz abhängt. Der Verlauf und die Berechnung sind im Abschnitt »Schaltvorgänge« bereits erwähnt.

### 13. Dämpfungsmessungen und Dämpfungsbegriffe.

Die allgemeine Bestimmung einer Dämpfung stützt sich auf die bequeme Formel

$$U_a : U_e = 1 : e^{-b}.$$

Für Leitungen gilt diese Formel nur einwandfrei, wenn $\mathfrak{R}_e = \mathfrak{Z}$ oder die Strecke unendlich lang ist.

Die Messung erfolgt mittels geeichter Widerstandssätze in 1- oder II-Anordnung, welche in Stufen von 1, 2, 2 und 5 Neper, Dezineper oder Zentineper zu einer schaltbaren Eichleitung vereinigt sind. Entsprechend den üblichen Wellenwiderständen sind die Längs- und Querglieder meistens so geeicht, daß die einstellbaren Dämpfungen stets gleiche Wellenwiderstände mit $Z = 600\,\Omega$ oder $Z = 1600\,\Omega$ innehalten. Die Verwendung induktions- und kapazitätsarmer Wicklungsanordnungen sichert die Eichbarkeit über einen Frequenzbereich $0\ldots20$ kHz. In Gleichstromübertragungen sind veränderbare Eichleitungen nur bedingt verwendbar, weil Wellengleichströme insbesonders bei Stromstoßreihen durch die Ableitung ständigen Schleifenschluß erleiden und hierdurch die Arbeitsweise der Linienrelais so verändert wird, daß Vergleiche und Rückschlüsse auf die wahre Leitungsdämpfung unmöglich werden. In diesen Fällen ist eine Dämpfungsmessung nur möglich, wenn als Maß ein geeichtes Normalkabel benutzt wird, um die Wirkungen der natürlichen Leitung zu erfassen.

Die Dämpfungsmessung kann subjektiv oder objektiv ausgeführt werden.

Die subjektive Messung stützt sich auf den Hörvergleich der übertragenen Lautstärke mit natürlicher und geeichter Leitung. Dieser Vergleich ist nur einwandfrei, wenn reine Sinuswellen benutzt und dabei einzelne Frequenzen nacheinander gemessen werden. Für einfache Ansprüche genügt es sogar, nur bei $f = 800$ Hz oder abgerundet $\omega = 5000\,\mathrm{s^{-1}}$ die Dämpfung zu messen. Die Messung mit einem Frequenzgemisch führt dagegen zu Fehlergebnissen, weil die natürliche Leitung tiefe und hohe Frequenzen verschieden dämpft und eine Verzerrung hervorruft, die künstliche Eichleitung dagegen frequenzgerade arbeitet. Nach dem Gehör lassen sich Lautstärken mit verschiedener Klangfarbe schlecht vergleichen.

Die objektive Messung stützt sich auf die Anzeige eines linearen Mittelwertes bei Drehspulenmeßgeräten oder eines quadratischen Mittelwertes bei Hitzdrahtmeßgeräten. Beide Mittelwertsbildungen entsprechen nicht dem wahren Hörempfinden. In dem Bereich höherer Frequenzen werden daher zu hohe Dämpfungen ermittelt, falls nicht die zu messende Übertragung verzerrungsfrei ist oder wenigstens annähernd gleiche Dämpfung im gesamten interessierenden Bereich aufweist.

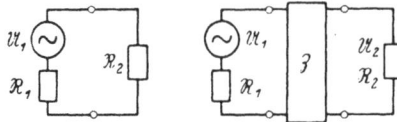

Bild 125. Schaltung zur Erläuterung der Betriebsdämpfung.

Die Dämpfungskurve, welche durch eine Meßreihe von Einzelfrequenzen erhalten wird, ist sachlich einwandfrei. Tatsächlich werden aber immer Frequenzgruppen auftreten, deren Amplituden verschieden sind. Das menschliche Ohr besitzt verschiedene Lautstärkenempfindung für Frequenzgemische. Eine Auswertung der Dämpfungskurve entsprechend dem tatsächlichen Hörempfinden ist noch nicht befriedigend gelöst.

Die Dämpfungsmessung mittels veränderbarer Eichleitungen hat sich wegen ihrer bequemen Handhabung gut eingeführt und in sinngemäßer Anwendung zu weiteren Dämpfungsbegriffen geführt, welche sich allgemein auf Übertragungsvorgänge beziehen.

Die Leitungsdämpfung eignet sich zum Vergleich verschiedener Leitungsarten. Betriebsmäßig liegt aber jede Fernleitung zwischen einer Quelle und einer Last eingeschaltet.

Die Betriebsdämpfung bezieht sich daher auf eine Übertragung mit dem Wellenwiderstand $\mathfrak{Z}$, die zwischen einer Quelle mit dem inneren Widerstand $\mathfrak{R}_1$ und einer Last mit dem Abschlußwiderstand $\mathfrak{R}_2$ liegt. Bei unmittelbarer Verbindung der Quelle mit der Last wird $\mathfrak{U}_2 = \frac{1}{2} \mathfrak{U}_1$ und die Leistung $\mathfrak{U}_0 = \frac{\mathfrak{U}_2{}^2}{\mathfrak{R}_2} = \frac{\mathfrak{U}_1{}^2}{4\,\mathfrak{R}_1}$, wenn die Widerstände $\mathfrak{R}_1 = \mathfrak{R}_2$ sind. Nach Zwischenschaltung einer Leitung oder eines Vierpols sinken die Spannung $\mathfrak{U}_2$ und die Leistung $\mathfrak{N}_0$ auf $\mathfrak{N}_2$ (Bild 125).

Als Betriebsdämpfung gilt demnach mit den Absolutwerten

$$e^{2b} = \frac{N_0}{N_2} = \frac{U_1{}^2}{4\,R_1} \cdot \frac{R_2}{U_2{}^2}$$

oder

$$b = \tfrac{1}{2}\,ln\,\frac{N_0}{N_2} = ln\,\frac{U_1}{2\,U_2} + \tfrac{1}{2}\,ln\,\frac{R_2}{R_1}\,[\,\mathrm{N}\,].$$

Hierbei können die Widerstände $\mathfrak{R}_1$ und $\mathfrak{R}_2$ verschiedene Beträge haben. Bei gleichen Beträgen wird erhalten

$$b = ln\,\frac{U_1}{2\,U_2}\,[\,\mathrm{N}\,].$$

Die V e r s t ä r k u n g wird als negative Dämpfung betrachtet, das Verstärkungsmaß ist daher:

$$s = -\,b\,[\,\mathrm{N}\,].$$

Die Einführung eines Exponenten als Verstärkungsmaß hat den Vorteil, unmittelbar Dämpfungs- und Verstärkungswerte ohne Umrechnung vergleichen zu können. Eine Betriebsverstärkung bezieht sich sinngemäß auf einen vollständigen Verstärkersatz, der zwischen einer Quelle und einer Last liegt.

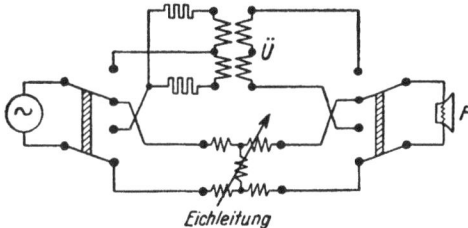

Bild 126. Meßschaltung zur Symmetriedämpfung.

Die S y m m e t r i e d ä m p f u n g ist ein Maß für die Wicklungsgüte eines Übertragers. Zur Messung sind seine Erstwicklungen hintereinander und die Zweitwicklungen gegeneinander geschaltet (Bild 126). Die Widerstände der Quelle und der Last haben gleiche Beträge ($R = 600\,\Omega$). Verglichen wird die Lautstärke eines Tones über den Übertrager und eine Eichleitung. Die Symmetriedämpfung wird nach Einstellung auf gleiche Lautstärke an der Eichleitung abgelesen.

Die R ü c k f l u ß d ä m p f u n g bezieht sich auf den Wellenrückwurf an Stoßstellen. Der Rückwurffaktor ist

$$p = \frac{\Im_2 - \Im_1}{\Im_2 + \Im_1}.$$

Das logarithmische Verhältnis von der ankommenden zur
rückgeworfenen Welle heißt Rückflußdämpfung

$$b = ln\left|\frac{1}{p}\right| = ln\left|\frac{\Im_2 - \Im_1}{\Im_2 + \Im_1}\right| [\mathrm{N}].$$

Die F e h l e r d ä m p f u n g bezieht sich auf Abschluß-
schaltungen, welche den Fernleitungen anzupassen sind. Die Nachbildung der Fernleitung ist nur angenähert erfüllt ($\Re \neq \Im$).

$$b = ln\left|\frac{\Im + \Re}{\Im - \Re}\right| [\mathrm{N}].$$

Die N e b e n s p r e c h d ä m p f u n g bezieht sich auf
störende Übertragungen eines Kreises auf benachbarte Stromkreise. Unterschieden werden (Bild 127)

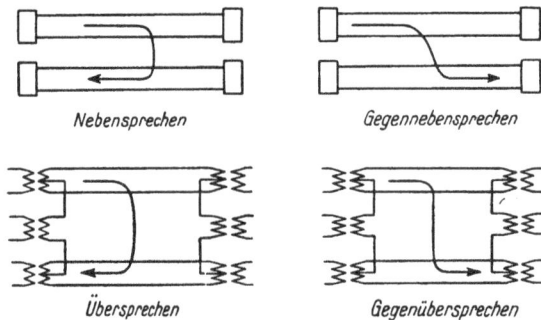

Bild 127. Darstellung der Kopplungsflüsse benachbarter Leitungen.

Nebensprechen von Anfang I nach Anfang II,
Gegennebensprechen von Anfang I nach Ende II,
Übersprechen von Stamm I nach Stamm II desselben Vierers
oder zwischen Stämmen und Vierern benachbarter Viereranord-
nungen,
Gegenübersprechen von Anfang I nach Ende II,
Mitsprechen zwischen Vierer und Stamm I oder II der gleichen
Viereranordnung.

Verglichen werden die Lautstärken eines Tones, der sich durch Kopplung übertragen hat, mit einer Eichleitungsübertragung. Bei gleichen Lautstärken wird die eingestellte Dämpfung an der Eichleitung abgelesen.

Die R e s t d ä m p f u n g bezieht sich auf ein System mit Leitungen und Zwischenverstärkern. Die Summe aller Dämpfungs- und Verstärkungswerte ergibt einen Rest. Nach Vereinbarung werden Widerstände $\Re_1 = \Re_2 = 600\,\Omega$ verwendet, so daß als Restdämpfung gilt

$$b_r = \Sigma\, b - \Sigma\, s = ln\,\frac{U_1}{2\,U_2} = ln\,\frac{U_1}{2\,J_2} \cdot \frac{1}{600}\ [\mathrm{N}].$$

Der P e g e l eines Übertragungssystems stellt die Spannungs-, Strom- oder Leistungshaltung längs der Strecke dar.

Der relative Pegel einer beliebigen Meßstelle wird mit dem Anfangspegel verglichen. Der Anfangspegel beginnt mit 0 Neper, die Pegelwerte werden negativ, der Endpegel als Restdämpfung ist auch negativ.

$$p_n = \tfrac{1}{2}\,ln\,\frac{N_e}{N_a}\ [\mathrm{N}] \ \text{ oder } \ p_u = ln\,\frac{U_e}{U_a}\ [\mathrm{N}].$$

Der absolute Pegel stützt sich auf vereinbarte Bezugsgrößen. Der Bezugsstromkreis hat folgende Werte:

Stromquelle:    $U_0 = 1{,}55$ V,      $R_i = 600\,\Omega$.
Belastung:      $N_2 = 1$ mW,       $R_a = 600\,\Omega$.
Anfangswerte:  $U_1 = 0{,}775$ V,   $J_1 = 1{,}29$ mA.

Die positiven Betriebsdämpfungen erhalten als Leitungspegel nach Vereinbarung negatives Vorzeichen. Darnach ergibt sich

$$e^{-2p} = \frac{N_0}{N_2} = \frac{U_1{}^2}{4 \cdot 600} \cdot \frac{600}{U_2{}^2}$$

oder der Leistungspegel

$$p = ln\,\frac{U_2}{0{,}775} - \tfrac{1}{2}\,ln\,\frac{Z_2}{600}\ [\mathrm{N}]$$

und der Spannungspegel

$$p_u = ln\,\frac{U_2}{0{,}775}\ [\mathrm{N}].$$

Ist außerdem der Wellenwiderstand der zwischenliegenden Fernleitung $Z_2 = 600\,\Omega$, so werden beide Pegelangaben gleich groß.

### 14. Ermittlung der Leitungswerte.

Die Messung der Betriebswerte einer Leitung bildet die Unterlage für eine Auswertung, um die bezogenen Werte $R$, $G$, $L$, $C$ zu ermitteln. Meßbar ist der Eingangsscheinwiderstand bei offenem und kurzgeschlossenem Leitungsende.

Aus den Leitungsgleichungen ergibt sich im Leerlauf ($\mathfrak{J}_e = 0$)

$$\mathfrak{R}_0 = \frac{\mathfrak{U}_a}{\mathfrak{J}_a} = \mathfrak{Z} \cdot \frac{e^g + e^{-g}}{e^g - e^{-g}}$$

und bei Kurzschluß ($\mathfrak{U}_e = 0$)

$$\mathfrak{R}_k = \frac{\mathfrak{U}_a}{\mathfrak{J}_a} = \mathfrak{Z} \cdot \frac{e^g - e^{-g}}{e^g + e^{-g}}.$$

Der Wellenwiderstand wird

$$\mathfrak{Z} = \sqrt{\mathfrak{R}_0 \, \mathfrak{R}_k} = \sqrt{\frac{R + j\,\omega\,L}{G + j\,\omega\,C}}$$

und das Übertragungsmaß

$$\sqrt{\frac{\mathfrak{R}_0}{\mathfrak{R}_k}} = \frac{e^g + e^{-g}}{e^g - e^{-g}}$$

$$e^{2\,g} = \frac{\sqrt{\mathfrak{R}_0} + \sqrt{\mathfrak{R}_k}}{\sqrt{\mathfrak{R}_0} - \sqrt{\mathfrak{R}_k}} = r \cdot e^{\varphi}$$

$$g = 1,15 \cdot \log r + 0,5 \, \varphi j$$

ferner ist $g = \gamma\,l$ und ergibt die gesuchten Größen

$$\gamma\,\mathfrak{Z} = R + j\omega\,L = \mathfrak{R}$$

$$\frac{\gamma}{\mathfrak{Z}} = G + j\,\omega\,C = \mathfrak{G}.$$

Die Zerlegung in reelle und imaginäre Anteile bei bekannter Länge $l$ und Kreisfrequenz $\omega$ liefert die gesuchten Werte für $R$, $G$, $L$ und $C$. Diese Messungen ergeben brauchbare Ergebnisse, wenn $\mathfrak{R}_0$ gegen $\mathfrak{R}_k$ hinreichend verschieden ist.

## B. Übertragungssysteme.

### 1. Vierpolbeziehungen.

Im allgemeinen Betriebsfall bildet ein Übertragungssystem einen Vierpol, der an beiden Enden durch je einen Zweipol abgeschlossen ist. Die Gleichungen eines Vierpols haben immer die allgemeine Form:

$$\mathfrak{U}_1 = \mathfrak{A}_1 \mathfrak{U}_2 + \mathfrak{B} \mathfrak{J}_2$$

$$\mathfrak{J}_1 = \mathfrak{A}_2 \mathfrak{J}_2 + \mathfrak{C} \mathfrak{U}_2.$$

Die vier komplexen Konstanten $\mathfrak{A}_1$, $\mathfrak{A}_2$, $\mathfrak{B}$ und $\mathfrak{C}$ ergeben sich durch Rechnung aus der inneren Schaltung oder durch Messung an den äußeren Klemmen, deshalb lassen sich diese Gleichungen auf verschiedene Bestimmungsgrößen zurückführen.

1. Leerlauf- und Kurzschlußwiderstand $\mathfrak{z}_0$, $\mathfrak{z}_k$ und Spannungs- und Stromübersetzung $\mathfrak{u}_0$, $\mathfrak{u}_k$. Die Ableitung dieser Beziehungen ergab (vgl. S. 108 ff.)

$$\mathfrak{U}_1 = \mathfrak{u}_0 \mathfrak{U}_2 + \mathfrak{u}_k \mathfrak{z}_k \mathfrak{J}_2$$

$$\mathfrak{J}_1 = \mathfrak{u}_k \mathfrak{J}_2 + \frac{\mathfrak{u}_0}{\mathfrak{z}_0} \mathfrak{U}_2$$

hierbei ist

$$\mathfrak{A}_1 = \mathfrak{u}_0, \qquad \mathfrak{A}_2 = \mathfrak{u}_k,$$

$$\mathfrak{B} = \mathfrak{u}_0 \mathfrak{z}_k, \qquad \mathfrak{C} = \frac{\mathfrak{u}_0}{\mathfrak{z}_0}.$$

2. Leerlaufwiderstand $\mathfrak{W}_{10}$, $\mathfrak{W}_{20}$ (am ersten oder zweiten Ende) und Kernwiderstand $\mathfrak{M}$. Der Kernwiderstand entspricht der Vorstellung von einem Übertrager, dessen Leerlaufstrom $\mathfrak{J}_{10}$ eine Leerlaufspannung $\mathfrak{U}_{20}$ induziert. Demnach ist $\mathfrak{U}_{20} = \mathfrak{J}_{10} \cdot \mathfrak{M}$ oder in umgekehrter Richtung $\mathfrak{U}_{10} = - \mathfrak{J}_{20} \cdot \mathfrak{M}$ einzuführen. Die Vierpolgleichungen lauten dann

$$\mathfrak{M} \mathfrak{U}_1 = \mathfrak{W}_{10} \mathfrak{U}_2 + (\mathfrak{W}_{10} \mathfrak{W}_{20} - \mathfrak{M}^2) \mathfrak{J}_2$$

$$\mathfrak{M} \mathfrak{J}_2 = \mathfrak{W}_{20} \mathfrak{J}_2 + \mathfrak{U}_2$$

hierbei ist:

$$\mathfrak{A}_1 = \frac{\mathfrak{W}_{10}}{\mathfrak{M}}, \qquad \mathfrak{A}_2 = \frac{\mathfrak{W}_{20}}{\mathfrak{M}},$$

$$\mathfrak{B} = \frac{\mathfrak{W}_{10} \mathfrak{W}_{20} - \mathfrak{M}^2}{\mathfrak{M}}, \qquad \mathfrak{C} = \frac{1}{\mathfrak{M}}.$$

3. Wellenwiderstand $\mathfrak{Z}$ und Übertragungsmaß $\mathfrak{g}$. Die Ableitung dieser Gleichungen ergab

$$\mathfrak{U}_1 = \mathfrak{U}_2 \operatorname{\mathfrak{Cof}} \mathfrak{g} + \mathfrak{J}_2 \mathfrak{Z} \operatorname{\mathfrak{Sin}} \mathfrak{g}$$

$$\mathfrak{J}_2 = \mathfrak{J}_2 \operatorname{\mathfrak{Cof}} \mathfrak{g} + \frac{\mathfrak{U}_2}{\mathfrak{Z}} \operatorname{\mathfrak{Sin}} \mathfrak{g}$$

hierbei ist:

$$\mathfrak{A}_1 = \mathfrak{A}_2 = \mathfrak{Cof}\, g,$$

$$\mathfrak{B} = \mathfrak{Z}\, \mathfrak{Sin}\, g, \qquad \mathfrak{C} = \frac{1}{\mathfrak{Z}}\, \mathfrak{Sin}\, g.$$

Die Längssymmetrie eines Vierpols wird bestätigt, wenn sich durch Messung ergibt, daß entweder

$$\mathfrak{A}_1 = \mathfrak{A}_2 = \mathfrak{A}$$

oder

$$\mathfrak{u}_0 = \mathfrak{u}_k = \mathfrak{u}$$

oder

$$\mathfrak{W}_{10} = \mathfrak{W}_{20} = \mathfrak{W}_0$$

ist. Nach den Regeln der Determinantenrechnung ist ferner

$$\mathfrak{A}_1\, \mathfrak{A}_2 - \mathfrak{B}\, \mathfrak{C} = 1,$$

also wird

$$\mathfrak{A}^2 - \mathfrak{B}\, \mathfrak{C} = 1$$

und es ist immer bei symmetrischen Vierpolen möglich, mit zwei Bestimmungsgrößen auszukommen. Wird nun noch als Abschlußwiderstand $\mathfrak{W} = \mathfrak{U}_2/\mathfrak{J}_2$ eingeführt, so entstehen die Betriebsgleichungen:

$$\mathfrak{U}_1 = \left( \mathfrak{A} + \frac{\mathfrak{B}}{\mathfrak{W}} \right) \mathfrak{U}_2$$

$$\mathfrak{J}_1 = \left( \mathfrak{A} + \mathfrak{C}\, \mathfrak{W} \right) \mathfrak{J}_2$$

$$\mathfrak{U}_1 = \left( \frac{\mathfrak{W}_0}{\mathfrak{M}} + \frac{\mathfrak{W}_0^2 - \mathfrak{M}^2}{\mathfrak{M}\, \mathfrak{W}} \right) \mathfrak{U}_2$$

$$\mathfrak{J}_1 = \left( \frac{\mathfrak{W}_0}{\mathfrak{M}} - \frac{\mathfrak{W}}{\mathfrak{M}} \right) \mathfrak{J}_2$$

$$\mathfrak{U}_1 = \mathfrak{u} \left( 1 + \frac{\mathfrak{z}^k}{\mathfrak{W}} \right) \mathfrak{U}_2$$

$$\mathfrak{J}_1 = \mathfrak{u} \left( 1 + \frac{\mathfrak{W}}{\mathfrak{z}_0} \right) \mathfrak{J}_2$$

$$\mathfrak{U}_1 = \left( \mathfrak{Cof}\, g + \frac{\mathfrak{Z}}{\mathfrak{W}}\, \mathfrak{Sin}\, g \right) \mathfrak{U}_2$$

$$\mathfrak{J}_2 = \left( \mathfrak{Cof}\, g + \frac{\mathfrak{W}}{\mathfrak{Z}}\, \mathfrak{Sin}\, g \right) \mathfrak{J}_2.$$

Im allgemeinen genügen diese Beziehungen, wenn Leitungen, Übertrager, Verstärker, Filter u. ä. für symmetrische Übertragungen in beiden Richtungen eingerichtet sind.

## 2. Kettenleiter.

Ein Kettenleiter besteht aus einer Reihe gleichartiger Vierpolglieder, deren innere Schaltung Längs- und Quersymmetrie des Scheinwiderstandes und des Scheinleitwertes besitzen. Die einzelnen Glieder sind in drei Grundformen gebräuchlich: erste Art, zweite Art und Kreuzglied. Das elektrische Verhalten eines jeden einzelnen Gliedes entspricht den Vierpolgleichungen:

$$\mathfrak{U}_1 = \mathfrak{A}\,\mathfrak{U}_2 + \mathfrak{B}\,\mathfrak{J}_2$$

$$\mathfrak{J}_1 = \mathfrak{A}\,\mathfrak{J}_2 + \mathfrak{C}\,\mathfrak{U}_2.$$

Die Größe $\mathfrak{A}$ enthält als hyperbolische Funktion das Übertragungsmaß $\mathfrak{g} = \mathfrak{b} + \mathfrak{j}\,\mathfrak{a}$ (Dämpfungs- und Phasenmaß), an Stelle der Leitungslänge $l$ tritt die Gliederanzahl $n$ der Kette:

$$\mathfrak{U}_1 = \mathfrak{U}_2 \operatorname{\mathfrak{Cof}} n\mathfrak{g} + \mathfrak{J}_2\,\mathfrak{Z} \operatorname{\mathfrak{Sin}} n\mathfrak{g}$$

$$\mathfrak{J}_1 = \mathfrak{J}_2 \operatorname{\mathfrak{Cof}} n\mathfrak{g} + \mathfrak{U}_2\,\frac{1}{\mathfrak{Z}} \operatorname{\mathfrak{Sin}} n\mathfrak{g}.$$

Die Größe $\mathfrak{Z}$ heißt Kennwiderstand und ist durch die innere Schaltung eines Gliedes bestimmt. Die Gleichungen für eine bestimmte Art ergeben sich aus dem Leerlauf- und Kurzschlußfall durch Koeffizientenvergleich.

1. Kettenglied erster Art (Bild 128).

Leerlauf:

$$\mathfrak{U}_1 = \mathfrak{U}_2 \cdot \left(1 + \frac{\mathfrak{R}\,\mathfrak{G}}{2}\right) = \mathfrak{U}_2 \cdot \mathfrak{u}$$

$$\mathfrak{U}_1 = \mathfrak{J}_1 \cdot \frac{1 + \frac{1}{2}\,\mathfrak{R}\,\mathfrak{G}}{\mathfrak{G}\,(1 + \frac{1}{4}\,\mathfrak{R}\,\mathfrak{G})} = \mathfrak{J}_1 \cdot \mathfrak{z}_0.$$

Kurzschluß:

$$\mathfrak{U}_1 = \mathfrak{J}_1 \cdot \frac{\mathfrak{R}}{1 + \frac{1}{2}\,\mathfrak{R}\,\mathfrak{G}} = \mathfrak{J}_1 \cdot \mathfrak{z}_k.$$

Vergleich der Koeffizienten:

$\mathfrak{u} = \mathfrak{A} = 1 + \frac{1}{2}\,\mathfrak{R}\,\mathfrak{G}, \quad \mathfrak{u}/\mathfrak{z}_0 = \mathfrak{C} = \mathfrak{G}\,(1 + \frac{1}{4}\,\mathfrak{R}\,\mathfrak{G}), \quad \mathfrak{u}\,\mathfrak{z}_k = \mathfrak{B} = \mathfrak{R}.$

Lösung:

$$\mathfrak{U}_1 = \mathfrak{U}_2 \left(1 + \frac{\Re\,\mathfrak{G}}{2}\right) + \mathfrak{J}_2\,\Re$$

$$\mathfrak{J}_1 = \mathfrak{J}_2 \left(1 + \frac{\Re\,\mathfrak{G}}{2}\right) + \mathfrak{U}_2\,\mathfrak{G}\left(1 + \tfrac{1}{4}\,\Re\,\mathfrak{G}\right).$$

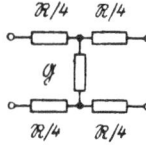

2. Kettenglied zweiter Art (Bild 129).

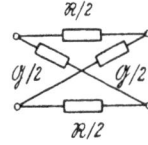

Leerlauf:

$$\mathfrak{U}_1 = \mathfrak{U}_2 \left(1 + \frac{\Re\,\mathfrak{G}}{2}\right) = \mathfrak{U}_2 \cdot \mathfrak{u}$$

$$\mathfrak{U}_1 = \mathfrak{J}_1 \left(\frac{\Re}{2} + \frac{1}{\mathfrak{G}}\right) = \mathfrak{J}_2 \cdot \mathfrak{z}_0.$$

Kurzschluß:

$$\mathfrak{U}_1 = \mathfrak{J}_1\,\frac{\Re}{2}\left(1 + \frac{1}{1 + \tfrac{1}{2}\,\Re\,\mathfrak{G}}\right) = \mathfrak{J}_1\,\mathfrak{z}_k.$$

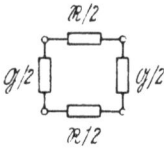

Bild 128.  Bild 129.  Bild 130.
Kettenglied erster Art.  Kettenglied zweiter Art.  Kreuz- oder Brückenglied.

Vergleich der Koeffizienten:

$$\mathfrak{u} = \mathfrak{A} = 1 + \tfrac{1}{2}\,\Re\,\mathfrak{G},\quad \mathfrak{u}/\mathfrak{z}_0 = \mathfrak{C} = \mathfrak{G},\quad \mathfrak{u}\,\mathfrak{z}_k = \mathfrak{B} = \Re\left(1 + \tfrac{1}{4}\,\Re\,\mathfrak{G}\right).$$

Lösung:

$$\mathfrak{U}_1 = \mathfrak{U}_2 \left(1 + \frac{\Re\,\mathfrak{G}}{2}\right) + \mathfrak{J}_2\,\Re$$

$$\mathfrak{J}_1 = \mathfrak{J}_2 \left(1 + \frac{\Re\,\mathfrak{G}}{2}\right) + \mathfrak{U}_2\,\mathfrak{G}\left(1 + \tfrac{1}{4}\,\Re\,\mathfrak{G}\right).$$

3. Kreuz- oder Brückenglied (Bild 130).

Leerlauf:

$$\mathfrak{U}_1 = \mathfrak{U}_2\,\frac{1 + \tfrac{1}{4}\,\Re\,\mathfrak{G}}{1 - \tfrac{1}{4}\,\Re\,\mathfrak{G}} = \mathfrak{U}_2 \cdot \mathfrak{u}$$

$$\mathfrak{U}_1 = \mathfrak{J}_1 \left(1 + \tfrac{1}{4}\,\Re\,\mathfrak{G}\right)\frac{1}{\mathfrak{G}} = \mathfrak{J}_1 \cdot \mathfrak{z}_0.$$

Kurzschluß:

$$\mathfrak{U}_1 = \mathfrak{J}_1\, \frac{\mathfrak{R}}{1 + \tfrac{1}{4}\,\mathfrak{R}\,\mathfrak{G}} = \mathfrak{J}_1 \cdot \mathfrak{z}_k.$$

Koeffizientenvergleich:

$$u = \mathfrak{A} = \frac{1 + \tfrac{1}{4}\,\mathfrak{R}\,\mathfrak{G}}{1 - \tfrac{1}{4}\,\mathfrak{R}\,\mathfrak{G}}, \quad u/\mathfrak{z}_0 = \mathfrak{C} = \frac{\mathfrak{G}}{1 - \tfrac{1}{4}\,\mathfrak{R}\,\mathfrak{G}},$$

$$u\,\mathfrak{z}_k = \mathfrak{B} = \frac{\mathfrak{R}}{1 - \tfrac{1}{4}\,\mathfrak{R}\,\mathfrak{G}}.$$

Lösung:

$$\mathfrak{U}_1 = \mathfrak{U}_2\, \frac{1 + \tfrac{1}{4}\,\mathfrak{R}\,\mathfrak{G}}{1 - \tfrac{1}{4}\,\mathfrak{R}\,\mathfrak{G}} + \mathfrak{J}_2\, \frac{\mathfrak{R}}{1 - \tfrac{1}{4}\,\mathfrak{R}\,\mathfrak{G}}$$

$$\mathfrak{J}_1 = \mathfrak{J}_2\, \frac{1 + \tfrac{1}{4}\,\mathfrak{R}\,\mathfrak{G}}{1 - \tfrac{1}{4}\,\mathfrak{R}\,\mathfrak{G}} + \mathfrak{U}_2\, \frac{\mathfrak{G}}{1 - \tfrac{1}{4}\,\mathfrak{R}\,\mathfrak{G}}.$$

Aus den Lösungsgleichungen ergibt sich der Kennwiderstand $\mathfrak{Z} = \sqrt{\mathfrak{B}/\mathfrak{C}}$ und das Übertragungsmaß $\mathfrak{Cof}\,g = \mathfrak{A}$.

Erste Art:

$$\mathfrak{Z} = \sqrt{\frac{\mathfrak{R}}{\mathfrak{G}}}\; \frac{1}{\sqrt{1 + \tfrac{1}{4}\,\mathfrak{R}\,\mathfrak{G}}}, \quad \mathfrak{Cof}\,g = 1 + \frac{\mathfrak{R}\,\mathfrak{G}}{2}.$$

Zweite Art:

$$\mathfrak{Z} = \sqrt{\frac{\mathfrak{R}}{\mathfrak{G}}} \cdot \sqrt{1 + \tfrac{1}{4}\,\mathfrak{R}\,\mathfrak{G}}, \quad \mathfrak{Cof}\,g = 1 + \frac{\mathfrak{R}\,\mathfrak{G}}{2}.$$

Kreuzglied:

$$\mathfrak{Z} = \sqrt{\frac{\mathfrak{R}}{\mathfrak{G}}}. \qquad \mathfrak{Cof}\,g = \frac{1 + \tfrac{1}{4}\,\mathfrak{R}\,\mathfrak{G}}{1 - \tfrac{1}{4}\,\mathfrak{R}\,\mathfrak{G}}.$$

Bei angepaßtem Abschlußwiderstand oder $\mathfrak{U}_2 = \mathfrak{J}_2\,\mathfrak{Z}$ wird bei dem Kreuz- oder Brückenglied:

$$\mathfrak{U}_1 = \mathfrak{U}_2\, \frac{(2 + \sqrt{\mathfrak{R}\,\mathfrak{G}})^2}{4 - \mathfrak{R}\,\mathfrak{G}}, \qquad \mathfrak{J}_1 = \mathfrak{J}_2\, \frac{(2 + \sqrt{\mathfrak{R}\,\mathfrak{G}})^2}{4 - \mathfrak{R}\,\mathfrak{G}}.$$

### 3. Wellenfilter.

Ein Wellenfilter soll als Zwischenglied einer Übertragung abhängig von der Frequenz elektrische Energie durchlassen oder sperren. Die Lage der Sperr- und Durchlaßbereiche ist beliebig. Die Übergänge zwischen den Bereichen werden durch eine Grenzfrequenz gekennzeichnet. Nach der Wirkungsweise werden Filter als Tiefpaß, Bandpaß, Bandsperre, Hochpaß bezeichnet.

Der Aufbau eines Filters enthält ein oder mehrere Glieder. Das einzelne Glied bildet einen Vierpol aus Induktivitäten und Kapazitäten in bestimmter Längs- und Querschaltung. Mehrere Glieder ergeben eine Kette. Ein Kettenleiter wird seiner Art entsprechend als Drosselkette, Kondensatorkette, Siebkette bezeichnet. Ausdrücke wie Stromreiniger, Phasendreher, elektrische Weiche, Spannungshalter, Stufenglättung geben nur den Zweck eines Filters an, ohne die innere Schaltung festzulegen.

Ein vollkommenes Filter ist verlustfrei gedacht. Der Aufbau aus Drosselspulen, Übertragern und Kondensatoren ergibt jedoch Energieverluste, welche im Durchlaßbereich sehr klein, im Sperrbereich sehr groß sein sollen. Für die Vorberechnung eines Filters werden zunächst verlustlose Schaltungen angenommen und nachträglich die zulässigen Verluste berücksichtigt.

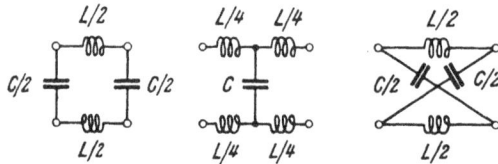

Bild 131. Verschiedene Arten von Drosselkettengliedern.

Durchlaß- und Sperrbereich besitzen verschieden große Dämpfung, durch Verluste werden die verlangten Dämpfungsunterschiede vermindert, die Übergänge verlaufen mit flacherem Dämpfungsanstieg.

Die Vierpolbeziehungen eines idealen Filters ergeben sich aus Schaltungen verlustfreier Induktivitäten und Kapazitäten.

1. D r o s s e l k e t t e n müssen als Tiefpaß wirken, weil mit steigender Frequenz zugleich die induktiven Längsglieder stärker drosseln und die kapazitiven Querglieder stärker absaugen (Bild 131).

Erste Art:

$$\mathfrak{U}_1 = \mathfrak{U}_2 \left(1 - \tfrac{1}{2}\,\omega^2\,L\,C\right) + \mathfrak{J}_2\,j\,\omega\,L$$
$$\mathfrak{J}_1 = \mathfrak{J}_2 \left(1 - \tfrac{1}{2}\,\omega^2\,L\,C\right) + \mathfrak{U}_2\,j\,\omega\,C \left(1 - \tfrac{1}{4}\,\omega^2\,L\,C\right).$$

Zweite Art:

$$\mathfrak{U}_1 = \mathfrak{U}_2 \left(1 - \tfrac{1}{2}\,\omega^2\,L\,C\right) + \mathfrak{J}_2\,j\,\omega\,\mathfrak{L} \left(1 - \tfrac{1}{4}\,\omega^2\,L\,C\right)$$
$$\mathfrak{J}_1 = \mathfrak{J}_2 \left(1 - \tfrac{1}{2}\,\omega^2\,L\,C\right) + \mathfrak{U}_2\,j\,\omega\,C.$$

Dritte Art:

$$\mathfrak{U}_1 = \mathfrak{U}_2 \cdot \frac{4 - \omega^2 L C}{4 + \omega^2 L C} + \mathfrak{J}_2 \cdot \frac{4 j \omega L}{4 + \omega^2 L C}$$

$$\mathfrak{J}_1 = \mathfrak{J}_2 \frac{4 - \omega^2 L C}{4 + \omega^2 L C} + \mathfrak{U}_2 \cdot \frac{4 j \omega C}{4 + \omega^2 L C}.$$

Kennwiderstände $\mathfrak{Z} = \sqrt{\mathfrak{B}/\mathfrak{C}}$ und Übertragungsmaße $\mathfrak{Cof}\, \mathfrak{g} = \mathfrak{A}$:

Erste Art:

$$\mathfrak{Z} = \sqrt{\frac{L}{C}}\,(1 - \tfrac{1}{4}\,\omega^2 L\, C)^{-\frac{1}{2}}, \qquad \mathfrak{Cof}\, \mathfrak{g} = 1 - \tfrac{1}{2}\,\omega^2 L\, C.$$

Zweite Art:

$$\mathfrak{Z} = \sqrt{\frac{L}{C}}\,(1 - \tfrac{1}{4}\,\omega^2 L\, C)^{-\frac{1}{2}}, \qquad \mathfrak{Cof}\, \mathfrak{g} = 1 - \tfrac{1}{2}\,\omega^2 L\, C.$$

Dritte Art:

$$\mathfrak{Z} = \sqrt{\frac{L}{C}}, \qquad\qquad \mathfrak{Cof}\, \mathfrak{g} = \frac{4 - \omega^2 L\, C}{4 + \omega^2 L\, C}.$$

2. **Kondensatorketten** müssen als Hochpaß wirken, weil mit fallender Frequenz zugleich der Längswiderstand und die Querableitung größer werden.

Die Vierpolgleichungen seien übergangen und nur die Kennwiderstände und Übertragungsmaße angegeben:

Erste Art:

$$\mathfrak{Z} = \sqrt{\frac{C}{L}}\left(1 - \frac{1}{4\omega^2 L\, C}\right)^{-\frac{1}{2}}, \quad \mathfrak{Cof}\, \mathfrak{g} = 1 - \frac{1}{2\omega^2 L\, C}.$$

Zweite Art:

$$\mathfrak{Z} = \sqrt{\frac{C}{L}}\left(1 - \frac{1}{4\omega^2 L\, C}\right)^{-\frac{1}{2}}, \quad \mathfrak{Cof}\, \mathfrak{g} = 1 - \frac{1}{2\omega^2 L\, C}.$$

Dritte Art:

$$\mathfrak{Z} = \sqrt{\frac{C}{L}}, \qquad\qquad \mathfrak{Cof}\, \mathfrak{g} = \frac{4\omega^2 L\, C - 1}{4\omega^2 L\, C + 1}.$$

Die Grenzfrequenz dieser Glieder ergibt sich aus der Überlegung, daß verlustfreie Spulen und Kondensatoren vorausgesetzt sind und deshalb eine reelle Dämpfung $b$ fehlt:

$$\mathfrak{Cof}\, \mathfrak{g} = \mathfrak{Cof}\,(b + j\, a) = \mathfrak{Cof}\, j\, a = \cos a.$$

Diese Winkelfunktion ändert sich nur in den Grenzen $+1$ und $-1$. Für $\cos a = 0$ wird eine Resonanzstelle erreicht, wobei der Durchlaß der Energie am größten wird. Die Übertragung vermindert sich allmählich bis zur Grenzfrequenz, die bei $\cos a = -1$ liegt. Darüber hinaus wird aus der Phasendrehung eine Dämpfung, welche sehr schnell ansteigt.

Zur Ermittlung muß bei einem symmetrisch aufgebauten Wellenfilter $u_0$ oder $\mathfrak{W}_0/\mathfrak{M}$ oder $\mathfrak{A}$ oder $\mathfrak{Cof}\, \mathfrak{g}$ bekannt sein und bei $n$ Gliedern eingesetzt werden:

$$ n \cdot \mathfrak{Cof}\, \mathfrak{g} = -1, $$

um die Grenzfrequenz eines Bereiches zu erhalten.

In vielen Fällen ist es möglich, beliebige Schaltungen von Filtern durch gleichwertige Umformungen (z. B. Dreieck-Stern-Wandlung) auf einfache Glieder erster und zweiter Art zurückzuführen.

Für diese beiden Arten gilt

$$ \mathfrak{Cof}\, \mathfrak{g} = \mathfrak{A} = 1 + \tfrac{1}{2}\, \mathfrak{R}\, \mathfrak{G} $$

oder, weil $\mathfrak{Cof}\, \mathfrak{g} - 1 = 2\, \mathfrak{Sin}^2\, \dfrac{\mathfrak{g}}{2}$ ist, wird

$$ \mathfrak{Sin}\, \frac{\mathfrak{g}}{2} = \sqrt{\frac{\mathfrak{A}}{2}} = \sqrt{\tfrac{1}{4}\, \mathfrak{R}\, \mathfrak{G}}. $$

Die Erörterung vorstehender Beziehung für rein reelle, rein imaginäre und konjugiert komplexe Werte erschließt das Verhalten vieler Filter bei veränderlicher Frequenz. Angenommen sei für beide Arten

ein Längswiderstand: $\mathfrak{R} = r + j\omega\, x$,
eine Querableitung: $\mathfrak{G} = g + j\omega\, y$.

a) Reelles Kettenglied: $x = 0$, $y = 0$.

Diese Ausführung ist zwar kein Filter, aber zum Aufbau von Eichleitungen geeignet, bei denen $b$ und $Z$ vorgeschriebene Werte erfüllen müssen.

$$ \mathfrak{Sin}\, \frac{\mathfrak{g}}{2} = \mathfrak{Sin}\, \frac{b + aj}{2} = \mathfrak{Sin}\, \frac{b}{2}\, \cos \frac{a}{2} + j\, \mathfrak{Cof}\, \frac{b}{2}\, \sin \frac{a}{2}. $$

Da Blindwiderstände und Blindleitwerte fehlen, ist nur der reelle Anteil vorhanden, der imaginäre Anteil wird gleich Null.

$$ \mathfrak{Sin}\, \frac{b}{2}\, \cos \frac{a}{2} = \sqrt{\frac{\mathfrak{A}}{2}} $$

$$j\,\mathfrak{Cof}\,\frac{b}{2}\,\sin\,\frac{a}{2} = 0.$$

Wird $\sin \dfrac{a}{2} = 0$ gesetzt, so ist $\tfrac{1}{2}\,a = 0$ oder $\cos \dfrac{a}{2} = 1$. Demnach wird

$$\mathfrak{Sin}\,\frac{b}{2} = \sqrt{\frac{\mathfrak{A}}{2}}$$

$$b = 2\,\mathfrak{Ar\,Sin}\,\sqrt{\frac{\mathfrak{A}}{2}}.$$

Der andere Faktor $\mathfrak{Cof}\,\dfrac{b}{2}$ kann niemals den Wert Null annehmen.

b) Imaginäres Kettenglied: $r = 0$, $g = 0$.

Diese Ausführung entspricht einem verlustfreien Filter, bei welchem sich Durchlaßbereich, Grenzfrequenz und Sperrbereich scharf abzeichnen.

$$\mathfrak{Sin}\,\frac{g}{2} = \mathfrak{Sin}\,\frac{b}{2}\,\cos\,\frac{a}{2} + j\,\mathfrak{Cof}\,\frac{b}{2}\,\sin\,\frac{a}{2}.$$

Da Wirkwiderstände und Wirkleitwerte fehlen, ist nur der imaginäre Anteil vorhanden, und wird der reelle Anteil gleich Null.

$$\mathfrak{Sin}\,\frac{b}{2}\,\cos\,\frac{a}{2} = 0$$

$$j\,\mathfrak{Cof}\,\frac{b}{2}\,\sin\,\frac{a}{2} = \pm\,j\,\sqrt{\left|\frac{\mathfrak{A}}{2}\right|}.$$

Wird $\cos \dfrac{a}{2} = 0$ gesetzt, so ist $\dfrac{a}{2} = \dfrac{\pi}{2}$ oder $\sin \dfrac{a}{2} = 1$. Demnach wird

$$\mathfrak{Cof}\,\frac{b}{2} = \sqrt{\left|\frac{\mathfrak{A}}{2}\right|}$$

$$b = 2\,\mathfrak{Ar\,Cof}\,\sqrt{\left|\frac{\mathfrak{A}}{2}\right|}.$$

Wird $\mathfrak{Sin}\,\dfrac{b}{2} = 0$ gesetzt, so ist $b = 0$ oder $\mathfrak{Cof}\,\dfrac{b}{2} = 1$. Demnach wird

$$\sin \frac{a}{2} = \pm \sqrt{\left|\frac{\mathfrak{A}}{2}\right|}$$

$$b = 2 \operatorname{\mathfrak{Ar} \mathfrak{Co}\mathfrak{f}} \sqrt{\left|\frac{\mathfrak{A}}{2}\right|}.$$

Die Größe $\left|\dfrac{\mathfrak{A}}{2}\right|$ ist frequenzabhängig. Wird $\left|\dfrac{\mathfrak{A}}{2}\right| > 1$, so entsteht eine Dämpfung, diese Frequenzen liegen im Sperrbereich. Wird $\left|\dfrac{\mathfrak{A}}{2}\right| < 1$, so verschwindet die Dämpfung und verbleibt eine Phasendrehung, jene Frequenzen liegen im Durchlaßbereich. Bei $\left|\dfrac{\mathfrak{A}}{2}\right| = 1$ liegt die Grenze zwischen Durchlaß- und Sperrbereich. Als Grenzfrequenz $\omega_0$ ist zu ermitteln aus

$$\sqrt{\frac{\mathfrak{A}}{2}} = \sqrt{\frac{\mathfrak{R}\,\mathfrak{G}}{4}} = \sqrt{-\frac{\omega^2\, x\, y}{4}}$$

$$\omega_0 = \frac{2}{\sqrt{x\, y}}\ [\mathrm{s^{-1}}].$$

Der Frequenzgang hängt von der Bemessung und Schaltung der Größen $x$ und $y$ ab. Unter Umständen ergeben sich mehrere Grenzfrequenzen und auch mehrere Durchlaß- und Sperrbereiche.

c) Konjugiert komplexes Kettenglied: $r \ll j\omega\, x.\ g \ll j\omega\, y.$

Diese Ausführung entspricht einem Filter mit Verlusten, wie sie bei Drosselspulen und Kondensatoren unvermeidlich sind. Die Übergänge zwischen den Frequenzbereichen sind unscharf. Um wirklich brauchbare Filter zu erhalten, müssen die Verlustgrößen $r$ und $g$ hinreichend klein bleiben.

$$\operatorname{\mathfrak{Sin}} \frac{g}{2} = \sqrt{\frac{\mathfrak{A}}{2}} = \sqrt{\tfrac{1}{4}\,\mathfrak{R}\,\mathfrak{G}} = \sqrt{\tfrac{1}{4}\,(r\,g - \omega^2\, x\, y + j\omega\,[r\,y + g\,x])}.$$

Zu vernachlässigen ist $r \cdot g$ und demnach zu schreiben

$$\operatorname{\mathfrak{Sin}} \frac{g}{2} = \sqrt{\tfrac{1}{4}\,(-\omega^2\, x\, y + j\omega\,[r\,y + g\,x])}$$

$$= \sqrt{-\frac{\omega^2\, x\, y}{4} + j\,\frac{\omega\,\sqrt{x\,y}}{2}\left(\frac{r}{2}\sqrt{\frac{y}{x}} + \frac{g}{2}\sqrt{\frac{x}{y}}\right)}.$$

Zur Vereinfachung sei $\frac{\omega}{2} \cdot \sqrt{x\,y} = p$ gesetzt und $b_0 =$

$\frac{r}{2}\sqrt{\frac{y}{x}} + \frac{g}{2}\sqrt{\frac{x}{y}}$, was der bekannten Dämpfungsformel entspricht.

$$\mathfrak{Sin}\,\frac{g}{2} = \mathfrak{Sin}\,\frac{b+a\,j}{2} = \sqrt{-p^2 + j\,p\,b_0}.$$

Nun ist zu übersehen, daß $b_0 \ll 1$ bleiben soll und angenähert gilt

$$\mathfrak{Sin}\,\frac{g}{2} = \mathfrak{Sin}\,\frac{b+a\,j}{2} \approx \sqrt{-p^2}.$$

Für $p = 1$ wird $\frac{\mathfrak{A}}{2} = -1$ und als Grenzfrequenz erhalten

$$\mathfrak{Sin}\,\frac{g}{2} = \sqrt{b_0\,j - 1} \approx \sqrt{-1}$$

$$\frac{\mathfrak{A}}{2} = -1 = 1 - \tfrac{1}{2}\omega^2\,x\,y$$

$$\omega_0 = \frac{2}{\sqrt{x\,y}}\ [s^{-1}].$$

Dabei ergibt sich für das Übertragungsmaß $g$, wenn $\mathfrak{A} = -2$ ist:

$$\mathfrak{Cof}\,g = 2\,\mathfrak{Sin}^2\,\frac{g}{2} + 1 = \mathfrak{A} + 1$$

$$\mathfrak{Cof}\,g = -1.$$

### 4. Pupin- und Krarupsystem.

Die Anteile der vier Leitungsgrößen $R$, $G$, $L$, $C$ hängen von dem Aufbau einer Leitung ab; Freileitungen besitzen überwiegend Widerstand und Induktivität, die Ableitung schwankt abhängig von der Witterung; bei Kabelleitungen überwiegen Widerstand und Kapazität, die anderen Größen treten zurück.

Diese „natürlichen" Eigenschaften beruhen auf der wirtschaftlichen Verwendung gegebener Werkstoffe als Leiter und Nichtleiter, welche damit die Anteile $R, G, L, C$ und die Übertragungseigenschaften festlegen.

Übertragungstechnisch gesehen haben Freileitungen gute Eigenschaften: geringe Dämpfung und Phasendrehung bis hinauf zu 60 bHz, große Reichweite. Betriebstechnisch sind schwer-

16*

wiegende Mängel zu verzeichnen: die Abhängigkeit von der Luftfeuchte, Störungen durch Drahtbruch oder Umbruch, durch Induktion und Influenz seitens gleichlaufender Fernmelde- und besonders Hochspannungsleitungen.

Die zunehmende Verkabelung bedingt dünndrähtige Leitungen, die vielpaarig in kleinstem Abstand verlaufen. Die Einflüsse äußerer Störungen sind vermieden, die Übertragungseigenschaften der »natürlichen« Kabelleitung sind schlechter: große Dämpfung und Phasendrehung, geringe Reichweite.

Diese Tatsachen nötigen zu »künstlichen« Eingriffen, um die Übertragungseigenschaften zu verbessern.

Nach dem Krarupverfahren wird die Kupferseele mit einem dünnen Eisendraht besponnen, der gleichmäßig die laufende Induktivität vergrößert. Um das Kabelgewicht möglichst wenig zu erhöhen, wurden besondere hochwertige Werkstoffe wie Permalloy, Perminvar entwickelt, im wesentlichen Nickeleisenlegierungen mit hoher Anfangspermeabilität.

Nach dem Pupinverfahren werden in kurzen Abständen Eisendrosseln eingebaut. Bei dieser punktweisen Zuschaltung der Induktivität ist grundsätzlich keine glatte Leitung mehr vorhanden, welche als ideale Übertragung angestrebt wird. Die Abstände werden daher so kurz gehalten, etwa 1,7 ... 2 km, daß eine annähernd glatte Leitung erhalten bleibt. Mit kleinerem Spulenabstand wird die Leitung vollkommener, aber auch teurer.

1. Schwere Bespulung. Die Dämpfung stark induktiver Leitungen entspricht der Formel $\beta = \frac{1}{2} R \sqrt{C/L}$, so daß eine Verminderung der Dämpfung mit steigender Induktivität zu erwarten ist. Eine Spulenleitung entspricht aber einer Drosselkette mit einer oberen Grenzfrequenz, die verhältnismäßig niedrig ausfällt. Die schwere Bespulung hatte vor der Einführung der Verstärker ihre besondere Bedeutung, um große Entfernungen zu überbrücken. Eine Übertragung mit einer Grenzfrequenz 3000 Hz genügt heutigen Ansprüchen nicht mehr.

2. Mittelschwere Bespulung. Die Dämpfung einer Leitung wird frequenzunabhängig, wenn $R : L = G : C$ wird. Damit entfällt die Dämpfungsverzerrung. Die Verluste in den Pupinspulen belasten die Übertragung, durch Verstärker erfolgt der Ausgleich, um große Entfernungen zu überbrücken. Die Grenzfrequenz liegt zwischen 3000 und 4500 Hz. Trotz dieser Verbesserungen ist die Reichweite mittelschwer bespulter Leitungen durch die Laufzeit begrenzt, welche höchstens 250 ms betragen darf.

3. Leichte Bespulung. Die Laufzeit sinkt, Dämpfungs- und Phasenverzerrung sind merklich und werden durch Entzerrerschaltungen ausgeglichen. Die Grenzfrequenz steigt auf 4500 bis 9000 Hz.

Mit einer Bespulung nach dem *L*-System lassen sich ein niederfrequentes Gespräch gut und bei hoher Grenzfrequenz noch ein trägerfrequenter Kreis (Kanal) überlagern.

4. Sehr leichte Bespulung. Die Grenzfrequenz dieser *SL*-Systeme liegt über 9000 Hz und eignet sich zur Übertragung von Rundfunk, Musik, Bildtelegraphie, ein bis zwei trägerfrequente neben einem niederfrequenten Kreis (4000, 8000, 12 000 Hz) und Weitestverkehr.

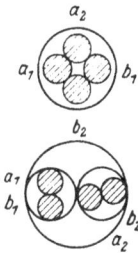

Bild 132. Anordnung der Verseilung eines Sternvierers (oben) und eines Dießelhorst-Martin-Vierers (unten).

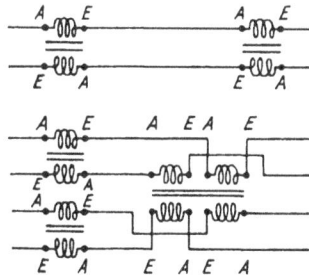

Bild 133. Bespulung einer paarigen Leitung und einer Viereranordnung.

Die Bespulung eines Fernkabels ist daher nicht einheitlich, sondern dem Verwendungszweck der Leitungen angepaßt. Die Einschaltung der Spulen muß außerdem den gebräuchlichen Viereranordnungen angepaßt sein.

Die Viererschaltung (Phantomschaltung) besteht aus zwei Stammpaaren, welche je einen Stromkreis bilden, und einem überlagerten Stromkreis, dem als Hinleitung das eine, als Rückleitung das andere Stammpaar dient. Die zusammengehörenden vier Adern bilden den Vierer, welcher nun wie jede Kabelleitung zu verdrallen ist.

Nach der Art der Verseilung unterscheiden sich der Sternvierer und der Dießelhorst-Martin-Vierer. Beim Sternvierer bilden beide Stammpaare ein symmetrisches Kreuz, alle vier Adern werden gemeinsam verdrallt. Beim *DM*-Vierer wird jedes Stammpaar für sich und außerdem werden beide Stammpaare zusammen verdrallt (Bild 132).

Die Bespulung für die Stamm- und Viererstromkreise ist getrennt vorzunehmen, weil deren Übertragungsrichtungen verschieden sind (Bild 133).

### 5. Pupinleitungen.

Die Spulen liegen in gleichen Abständen $s$ eingeschaltet, jede Spule beherrscht auf beiden Seiten eine Länge $s/2$, welche Spulenfeld heißt (Bild 134). Diese Abschnitte besitzen die Werte $\gamma s$ und $\mathfrak{z}$. Die Vierpolgleichungen beider halben Abschnitte lauten:

$$\mathfrak{U}_1 = \mathfrak{U}_2 \operatorname{\mathfrak{Cof}} \tfrac{1}{2}\gamma s + \mathfrak{J}_2 \mathfrak{z} \operatorname{\mathfrak{Sin}} \tfrac{1}{2}\gamma s$$

$$\mathfrak{J}_1 = \mathfrak{J}_2 \operatorname{\mathfrak{Cof}} \tfrac{1}{2}\gamma s + \mathfrak{U}_2 \frac{1}{\mathfrak{z}} \operatorname{\mathfrak{Sin}} \tfrac{1}{2}\gamma s$$

$$\mathfrak{U}_3 = \mathfrak{U}_4 \operatorname{\mathfrak{Cof}} \tfrac{1}{2}\gamma s + \mathfrak{J}_4 \mathfrak{z} \operatorname{\mathfrak{Sin}} \tfrac{1}{2}\gamma s$$

$$\mathfrak{J}_3 = \mathfrak{J}_4 \operatorname{\mathfrak{Cof}} \tfrac{1}{2}\gamma s + \mathfrak{U}_4 \frac{1}{\mathfrak{z}} \operatorname{\mathfrak{Sin}} \tfrac{1}{2}\gamma s.$$

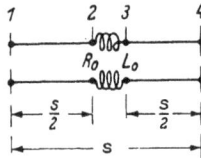

Bild 134. Bestimmungsgrößen eines Spulenfeldes.

Zwischen beiden Abschnitten liegt die Spule mit dem Widerstand $\mathfrak{W} = R_0 + j\omega L_0$, deren Ableitung und Kapazität vernachlässigbar klein sei. Dann wird $\mathfrak{U}_2 - \mathfrak{U}_3 = \mathfrak{J}_2 \mathfrak{W}$ und $\mathfrak{J}_2 = \mathfrak{J}_3$. Das Gleichungspaar des Spulenfeldes gewinnt die Form:

$$\mathfrak{U}_1 = \mathfrak{U}_4 \operatorname{\mathfrak{Cof}} \mathfrak{g} + \mathfrak{J}_4 \cdot \mathfrak{Z} \operatorname{\mathfrak{Sin}} \mathfrak{g}$$

$$\mathfrak{J}_1 = \mathfrak{J}_4 \operatorname{\mathfrak{Cof}} \mathfrak{g} + \mathfrak{U}_4 \frac{1}{\mathfrak{Z}} \operatorname{\mathfrak{Sin}} \mathfrak{g}.$$

Damit ergibt sich

$$\mathfrak{Z} = \mathfrak{z} \sqrt{\frac{\mathfrak{z} \operatorname{\mathfrak{Sin}} \gamma s + \mathfrak{W} \operatorname{\mathfrak{Cof}}^2 \tfrac{1}{2}\gamma s}{\mathfrak{z} \operatorname{\mathfrak{Sin}} \gamma s + \mathfrak{W} \operatorname{\mathfrak{Sin}}^2 \tfrac{1}{2}\gamma s}}$$

$$\operatorname{\mathfrak{Cof}} \mathfrak{g} = \operatorname{\mathfrak{Cof}} \gamma s + \frac{\mathfrak{W}}{2\mathfrak{z}} \cdot \operatorname{\mathfrak{Sin}} \gamma s.$$

Im allgemeinen wird die Bespulung so schwach gehalten, daß annähernd $\mathfrak{Sin}\,\gamma\,s \approx \gamma\,s$ gesetzt werden darf und lediglich eine Erhöhung des Widerstandes um $R_0$ und der Induktivität um $L_0$ zu berücksichtigen ist. Unter dieser Voraussetzung wird für eine Strecke von $s$ km:

$$g_0 = \sqrt{(s\,R + j\,\omega\,s\,L + \mathfrak{W})(s\,\mathfrak{G} + j\,\omega\,s\cdot C)}$$

$$b_0 = \frac{s\,R + R_0}{2}\sqrt{\frac{s\,C}{s\,L + L_0}} + \frac{s\,G}{2}\sqrt{\frac{s\,L + L_0}{s\,C}}\;[N]$$

$$a_0 = \omega\,\sqrt{(s\,L + L_0)\cdot s\,C}.$$

Die Grenzfrequenz der Pupinleitung ist bestimmt durch

$$2\,\pi\,f_0 = \omega_0 = \frac{2}{\sqrt{(s\,L + L_0)(s\,C + C_0)}}\;[s^{-1}].$$

### 6. Verstärkerschaltungen.

Die Eingitterröhre arbeitet nur in einer Richtung, dem Gitterkreis wird eine Wechselspannung zugeführt, dem Anodenkreis die verstärkte Energie entnommen. Durch eine symmetrische

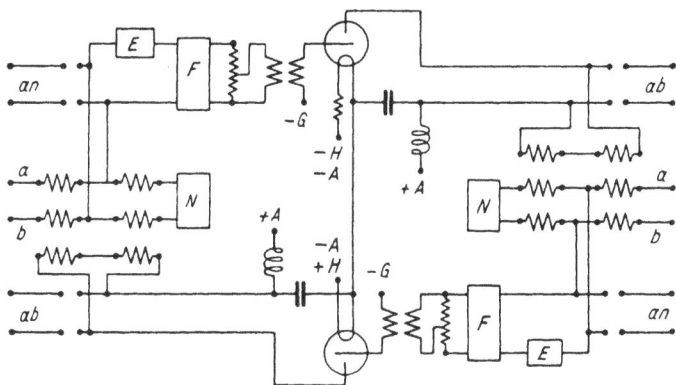

Bild 135. Schaltung eines Zweiröhren-Zwischenverstärkers.

Anordnung mit zwei Röhren gelingt eine Verstärkung in beiden Richtungen (Bild 135). Ein Gabel- oder Brückenübertrager leitet die ankommende Energie über den Vorübertrager der Röhre zu. Die verstärkte Energie gelangt über die Gabel oder Brücke teils in die Nachbildschaltung $N$, teils abgehend in die Fernleitung. Bei guter Übereinstimmung des Frequenzganges von Nachbild und Leitung tritt keine Restspannung auf den Strang über, welcher zum Verstärkersatz für die Gegenrichtung führt.

Ein Spannungsteiler regelt die dem Gitter zugeführte Wechselspannung. Die Verstärkung wird hierdurch den unterschiedlichen Dämpfungen der beiderseitigen Streckenabschnitte angepaßt.

Ein Entzerrer *E* gleicht die Laufzeit- und Phasenunterschiede des zu übertragenden Frequenzbereiches aus. Ein Tiefpaß- und Hochpaßfilter *F* begrenzt die Bandbreite.

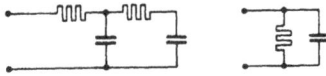

Bild 136. Nachbildschaltungen.

Die Leitungsnachbildungen (Bild 136) sind einfache *RC*-Anordnungen; der Frequenzgang des Kabelscheinwiderstandes enthält aber viele Abweichungen gegenüber einem glatten Verlauf, so daß trotzdem über die Gabel Ausgleichreste zum Verstärker der Gegenrichtung gelangen. Nur durch die Verluste der gesamten Anordnung wird vermieden, daß diese verstärkten Reste über die zweite Gabel zum anderen Verstärker gelangen und schließlich eine Rückkopplung zwischen beiden Röhren einsetzt. Die bestehende Übertragung würde dabei durch einen Pfeifton empfindlich gestört werden.

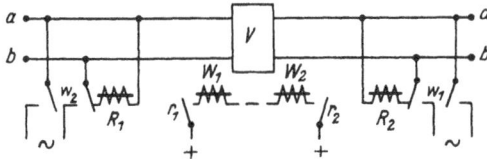

Bild 137. Rufstromwiederholer.

Die Verstärkung ist demnach durch die Pfeifneigung beschränkt, die besonders bei den oberen Frequenzen auftritt. Der Hochpaß begrenzt den Bereich und vermindert diese Gefahr.

Die Rufstromdurchgabe mit 20 bis 25 Hz erfordert eine Umgehungsschaltung (Bild 137) mit besonderer Stromquelle oder eine Frequenzumsetzung von Nieder- auf Mittelfrequenz, für die auch die Röhrenverstärker geeignet sind. Die Rückumsetzung auf niederfrequenten Rufstrom darf nicht auf Sprechströme ansprechen.

## 7. Zweidraht- und Vierdrahtsystem.

Ein Zweidrahtsystem unterteilt die Gesamtstrecke in mehrere Verstärkerabschnitte. Die Nachbildfehler mehren sich mit der Anzahl der Zwischenverstärker, die Pfeifneigung wächst, die Verstärkung ist abzuschwächen. Zurzeit können etwa fünf bis neun Verstärker in Längsschaltung betrieben werden (Bild 138).

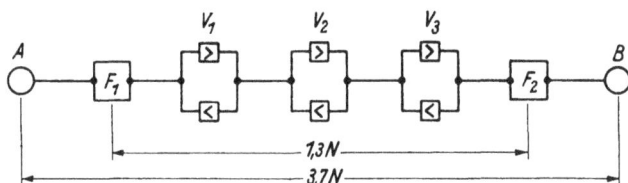

Bild 138. Schema eines Zweidrahtsystems.

Die Einschaltung von Zweidraht-Zwischenverstärkern in Viererleitungen bedingt eine Trennung in drei Einzelkreise, weil eine gemeinsame Verstärkung unmöglich ist (Bild 139). Die Unterlagerung von Wechselstromtelegraphie (unter 300 Hz) und Überlagerung eines trägerfrequenten Fernsprechkreises wird gleichzeitig angewendet.

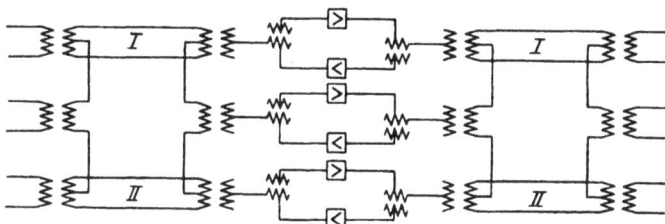

Bild 139. Zwischenverstärkeranordnung in einer Viererschaltung.

Für den Durchgangs- oder Weitverkehr ist das Zweidrahtsystem ungeeignet, weil seine Reichweite durch die geringe zulässige Anzahl der Verstärkerabschnitte begrenzt bleibt.

Das Vierdrahtsystem benutzt daher zwei Leitungspaare für jede Verbindung zwischen zwei Orten. Die Sprechrichtungen sind getrennt, die Zwischenverstärker arbeiten ohne Gabelschaltung, nur den Endverstärkern ist je eine Gabel zugeordnet (Bild 140). Dieses System ist nicht durch viele Nachbildfehler belastet, die Abschnittslängen können vergrößert und die Anzahl der Zwischenstellen beliebig vermehrt werden. Nur an den Abschlüssen der Fernübertragung entstehen Nachbildfehler. Die Reichweite des

Vierdrahtsystems ist nur durch die Laufzeit der Energie begrenzt, welche insgesamt 250 ms nicht übersteigen darf. Eine Verbindung zweier Vierdrahtsysteme kann über eine Zweidrahtstrecke oder durch unmittelbare Umschaltung aller vier Drähte erfolgen.

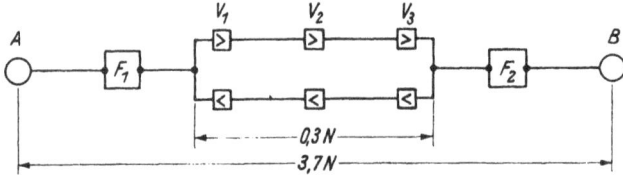

Bild 140. Schema eines Vierdrahtsystems.

Eine Viererbildung ist auch mit Vierdrahtsystemen ausführbar. Drei Vierdrahtverbindungen benötigen zwei Viererschaltungen, die mit Richtungstrennung arbeiten (Bild 141).

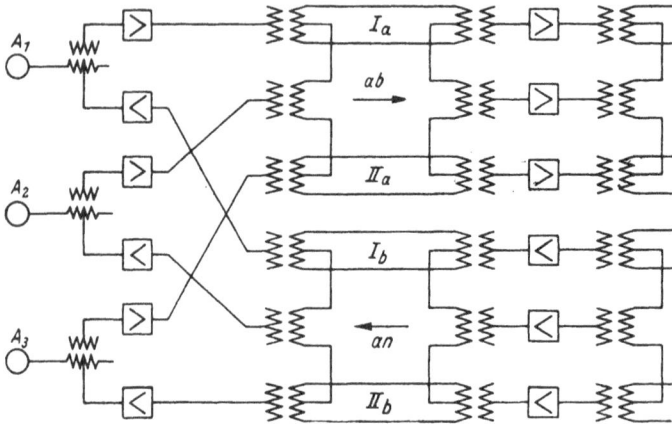

Bild 141. Vierdrahtsysteme in einer Viererschaltung.

Eine Eigentümlichkeit solcher Weitübertragungen ist die Echobildung. Die Leitungsdämpfung ist weitgehend durch Verstärkung aufgehoben und am Anschluß zur Zweidrahtendstrecke erfolgen Reflexionen, die zu einem Rückfluß über das für die Gegenrichtung bestimmte Leitungspaar führen. An den Streckenenden sind Echosperren notwendig, welche von einem Bruchteil der ankommenden Energie gesteuert werden. Diese wird verstärkt und gleichgerichtet, um entweder ein Trennrelais ansprechen zu lassen oder den in der Gegenrichtung liegenden Verstärker durch Verlagerung des Gitterpotentials zu sperren oder eine Gleichrichterbrücke durch eine Gegenspannung zu sperren (Bild 142).

Die Übertragung der Signale muß mit Rücksicht auf die vorhandenen Zwischenverstärker, welche einem Frequenzbereich von 300 bis 3500 Hz angepaßt sind, auch mit einer Tonfrequenz betrieben werden. Eine Benutzung des niederfrequenten Bereiches unter 300 Hz und Einschaltung von Rufstromwiederholern ist unzweckmäßig, weil einmal viele Zwischenstellen beansprucht werden und die Zeichenverzerrung mit deren Anzahl wächst und zum anderen dieser Bereich von der Unterlagerungs-Wechselstromtelegraphie bereits benutzt wird.

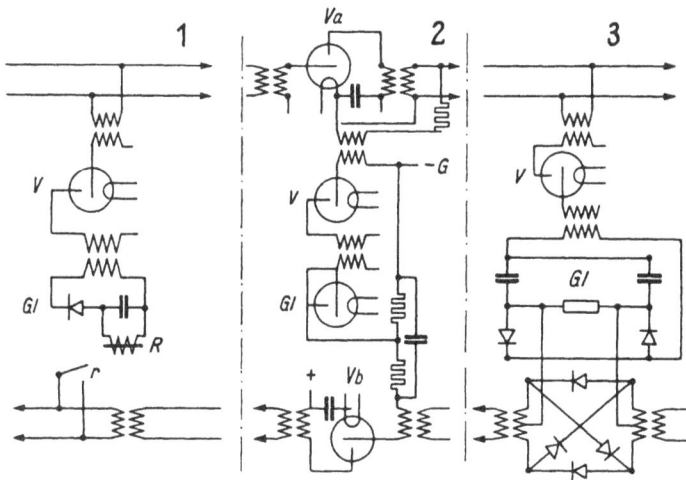

Bild 142. Echosperren in Vierdrahtsystemen: (1) mit Relaissperre, (2) mit Sperre durch Gitterpotentialverlagerung, (3) mit Sperre durch Brückengleichrichtung.

Die Ausscheidung der Signale (Rufen, Wählen, Frei- oder Besetztzeichen) am fernen Leitungsende bedarf unterscheidender Merkmale, um ein ungewolltes Ansprechen auf eine zufällig gleiche Sprechfrequenz zu vermeiden. Der Signalstrom gelangt daher in eine Schaltungsanordnung, welche durch Filter oder Resonanzrelais elektrisch oder mechanisch auf die Signalfrequenz abgestimmt ist und außerdem nur anspricht, wenn durch Zeit- oder Pegelmaß das Signal sich vom Sprechstrom unterscheidet. Kurze Zeiten (0,5...1 s) werden von verzögerten Relais, lange Zeiten (5...10 s) von Thermokontakten erfaßt und dadurch erst das tonfrequente in ein niederfrequentes Signal umgesetzt.

## 8. Mehrbandsysteme.

Die Wechselstromtelegraphie benutzt die vorhandenen Fernsprechleitungen mit ihren Zwischenverstärkern. Ein wechselweiser Betrieb ist möglich, wenn mit einer bestimmten Tonfrequenz telegraphiert wird. Diese Eintontelegraphie nutzt die Fernleitungen nur schwach aus, immerhin erübrigt sich die Verlegung getrennter Fernsprech- und Telegraphenleitungen.

Die Mehrkanaltelegraphie beansprucht für die Übertragung ein Frequenzband, weil mehrere Telegramme gleichzeitig auf derselben Leitung gesendet werden. Im Sprechbereich von 300 bis 3500 Hz lassen sich 12, 18 oder 20 Kanäle unterbringen, deren Einzelfrequenzen 60 oder 120 Hz Abstand haben. Über trennscharfe Filter an beiden Leitungsenden werden sämtliche Wechselströme der gemeinsamen Leitung zugeführt, gemeinsam verstärkt, übertragen und wieder ausgesiebt. Dieses System mit Filtern oder elektrischen Weichen belegt das gesamte sprachfrequente Band.

Auf schwach bespulten Leitungen ist ein· Bereich von etwa 100 bis 6000 Hz ohne allzu große Dämpfungsunterschiede übertragbar. Somit kann neben einem Sprechbereich für 300 bis 3500 Hz noch unterhalb und oberhalb ein Bereich für die Telegraphie ausgenutzt werden. Beide Bänder werden mit mehreren Kanälen belegt. Die Anzahl der Verbindungswege wird somit vermehrt.

Die Mehrkanaltelephonie setzt Leitungen voraus, welche sich für Übertragung großer Frequenzbereiche eignen. Auf unbespulten oder glatten Leitungen ist dieses Verfahren anwendbar. Übertragbar sind Wechselströme bis 60 kHz. Somit ergeben sich bei 3 oder 4 kHz Abstand 12 bis 15 Verbindungswege oder Sprechkanäle. Getrennt werden Trägerströme mit 12 bis 15 Frequenzen erzeugt und durch die einzelnen Sprechströme gemodelt. Die Zwischenverstärker und Fernleitungen übertragen gemeinsam sämtliche Trägerwellen. Eine Begrenzung nach oben bildet die mit steigender Frequenz verbundene Dämpfungszunahme und die gleichlaufende Abnahme der Nebensprechdämpfung. Die Entwicklung neuerer Kabel berücksichtigt diese Gegebenheiten durch verstärkte Abschirmung der Paare und Vierer und durch kapazitätsarmen Aufbau. In Vierdrahtsystemen treten ferner bei vielpaarigen Kabelleitungen Rückflüsse durch gegenseitige Kopplungen auf, welche mit steigender Frequenz stärker werden. Aus diesem Grunde werden beide Sprechrichtungen nicht in einem gemeinsamen Kabel untergebracht, sondern richtungsgetrennt auf zwei gleichlaufende

Kabel verteilt. Auf Sonderleitungen läßt sich der Übertragungsbereich bis über 100 kHz erweitern.

Auf bespulten Leitungen ist eine durch die Grenzfrequenz beschränkte Benutzung von Mehrbandsystemen möglich, die Anzahl der Wege läßt sich in der Regel verdoppeln. Ein tonfrequenter und ein trägerfrequenter Weg ergeben zwei Möglichkeiten. In einem Fall werden zwei verschiedene Verbindungen über dasselbe Leitungspaar hergestellt. Im zweiten Fall beansprucht eine Verbindung zwei Wege mit Trennung der Übertragungsrichtungen. Dieses Zweiwegverfahren hat Bedeutung für Fernleitungen mit Zweidrahtzwischenverstärkern. Der Zweidrahtbetrieb mit seinen Gabelübertragern und Nachbildungen leidet unter der Begrenzung seiner Reichweite durch Nachbildfehler. Eine Zweiwegverbindung mit zwei verschiedenen Frequenzbereichen benötigt keine Gabelschaltung, an deren Stelle treten Weichen (Tief- und Hochpaß), die Gefahr eine Rückkopplung oder Pfeifneigung ist beseitigt. Mit Fortfall der Nachbildfehler vergrößert sich die anwendbare Reichweite.

Zu unterscheiden sind daher das Zweiband-Zweidraht-Fernsprechen mit zwei gleichzeitigen Verbindungswegen und das Zweiweg-Fernsprechen mit einer Verbindung, deren Sprechrichtungen aber geschieden sind.

Die Vierdraht-Zweiband-, Vierband- bis Zwölfbandsysteme passen sich verschiedenen Leitungsarten an. Zweiband für $L$-Systeme mit 7,5 bis 9.3 kHz Grenzfreqeunz. Vierband für $S$-systeme (sehr leicht bespult) mit etwa 20 kHz Grenzfrequenz, die übrigen für $U$-Systeme (unbelastet).

## 9. Trägerfrequenz und Modelung.

Als Grundfrequenzen werden 4 und 8 kHz erzeugt und durch Überlagerung, Frequenzvervielfachung und Siebung die Trägerströme mit 8, 12, 16 usw. kHz erzeugt. Die Grundfrequenz wird durch einen Quarzoszillator auf einige Hertz konstant gehalten. Gesendet werden teils untere, teils obere Seitenbänder, dagegen wird die Trägerwelle unterdrückt. Auf der Empfangsseite werden die Trägerfrequenzen wieder zugesetzt, gleichgerichtet und ausgesiebt.

Die Modelung der Trägerströme erfolgt teils mit Dioden, teils mit Gleichrichterschaltungen. Letztere sind wegen der entbehrlichen Anoden-, Heiz- und Gitterstromversorgung geschätzt, obwohl bei höheren Frequenzen die Eigenkapazität der Trockengleichrichter schädlich ist (Bild 143). In Gebrauch sind Anord-

nungen mit Ring- und Sternmodulatoren. Bei diesen Verfahren
wird besonders auf eine verzerrungsfreie Modelung und Unter-
drückung der Trägerstromreste geachtet, weil die Gleichrichter-
elemente nicht gleichmäßig beschaffen sind.

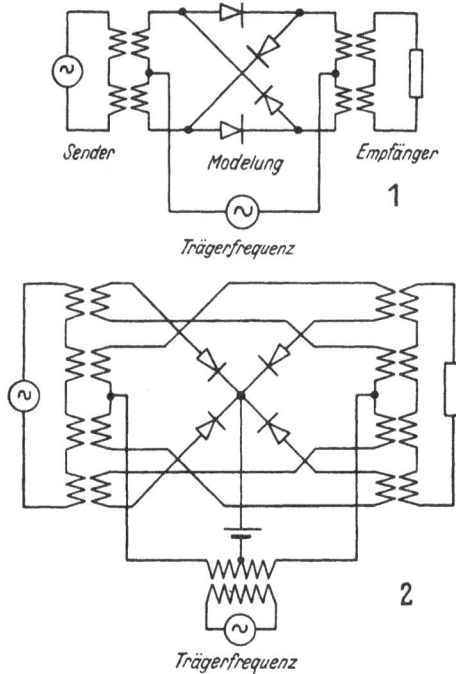

Bild 143. Schaltanordnung eines (1) Ringmodulators und (2) eines Stern-
modulators für Trägerfrequenzsysteme.

## 10. Breitbandkabel.

Diese Leitungen unterscheiden sich grundsätzlich von den
bisher üblichen Bauarten, welche so entwickelt waren, daß in
einem gegebenen Kabelquerschnitt möglichst viel Leitungspaare
eingebracht werden konnten.

Der Abstand der Adern ist künstlich vergrößert, die Rücksicht
auf geringen Raumbedarf ist fallengelassen, nur um die Kapazität
und Dämpfung zu vermindern und die obere Grenzfrequenz höher
zu legen. Der Erfolg liegt in der Erweiterung des Frequenzbereiches bis 4 Megahertz.

Diese Breitbandkabel sind in verschiedenen Bauarten vertreten, mit koaxialen (konzentrischen) oder abgeschirmten symmetrischen Paaren und Vierern (Bild 147). Als Abstandshalter dienen Kordeln aus Styroflex oder Scheiben aus Frequenta.

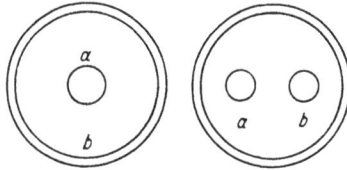

Bild 144. Hohlraumkabel mit konzentrischer oder symmetrischer Anordnung der Leiter.

Die Leitungswerte $R$, $G$, $L$, $C$, welche bei tiefen Frequenzen als konstante Größen gelten, sind bei hohen Frequenzen wegen der Stromverdrängung und Nähewirkung veränderlich.

a) Der Wirkwiderstand:

$$R_w = R_a + R_i = \left(\frac{2}{d_a} + \frac{2}{d_i}\right)\sqrt{\frac{f}{\sigma}} \cdot 10^{-3}\ [\Omega/\text{km}].$$

$d_a$ lichte Weite des Außenleiters in mm,
$d_i$ Durchmesser des Innenleiters in mm,
$\sigma$ Leitwert (Cu $= 57 \cdot 10^{-5}$, Al $= 36 \cdot 10^{-5}$)
$f$ Frequenz in Hz.

Wegen der Stromverdrängung gilt diese Näherungsformel nur für dicke Drähte bei tiefen, oder für dünne Drähte bei hohen Frequenzen.

| $d$ | mm | 1 | 2 | 4 | 6 | 8 | 10 |
|---|---|---|---|---|---|---|---|
| $f$ | kHz | 200 | 48 | 10 | 5,0 | 2,6 | 1,5 |

b) Die Ableitung:

$$G = \operatorname{tg}\delta \cdot \omega \cdot C \left[\frac{S}{\text{km}}\right]$$

$\operatorname{tg}\delta = \dfrac{1}{R\,\omega\,C}$ Verlustwinkel des Dielektrikum.

c) Die Induktivität:

$$L = 0{,}2\left(\frac{\mu_i}{4} + \mu_2\,ln\,\frac{d_a}{d_i} + \mu_3\,\frac{2\,t}{3\,d_a}\right)\left[\frac{\text{m H}}{\text{km}}\right]$$

$\mu_1$, $\mu_2$, $\mu_3$ Permeabilitäten des Innenleiters, Zwischenraumes und Außenleiters. Falls $\mu_1 = \mu_2 = \mu_3$ wird, ist

$$L = \left( \frac{1}{20} + 0{,}2\, ln\, \frac{d_a}{d_i} + \frac{0{,}4\, t}{3\, d_a} \right) \left[ \frac{m\,H}{km} \right].$$

Bei Hochfrequenz verschwinden der erste und dritte Anteil.

d) Die Kapazität:

$$C = \frac{\varepsilon}{18\, ln\, d_a/d_i} \cdot 10^3 = \frac{55{,}56 \cdot \varepsilon}{ln\, d_a/d_i} \,[nF/km].$$

Aus diesen Leitungswerten bestimmen sich das Übertragungsmaß und der Wellenwiderstand:

$$\gamma = \beta + j\,\alpha.$$

Dämpfungsmaß:

$$\beta = \frac{R\,w}{2} \sqrt{\frac{C}{L}} + \frac{G}{2} \sqrt{\frac{L}{C}} \left[ \frac{Neper}{km} \right].$$

Winkel- oder Phasenmaß:

$$\alpha = \omega \,|\overline{LC} = 2\,\pi\,f \,|\overline{LC} \left[ \frac{1}{km} \right].$$

Wellenwiderstand:

$$3 = \sqrt{\frac{R + j\,\omega\,L}{G + j\,\omega\,C}} \approx \sqrt{\frac{L}{C}} \,[\Omega].$$

Die Dämpfung wird bei hohen Frequenzen angenähert

$$\beta = \frac{R_w}{2\,Z} + \tfrac{1}{2}\,tg\,\delta\,\omega\,C\,Z \left[ \frac{Neper}{km} \right].$$

Auf diesen Leitungen lassen sich durch stufenweise Modelung bis zu 200 Sprechkanäle mit je 3 oder 4 kHz Bandbreite übertragen.

Tafel 13.

**Hyperbolische Funktionen.**

$\mathfrak{Sin}\ x = \frac{e^x - e^{-x}}{2}$ $\qquad$ $\mathfrak{Cof}\ x = \frac{e^x + e^{-x}}{2}$

$\mathfrak{Tang}\ x = \frac{e^x - e^{-x}}{e^x + e^{-x}}$ $\qquad$ $\mathfrak{Cotg}\ x = \frac{e^x + e^{-x}}{e^x - e^{-x}}$

$\mathfrak{Sin}\ (-x) = -\mathfrak{Sin}\ x$ $\qquad$ $\mathfrak{Cof}\ (-x) = \mathfrak{Cof}\ x$

$\mathfrak{Sin}\ x = -j \sin j\, x$ $\qquad$ $\mathfrak{Cof}\ x = \cos j\, x$

$\mathfrak{Sin}\ j\, x = j \sin x$ $\qquad$ $\mathfrak{Cof}\ j\, x = \cos x$

$\mathfrak{Tang}\ x = -j\ \mathrm{tang}\ j\, x$ $\qquad$ $\mathfrak{Cot}\ x = j\ \mathrm{cotg}\ x$

$\mathfrak{Tang}\ j\, x = j\ \mathrm{tang}\ x$ $\qquad$ $\mathfrak{Cot}\ j\, x = -j\ \mathrm{cotg}\ x$

$\mathfrak{Cof}\ x + \mathfrak{Sin}\ x = e^x$ $\qquad$ $\mathfrak{Cof}\ x - \mathfrak{Sin}\ x = e^{-x}$

$\cos x + j \sin x = e^{j\,x}$ $\qquad$ $\cos x - j \sin x = e^{-j\,x}$

$\mathfrak{Cof}^2\ x + \mathfrak{Sin}^2\ x = \mathfrak{Cof}\ 2\, x$ $\qquad$ $\mathfrak{Cof}^2\ x - \mathfrak{Sin}^2\ x = 1$

$\mathfrak{Sin}\ 2\, x = 2\ \mathfrak{Sin}\ x\ \mathfrak{Cof}\ x$ $\qquad$ $\mathfrak{Tang}\ x\ \mathfrak{Cot}\ x = 1$

$\mathfrak{Cof}\ 2\, x = 2\ \mathfrak{Sin}^2\ x + 1$ $\qquad$ $\mathfrak{Cof}\ 2\, x = 2\ \mathfrak{Cof}^2\ x - 1$

$$\mathfrak{Sin}\ (x \pm y) = \mathfrak{Sin}\ x\ \mathfrak{Cof}\ y \pm \mathfrak{Cof}\ x\ \mathfrak{Sin}\ y$$
$$\mathfrak{Cof}\ (x \pm y) = \mathfrak{Cof}\ x\ \mathfrak{Cof}\ y \pm \mathfrak{Sin}\ x\ \mathfrak{Sin}\ y$$

$$\mathfrak{Sin}\ (x \pm j\, y) = \mathfrak{Sin}\ x \cos y \pm \mathfrak{Cof}\ x\ j \sin y$$
$$\mathfrak{Cof}\ (x \pm j\, y) = \mathfrak{Cof}\ x \cos y \pm \mathfrak{Sin}\ x\ j \sin y$$

Angenähert wird als Grenzwert für

$x > 5$: $\mathfrak{Sin}\ x = \mathfrak{Cof}\ x = \frac{1}{2} e^x$ $\qquad$ $\mathfrak{Tang}\ x = \mathfrak{Cot}\ x = 1$

$x > -5$: $\mathfrak{Sin}\ x = -\frac{1}{2} e^x$ $\quad$ $\mathfrak{Cof}\ x = \frac{1}{2} e^x$ $\quad$ $\mathfrak{Tang}\ x = \mathfrak{Cot}\ x = -1$

Tafel 14.

**Exponentialfunktionen.**

| $x$ | $e^x$ | $e^{-x}$ | $1 - e^{-x}$ | $\dfrac{e^x + e^{-x}}{2}$ | $\dfrac{e^x - e^{-x}}{2}$ |
|---|---|---|---|---|---|
| 0,1 | 1,1052 | 0,9048 | 0,0952 | 1,0050 | 0,1002 |
| 0,2 | 1,2214 | 0,8187 | 0,1813 | 1,0201 | 0,2013 |
| 0,3 | 1,3508 | 0,7408 | 0,2592 | 1,0453 | 0,3045 |
| 0,4 | 1,4919 | 0,6703 | 0,3297 | 1,0811 | 0,4108 |
| 0,5 | 1,6487 | 0,6065 | 0,3935 | 1,1276 | 0,5211 |
| 0,6 | 1,8222 | 0,5488 | 0,4512 | 1,1855 | 0,6367 |
| 0,7 | 2,0138 | 0,4966 | 0,5034 | 1,2552 | 0,7586 |
| 0,8 | 2,2265 | 0,4493 | 0,5507 | 1,3374 | 0,8881 |
| 0,9 | 2,4606 | 0,4066 | 0,5934 | 1,4331 | 1,0265 |
| 1,0 | 2,7183 | 0,3679 | 0,6321 | 1,5431 | 1,1752 |
| 1,1 | 3,0041 | 0,3329 | 0,6671 | 1,6685 | 1,3356 |
| 1,2 | 3,3202 | 0,3012 | 0,6988 | 1,8107 | 1,5095 |
| 1,3 | 3,6693 | 0,2725 | 0,7275 | 1,9709 | 1,6984 |
| 1,4 | 4,0552 | 0,2466 | 0,7534 | 2,1509 | 1,9043 |
| 1,5 | 4,4817 | 0,2231 | 0,7769 | 2,3524 | 2,1293 |
| 1,6 | 4,9531 | 0,2019 | 0,7981 | 2,5775 | 2,3756 |
| 1,7 | 5,4739 | 0,1827 | 0,8173 | 2,8283 | 2,6456 |
| 1,8 | 6,0597 | 0,1653 | 0,8347 | 3,1075 | 2,9422 |
| 1,9 | 6,6859 | 0,1496 | 0,8504 | 3,4177 | 3,2682 |
| 2,0 | 7,3891 | 0,1353 | 0,8647 | 3,7622 | 3,6269 |
| 2,1 | 8,1662 | 0,1224 | 0,8776 | 4,1443 | 4,0219 |
| 2,2 | 9,0250 | 0,1108 | 0,8892 | 4,5679 | 4,4571 |
| 2,3 | 9,9742 | 0,1002 | 0,8998 | 5,0372 | 4,9370 |
| 2,4 | 11,0231 | 0,0907 | 0,9093 | 5,5569 | 5,4662 |
| 2,5 | 12,1825 | 0,0821 | 0,9179 | 6,1323 | 6,0502 |
| 2,6 | 13,4637 | 0,0743 | 0,9257 | 6.7690 | 6,6947 |
| 2,7 | 14,8798 | 0,0672 | 0,9328 | 7,4735 | 7,4063 |
| 2,8 | 16,4446 | 0,0550 | 0,9392 | 8,2527 | 8,1919 |
| 2,9 | 18,1742 | 0,0608 | 0,9450 | 9,1146 | 9,0596 |
| 3,0 | 20,0857 | 0,0499 | 0,9501 | 10,0678 | 10,0179 |

Tafel 14.

(Fortsetzung.)

| $x$ | $e^x$ | $e^{-x}$ | $1 - e^{-x}$ | $\dfrac{e^x + e^{-x}}{2}$ | $\dfrac{e^x - e^{-x}}{2}$ |
|---|---|---|---|---|---|
| 3,1 | 22,198 | 0,045 | 0,955 | 11,122 | 11,077 |
| 3,2 | 24,533 | 0,041 | 0,959 | 12,287 | 12,246 |
| 3,3 | 27,113 | 0,037 | 0,963 | 13,575 | 13,538 |
| 3,4 | 29,964 | 0,034 | 0,966 | 14,999 | 14,965 |
| 3,5 | 33,116 | 0,030 | 0,970 | 16,573 | 16,543 |
| 3,6 | 36,598 | 0,028 | 0,972 | 18,313 | 18,285 |
| 3,7 | 40,447 | 0,025 | 0,975 | 20,236 | 20,211 |
| 3,8 | 44,701 | 0,023 | 0,977 | 22,362 | 22,339 |
| 3,9 | 49,402 | 0,020 | 0,980 | 24,711 | 24,691 |
| 4,0 | 54,598 | 0,018 | 0,982 | 27,308 | 27,290 |
| 4,1 | 60,340 | 0,016 | 0,984 | 30,178 | 30,162 |
| 4,2 | 66,687 | 0,015 | 0,985 | 33,351 | 33,336 |
| 4,3 | 73,700 | 0,014 | 0,986 | 36,857 | 36,843 |
| 4,4 | 81,451 | 0,013 | 0,987 | 40,732 | 40,719 |
| 4,5 | 90,017 | 0,011 | 0,989 | 45,014 | 45,003 |

| $x$ | $e^x$ | $e^{0,1\,x}$ | $e^{0,01\,x}$ |
|---|---|---|---|
| 1 | 2,718 | 1,105 | 1,010 |
| 2 | 7,389 | 1,221 | 1,020 |
| 3 | 20,086 | 1,351 | 1,030 |
| 4 | 54,60 | 1,492 | 1,041 |
| 5 | 148,41 | 1,649 | 1,051 |
| 6 | 403 | 1,822 | 1,062 |
| 7 | 1 097 | 2,014 | 1,073 |
| 8 | 2 981 | 2,226 | 1,083 |
| 9 | 8 103 | 2,461 | 1,094 |
| 10 | 22 030 | 2,718 | 1,105 |

# Sachverzeichnis.

# Zeitschrift für Fernmeldetechnik

**Werk- und Gerätebau**   22. Jahrgang 1941

Leitung: Dipl.-Ing. Immo Kleemann. Monatlich erscheint ein
Heft in der Größe DIN-A 4. Der Bezugspreis beträgt viertel-
jährlich RM. 4.—.

Die Zeitschrift erscheint im 22. Jahrgang unter der Mitarbeit von
bekannten Wissenschaftlern und Fachleuten der Praxis. Das Haupt-
arbeitsfeld sind Veröffentlichungen aus den Fachgebieten:

Fernsprechtechnik    Fernwirktechnik   Telegraphentechnik
Übertragungstechnik   Signaltechnik

Als zugehörige Nebengebiete werden in die Berichterstattung ein-
bezogen:

Hochfrequenztechnik    Werk- und Gerätebau
Fernmelde-Meßtechnik    Grenzgebiete d. Fernmeldetechnik
Allgemeine Elektrotechnik

Der Hauptteil der Zeitschrift enthält Originalaufsätze und pflegt
die Veröffentlichung aller Anwendungen dieser Fachrichtungen. Der
Inhalt ist abwechselnd auf den Konstrukteur oder den Betriebsfach-
mann, den Theoretiker oder den Laboratoriumsingenieur abgestimmt,
um jeder hochwertigen Sondertätigkeit in der Fernmeldetechnik ge-
recht zu werden.

Die Zeitschriftenschau erweitert das Blickfeld durch regelmäßige Kurzberichte über die wesentlichen Veröffentlichungen des In-
und Auslandes.

Die Patentschau behandelt vorwiegend die Fernsprechtechnik
und wichtigere Neuerungen aus der übrigen Fernmeldetechnik.

Das Ziel der Zeitschrift ist, das Tätigkeitsgebiet der gesamten Fern-
meldtechnik zu erfassen und dem tätigen Ingenieur stets neue An-
regungen zu geben. Das Arbeitsfeld soll die physikalischen, schal-
tungstechnischen, konstruktiven, fabrikatorischen und wirtschaftlichen Fragen gleichmäsig behandeln und dem Fernmeldetechniker
ein ständiger Berater sein.

R. OLDENBOURG ⁄ MÜNCHEN 1 UND BERLIN

### Schall und Klang.

Leitfaden der Elektroakustik für Architekten, Elektrotechniker und Studierende. Von Dr. Fritz Bergtold. 172 Seiten. 214 Abb., 27 Tafeln. Gr.-8⁰. 1939. In Leinen RM. 9.60.

### Fernsprechtechnik.

Eine Reihe herausgegeben von Dr.-Ing. Fritz Lubberger.

**Die Stromversorgung von Fernsprech-Wählanlagen.** Von Dipl.-Ing. Helmut Grau. 130 Seiten, 95 Abb. Gr. 8⁰. 1940. In Leinen RM. 7.80.

**Fernsprech-Wählanlagen.** Von Dr.-Ing. Emanuel Hettwig. 313 Seiten, 184 Abb. Gr.-8⁰. 1940. In Leinen RM.13.—.

**Überblick über alle Fernsprech-Ortsanlagen mit Wählbetrieb.** Von Prof. Dr.-Ing. Fritz Lubberger. 7. Auflage. Erscheint im Herbst 1941.

Weitere Bände in Bearbeitung.

### Taschenbuch für Fernmeldetechniker.

Von Obering. H. W. Goetsch. 8. Auflage. 802 Seiten. 1222 Abb. 8⁰. 1940. In Leinen RM. 16.—.

### Studien über die Aufgaben der Fernsprechtechnik.

Von Direktor Max Langer.

1. Auflage **Orts- und Fernverkehr.** 352 Seiten, 213 Abb. Gr.-8⁰. 1936. In Leinen RM. 8.—.

2. Auflage. Teil I: **Ortsverkehr.** In Vorbereitung. Ergänzungsband zu Teil I: 178 Seiten, 93 Abb. Gr.-8⁰. 1941. In Leinen RM. 8.—.

Teil II: **Fernverkehr.** 207 Seiten, 127 Abb. Gr.-8⁰. 1939. In Leinen RM. 7.50.

### Lehrbuch der Elektrotechnik.

Von Prof. Dr. Ing. Günther Oberdorfer.

Bd. I: Die wissenschaftlichen Grundlagen der Elektrotechnik. 2. Auflage. 460 Seiten, 272 Abb., 4 Tafel. Gr.-8⁰. 1941. In Leinen RM. 19.50.

Bd. II: Rechenverfahren und allgemeine Theorien der Elektrotechnik. 2. Auflage. 377 Seiten, 123 Abb. Gr.-8⁰. 1941. In Leinen RM. 18.50.

### Bau von Fernmeldeanlagen. Von Ernst Plaß.

I: Leitungen in Gebäuden. 166 Seiten, 221 Abb. 8⁰. 1940. Kart. RM. 4.—.

II: Außenleitungen. Erscheint im Sommer 1941.

### Geregeltes Nebenstellenwesen.

Technik und Wirtschaft der Privatnebenstellenanlagen unter Berücksichtigung der neuen Fernsprechordnung. Von Karl Scheibe und Heinz Wolffhardt. 256 Seiten, 60 Abb. Gr.-8⁰. 1940. In Leinen RM. 9.60.

www.ingramcontent.com/pod-product-compliance
Lightning Source LLC
Chambersburg PA
CBHW031436180326
41458CB00002B/562